Alcohol-based Clean Fuel

醇基清洁燃料

冯向法　钱奕舟　编著

U0243927

化学工业出版社
·北京·

本书比较全面地介绍了以甲醇和多碳醇为基础的醇基清洁燃料，包括它的含义和理论基础、基础原料甲醇和多碳醇、性能改良剂、相关产品质量标准、推广应用情况和发展前景等。

本书的两位编著者，都是从事这个项目研发和生产应用实践二十多年的专业人员，书中有他们亲身经历的经验教训，也有他们的一些观点和意见，可供读者参考和讨论。

本书可供从事醇基清洁燃料及其燃具开发研究、生产经营的相关人员参阅，也可以供学校能源专业的师生参阅。

图书在版编目（CIP）数据

醇基清洁燃料 / 冯向法，钱奕舟编著. —北京：化学工业出版社，2019.3
ISBN 978-7-122-33908-9

Ⅰ. ①醇⋯　Ⅱ. ①冯⋯ ②钱⋯　Ⅲ. ①甲醇-汽油-研究　Ⅳ. ①TE626.21

中国版本图书馆 CIP 数据核字（2019）第 029709 号

责任编辑：成荣霞
责任校对：宋　玮　　　　　　　　　　　　　装帧设计：王晓宇

出版发行：化学工业出版社（北京市东城区青年湖南街 13 号　邮政编码 100011）
印　　装：中煤（北京）印务有限公司
710mm×1000mm　1/16　印张 16½　字数 317 千字　　2019 年 6 月北京第 1 版第 1 次印刷

购书咨询：010-64518888　　售后服务：010-64518899
网　　址：http://www.cip.com.cn
凡购买本书，如有缺损质量问题，本社销售中心负责调换。

定　　价：128.00 元　　　　　　　　　　　　　　版权所有　违者必究

序　言

20 世纪 90 年代前后，我国绝大多数中小城市与广大农村居民煤气、液化气使用率较低，而以煤、柴草为主要燃料，严重污染环境。随着人民生活水平逐步提高，为了满足农村日益增长的对优质燃料的需求，方便群众，保护环境，迫切需要开发一种符合我国国情的新型民用洁净燃料。实际上自 1983 年起，由于市场的需求，甲醇燃料和甲醇灶具已逐步形成产品并进入市场。当时主要采用的小氮肥厂、合成氨厂的粗甲醇，其本身含水 8%～15%，为提高燃料热值，各地厂家开始加入各种可与甲醇互溶的多种有机物，最复杂的配方竟含有 11 种可燃甚至有害的有机化学产品作为添加剂。这样五花八门的添加剂，致使燃料配方混乱，反过来又使气化、燃烧更加困难。从而使用不久即出现"排放气刺激无法忍受"和"油预热管结炭堵塞"而无法使用，用户纷纷退货，在一段时间内，甲醇灶的推广使用进入一个低潮。

为使甲醇燃料及灶具规范化，1992 年在农业部及中国农村能源行业协会领导下，成立了"新型液体燃料及燃具专业委员会"。1994 年四川省能源标准化委员会与农业部环保能源司组织有关专家共同制定《醇基液体燃料》国家标准（GB 16663—1996）与《醇基民用燃料灶具》农业行业标准(NY 312—1997)。

对于甲醇燃料的利用，人们经过二十多年的研究和实践检验，从甲醇有毒、有腐蚀性和使用前需要气化等有所偏颇的认识，逐步了解到甲醇内含50%的氧，不含硫等杂质，作为燃料既能燃烧完全，提高能源效率，又能减少污染物的排放，是一种可以替代煤、柴油和液化石油气的清洁能源。

特别是国家发改委在"发改工业〔2006〕1350 号"文关于"十一五"期间**"煤化工产业发展方向"**中关于**"以民用燃料和油品市场为导向，支持有条件的地区，采用先进煤化工技术和二步法二甲醚合成技术，建设大型甲醇和二甲醚生产基地，认真做好新型民用燃料和车用燃料使用试验和示范工作"**的精神发布，说明国家已将甲醇和二甲醚等液体燃料列为产业发展政策，并明确指出它们将是石油的替代产品之一，是鼓励积极发展生产、使用的高效节能产品。

在国家政策的支持下，一些多年从事甲醇燃料、燃具研制的科研单位和企业的相关人员，根据过去存在的问题，从理论上进行分析，从材料及工艺加工上进行改进，陆续将新研制的产品推向市场。本书作者冯向法专家和他母校中国科技大学的一批师生，从科研到实践，对传统的醇基液体燃料进行了一些重大革新，与国家标准 GB 16663—1996 的要求比较，具有突出的两个特点：

一是不需要像传统醇基液体燃料为增加热值而添加20%的石油产品烃类，从而可以完全摆脱对于石油产品的依赖。他们改用性能与烃类相近的多碳醇和醚类等作为新型添加剂，既提高了热值，又简化了组分并易于互溶。

二是增加了四种微量的性能改良剂，使所研发的新型醇基液体燃料的防腐性、易燃性及其气味、火焰的可辨性得到了改善。

他们配合改进的燃料，研制的专利产品新型**醇燃料自动气化灶**，与过去的家用甲醇灶具比较，具有预热快、火力大、高效节能、安全性高的特点。产品已于 2006 年由中国民营科技促进会主持，在国家能源办公室、科技部、农业部、中国科学院和河南省有关专家进行的评审鉴定会上给予高度评价。

鉴定以后，他们进一步在车用、民用和工业窑炉应用的醇基清洁燃料燃具的开发方面做了卓有成效的工作。

为满足近年来餐饮业的需求，相继研究了大型炉灶其热流量分别达到 7kW、14kW、21kW、28kW、35kW、42kW，完全可以取代饭店和集体食堂目前燃用柴油、液化气的中餐炒菜灶。

为了进一步彰显醇基液体燃料的清洁环保功能，他们制定了**醇基清洁燃料**的企业标准和团体标准，增加了较高热值的新档次，使之可以更好地用作蒸汽锅炉和工业窑炉燃料，并且做了一些成功的示范应用。

根据我国农村的需要，他们研发成功**农用醇醚柴油燃料**，并参与制定了国家能源行业标准 NB/T 34013—2013《**农用醇醚柴油燃料**》，有益于支农惠农。

冯向法等人将他们多年开发研究和推广应用的理论和实践经验，编著成了这本《**醇基清洁燃料**》专著，可供有关人员参阅。他们针对当前能源问题和生态环境问题的一些观点，可供大家讨论。这对于醇基清洁燃料行业的发展和我国的国计民生，都是一件很有意义的事，读者会从中受到一些有益的启发。

新型醇基清洁燃料必将兴盛的一个原因，是它们不仅不含硫、磷等有害杂质，而且有可观的内含氧，使得燃烧完全，效率高，排放清洁，这对于化石燃料污染环境日益严重的当今世界而言，是最大福音。

新型醇基清洁燃料能否快速有序地发展，最终在很大程度上取决于该领域的从业人员，能否不断地在技术上进行创新，不断地超越自己。为达到技术顶峰，可能需要付出毕生的精力和智慧。

中国农村能源行业协会

张�林

新型液体燃料及燃具专业委员会原主任

前　言

面对油气能源危机和生态环境污染问题，必须找出解决的办法。

搜寻残存的油气资源是必要的，但这不是化解油气能源危机的根本办法。发展铀裂变核电站是一把"双刃剑"，必须高度注意安全问题。大力开拓太阳能及其衍生的风能、水能、生物质能的现代化利用，很有必要，但是，它们目前还难以成为替代油气能源的主导性能源。油页岩、可燃冰、地热干热岩等，都应该积极研究开发，但是，它们也只能替代一部分油气能源。化解油气能源危机的根本办法，是要找到能够替代有限化石能源的、可以供应人类持续使用的新型能源。

关于生态环境污染问题，主要是伴随着煤炭和石油产品的大量直接燃用而产生的，由于煤炭和石油产品直接燃用的数量越来越大，致使生态环境污染和雾霾天气到了人们难以容忍的程度。要彻底解决生态环境污染问题，必须用"釜底抽薪"的办法，改造煤炭和石油产品使其转变为清洁能源，或者另外寻找一种清洁能源可替代煤炭和石油产品。

那么，有没有可以替代有限化石能源供应人类持续使用的新型清洁能源呢？

有！自从 1973 年发生全球性的石油能源危机后，人们奋力研发寻觅了近半个世纪，其中之一，就是选择了一种化工新能源甲醇。我国的科学工作者和能源界的一些领导干部和企业家，从 20 世纪八九十年代与德国及美国有关方面联合探讨和我国自己广泛地进行试验、示范应用，迎来了 1998 年在我国召开的"世界第 13 届醇燃料会议"。此后，我国进一步开展研发和示范应用、都位居世界前列。

据《中国化工报》报道，2008 年我国甲醇的产能 2083 万吨，实际产量 1061 万吨，均占到全球甲醇产能、产量的 40%以上，成为世界上唯一既大量生产又大量使用甲醇的国家。2017 年我国的甲醇产能达到 8351 万吨，产量 6147 万吨。根据"全球甲醇行业协会"提供的信息，我国甲醇产能、产量、用量，在全球所占比例进一步增加，高居首位。

甲醇原是在水果、蔬菜、发酵产品酒类和植物体中天然存在的一种有机化合物，后来从木材干馏产物木焦油的焦木酸中提取出来，成为一种化工原料。它燃烧时无烟、无味，贵族们还将它用于高档炊事和取暖，称其为"木精"或"木醇"。

1973 年发生世界性的石油危机后，人们进一步认识到，甲醇不仅是一种基础化工原料，也有一种清洁能源燃料。甲醇（CH_3OH）组分的"低碳高氢"，与天然气的主要组分甲烷（CH_4）相同，碳氢原子数比例都是 1:4。它们的燃烧产物中，可能导致温室效应的二氧化碳相对较少，清洁无害的水分相对较多。在甲醇（CH_3OH）

分子中，按照质量计算还有 50%的助燃内含氧，使得燃烧更加完全、排放更加清洁。因此，甲醇是比天然气更清洁的燃料。

甲醇不仅本身可以作为一种清洁能源燃料，而且可以通过人为的化工工艺技术，把其他各种能源能量变成清洁的甲醇贮存起来，还可以随时把这些贮存的能量重新释放出来。这使得甲醇成为类似于电能的又一种"二次能源"。

本书推崇化工新能源甲醇，不仅是因为它能够解决我国和全世界面临的能源和生态环境污染问题，而且是因为它有坚实的理论基础。

本书有关甲醇燃料行业协会建设和醇基清洁燃料应用方面的内容，由钱奕舟编写，其余内容由冯向法编写。

感谢中国农村能源行业协会、中国民营科技促进会、北京超燃索阳清洁能源研发中心、安徽省甲醇燃料行业协会、福建省甲醇清洁燃料燃具行业协会、南京市醇基燃料安全协会、《甲醇时代》、《中国新技术新产品》杂志社、《中国能源报》和参与筹建灯塔醇基清洁燃料燃具技术联盟的各个单位，并对北京国泰民昌石油化工有限公司、上海超燃能源科技开发有限公司、河北坤圻恒醇科技有限公司、安徽圣宝新能源科技有限公司、新疆奥威能源科技开发有限公司、湖南衡阳市天添加新能源有限公司、山东凯利迪能源科技有限公司、浙江川崎新能源科技有限公司、石家庄速德机械设备有限公司的大力支持和提供资料，表示感谢。

陶瓷膜甲醇燃料电池领域的专家孟广耀教授、太阳能利用领域的专家韩培学先生、标准化建设领域的专家降连保教授级高工、《甲醇时代》秘书长张二红先生、河南隆正生物能源有限公司孔永平高级工程师，在相关章节提供了宝贵的资料和信息，在此一并表示衷心的感谢。

编著者

本书中涉及的英文字母缩写词

ABCF	Alcohol-Based clean fuel	醇基清洁燃料
ABLF	Alcohol-Based liquid fuel	醇基液体燃料
AFC	Alkaline Fuel Cell	碱性燃料电池
CAREI	China Association of Rural Energe Industry	中国农村能源行业协会
CMFC	Ceramic Membrane Fuel Cell	陶瓷膜燃料电池
CNG	Compressed Natural Gas	压缩天然气
DFV	Di-Fuel Vehicle	双燃料汽车
DMC	Dimethyl Carbonate	碳酸二甲酯
DME	Dimethyl Ether	二甲醚
DMFC	Drect Methanol Fuel Cell	直接甲醇燃料电池
FAO	Food and Agriculture Organization	联合国粮食及农业组织
FCV	Fuel Cell Vehicle	燃料电池汽车
FFV	Flexible Fuel Vehicle	灵活（弹性）燃料汽车
GACC	Global Alliance for Clean Cookstoves	全球清洁炉灶联盟
GMIA	Global Methanol Industry Association	全球甲醇行业协会
ICF	Internal Combustion Engine	内燃机
ICI	Imperial Chemical Industries	英国化学工业公司
IPCC	International Panel on Climate Change	国际气候变化专门小组
LNG	Liquefied Natural Gas	液化天然气
LPG	Liquefied Petroleum Gas	液化石油气
MCFC	Molten Carbonate Fuel Cell	熔融碳酸盐燃料电池
MON	Motor Octane Number	马达法辛烷值
MTBE	Methyl-*t*-Buty Ether	甲基叔丁基醚
MTC	Methanol To Chemical products	甲醇制化学产品
MTG	Methanol To Gasoline	甲醇制汽油
MTH	Methanol To Hydrogen	甲醇制氢
MTHF	Methanol To Hydrocarbens Fuel	甲醇制烃基燃料
MTO	Methanol To Olefins	甲醇制烯烃
MTP	Methanol To Propylene	甲醇制丙烯
PAFC	Phosphoric Acid Fuel Cell	磷酸盐燃料电池

PEMFC   Proton Exchange Membrane Fuel Cell 质子交换膜燃料电池
PVC   Polyvinyl Chloride   聚氯乙烯
RON   Researth Octane Number   研究法辛烷值
SOFC   Solid Oxide Fuel Cell   固体氧化物燃料电池
SPE   Single Cell Protein   单细胞蛋白
URFC   Unitized Regenerative Fuel Cell   可再生式燃料电池
WHO   World Health Organization   世界卫生组织
ZEV   Zero Emission Vehicle   零排放汽车

目　录

1.1　我国面临的能源危机和环保问题 / 1

1.1.1　关于油气能源危机 / 1

1.1.2　关于生态环境污染问题 / 2

1.1.3　清洁新能源 / 2

1.2　玄妙的甲醇 / 3

1.3　醇基清洁燃料 / 3

1.4　醇基清洁燃料与"新能源革命" / 4

1.5　甲醇及醇基清洁燃料在"新能源革命"中的重要意义 / 5

第 **1** 章

绪论

1 ————————

2.1　醇基清洁燃料的含义 / 7

2.2　醇基清洁燃料的理论基础 / 9

第 **2** 章

醇基清洁燃料的含义和理论基础

7 ————————

3.1　甲醇的履历 / 14

3.1.1　甲醇的发现及其由木材干馏到化学合成制备 / 14

3.1.2　石油危机使人们重新重视将甲醇用作燃料 / 15

3.1.3　我国甲醇燃料的发展概况 / 16

3.2　甲醇的基本信息 / 23

第 **3** 章

醇基清洁燃料和甲醇

14 ————————

3.3　石油能做的事甲醇都能做　/　27

3.4　甲醇用作有机化工合成的基料　/　30

3.4.1　概述　/　30

3.4.2　甲醇制甲醛　/　31

3.4.3　甲醇制乙酸　/　33

3.4.4　甲醇制甲基叔丁基醚　/　35

3.4.5　甲醇制二甲醚　/　38

3.4.6　甲醇制碳酸二甲酯　/　53

3.5　甲醇燃料的广阔前景　/　60

3.5.1　关于甲醇与汽油掺烧　/　60

3.5.2　甲醇汽油的一些问题及其
　　　　解决办法　/　67

3.5.3　甲醇汽油的发展前景　/　70

3.6　甲醇的原料来源极其丰富　/　75

3.7　甲醇的生产工艺技术成熟　/　77

**4.1　醇基清洁燃料的热值和燃烧热
　　　效率　/　79**

4.1.1　关于热值　/　79

4.1.2　关于燃烧效率　/　80

4.2　醇基清洁燃料的性能改良剂　/　82

4.2.1　概述　/　82

4.2.2　助溶剂　/　83

4.2.3　腐蚀抑制剂　/　83

4.2.4　洁净剂　/　84

4.2.5　增效剂　/　84

4.2.6　增热剂　/　85

4.3　固体醇基清洁燃料　/　86

第 **4** 章
**醇基清洁燃料是甲醇燃
料的拓展**

79

5.1 多碳醇的品种和性能 / 89

5.1.1 多碳醇的品种 / 89

5.1.2 醇类燃料的理论空燃比 / 92

5.1.3 醇类的溶解特性 / 93

5.1.4 醇类的毒性 / 93

5.1.5 醇类的内含氧 / 97

5.2 几种常用的多碳醇 / 98

5.2.1 乙醇 / 98

5.2.2 丁辛醇 / 100

5.3 合成混合醇 / 102

5.3.1 低碳混合醇 / 102

5.3.2 多碳混合醇用作柴油辅料 / 105

第**5**章

多碳醇

89 ——————

6.1 概述 / 109

6.2 关于《醇基液体燃料》的产品标准 / 112

6.3 关于《醇基清洁燃料》的产品标准 / 113

6.4 关于《醇基民用燃料灶具》的产品标准 / 114

6.4.1 概述 / 114

6.4.2 NY 312—1997《醇基民用燃料灶具》产品标准的解读 / 115

6.5 关于《中餐燃气炒菜灶》的产品标准 / 118

6.5.1 概述 / 118

6.5.2 关于醇基燃料中餐炒菜灶的产品标准 / 121

6.6 关于醇燃料自动气化灶的产品标准 / 122

6.7 关于自动吸醇气化灶的产品标准 / 123

第**6**章

醇基清洁燃料燃具有关产品标准

109 ——————

6.8　关于固体酒精的产品标准 / 124

6.9　醇基清洁燃料容器急待实现标准化 / 125

6.10　醇基清洁燃料锅炉燃烧器急待实现标准化 / 127

6.11　关于车用醇基清洁燃料的产品标准 / 130

6.11.1　概述 / 130

6.11.2　关于《车用乙醇汽油（E10）》的产品标准 / 131

6.11.3　关于《车用甲醇汽油（M85）》的产品标准 / 133

6.11.4　关于低比例车用甲醇汽油的产品标准 / 133

6.11.5　关于中比例车用甲醇汽油的产品标准 / 134

第 7 章

醇基清洁燃料及其燃具的推广应用

136

7.1　概述 / 136

7.2　在炊事领域的推广应用 / 137

7.2.1　相关灶具的研制生产 / 137

7.2.2　在饭店和集体食堂的推广应用 / 142

7.2.3　醇基清洁燃料家用灶及其重要担当 / 144

7.3　在家庭采暖领域的推广应用 / 147

7.3.1　家用醇基燃料水暖炉 / 147

7.3.2　炊事取暖联用炉 / 150

7.3.3　热辐射取暖炉 / 150

7.4　在热水锅炉和蒸汽锅炉领域的应用 / 151

7.4.1 热水锅炉和蒸汽锅炉的"煤改醇" / 151

7.4.2 用于集中采暖的"煤改醇"锅炉 / 152

7.4.3 用于烘干、供热领域的"煤改醇"
锅炉 / 154

7.5 在工业窑炉领域的应用 / 157

7.5.1 用于陶瓷、玻璃、耐火材料烧制 / 157

7.5.2 用于金属冶炼 / 158

7.6 在高技术领域的推广应用 / 160

7.6.1 用于纯甲醇高压缩比汽车 / 160

7.6.2 用于陶瓷膜甲醇燃料电池 / 161

7.6.3 用于现代农业生产 / 161

**8.1 醇基清洁燃料与太阳能的互补
利用** / 164

8.1.1 概述 / 164

8.1.2 光醇互补的温室农业大棚 / 164

8.2 醇基清洁燃料与沼气的互补利用 / 165

8.2.1 概述 / 165

8.2.2 甲醇与沼气互补，保证炊事燃料的正常
供应 / 167

**8.3 醇基清洁燃料与其他能源的互补
利用** / 169

8.3.1 概述 / 169

8.3.2 醇基清洁燃料与天然气、页岩气、可燃
冰的互补利用 / 170

第 **8** 章

醇基清洁燃料与太阳能、沼气及其他能源的互补利用

164 ————————

第 **9** 章
努力搞好醇基清洁燃料
171 —————

9.1 发展醇基清洁燃料的意义 / 171
9.1.1 中国新能源革命的重大举措 / 171
9.1.2 中国生态环境建设的重大举措 / 173
9.2 组建规范的行业协会和行业联盟 / 175
9.2.1 概述 / 175
9.2.2 中国农村能源行业协会 / 176
9.2.3 安徽省甲醇燃料行业协会 / 177
9.2.4 福建省甲醇清洁燃料燃具行业协会 / 179
9.3 组织应用示范 / 181
9.3.1 应用示范的重要性 / 181
9.3.2 搞好产品应用示范的鉴定验收 / 183
9.4 组织专业技术培训 / 185
9.4.1 专业技术培训的重要性 / 185
9.4.2 专业技术培训的主要内容 / 187
9.4.3 《甲醇时代》举办的专业技术培训 / 188
9.4.4 北京通州专业技术培训基地 / 191
9.4.5 安徽黄山专业技术培训基地 / 194
9.4.6 福建、四川、陕西都在筹办专业技术培
        训基地 / 194
9.5 大力开展宣传活动 / 195
9.5.1 建设本行业的宣传阵地 / 195
9.5.2 编写相关的专业著作及科普资料 / 196
9.5.3 发挥媒体宣传的作用 / 197
9.5.4 站在国际平台上看待我国的新能源甲
        醇燃料 / 198
9.6 争取做新能源革命的领头羊 / 202

参考文献

205 ——————————

附录

207 ——————————

一、T34/AHJC 0004—2017　醇基清洁燃料行业安全操作规范 / 207

二、T34/AHJC 0005—2017　醇基清洁燃料 / 216

三、T/FJCX 0001—2018　商用餐饮行业醇基液体燃料安全使用技术规范 / 219

四、T/FJCX 0002—2018　行业自律公约 / 245

第 1 章　绪论

1.1　我国面临的能源危机和环保问题

1.1.1　关于油气能源危机

关于我国面临的油气能源危机，是一个切实存在的问题。据《东方财富网》2016 年 11 月 18 日提供的资料，2012 年我国原油对外依存度达 56.5%，超过当年美国原油对外依存度的 53.5%。2015 年我国的原油消费量为 5.6 亿吨，其中 3.28 亿吨依赖进口，对外依存度达 58.6%。另有 2990 万吨燃料油进口，不包括在原油进口的数量之内。另据《甲醇时代》提供的资料，2016 年国产原油 19969 万吨，进口 38101 万吨，对外依存度升至 67.5%。

关于石油、天然气能源资源的成因，当前的主流观点认为，油气能源是亿万年积累的化石能源，数量是有限的，地球上油气能源资源地域分布也是不均衡的。因此，不仅是我们中国，而且全世界缺油和耗油多的国家，都在寻找可以替代油气的新能源。

另一方面，由于油气能源资源日益短缺，有的国家在竭力霸占残存的油气资源和控制油气运输通道。

有一些消息似乎可以安慰人心，例如，有新闻报道，我国某某地方发现了新的油气田，南海试采出了可燃冰，青海钻探出来了干热岩，等等。细心思考一下就会感觉到，有的远水难解近渴，有的开采难度大，成本高，难以解决实际问题。应该清醒地认识到，我们确实面临着严重的油气能源危机！

那么，有没有合适的油气替代能源呢？ 在有望成为替代油气传统能源的新能源中，我们可以逐个分析一下：

单质氢可以作为清洁能源燃料，一度很受关注，但是，因为它难以压缩储运，安全性很差，所以退出了竞选。

太阳能及其衍生的风能、水能、生物质能的现代化利用，比以往引起了更多的重视，加大了研究和开发应用的力度，确实取得了一些令人高兴的成果，但是，目前它们可以利用的数量，还难以完全取代耗量巨大的油气能源。

比较现实的途径是铀裂变核电站核能的利用，表面上看它是清洁的和可以大量获得的，也是成本不太高的。在法国、立陶宛等国家的能源结构中，占到75%以上，不少工业化国家，一度也占到30%以上。但是，三里岛、切尔诺贝利、福岛三次核事故，造成的放射性污染非常严重，因而惊醒了不少人。就全球而言，铀裂变核电站的新发展几乎停滞，德国议会立法，将要关闭原有的铀裂变核电站。核聚变在理论上没有放射性污染，但它的可控性还没有解决。我国铀裂变核电站尚在发展，除潜在的核事故危险外，铀进口依存度大于90%，因而应适可而止。

油页岩、可燃冰蕴藏量巨大，但是，它们也属于化石能源，开发难度大、成本高，在相当长的时间内，它们也不可能成为替代油气的主导性能源。

近期，在我国青海省某地钻探出了"高温干热岩"，这是地热利用的一个重大突破！但是，要获得实际利用，还有许多任务，大规模开采利用对环境的影响，还有待进行科学评价，因而近期也不可能成为替代油气的主导性能源。

1.1.2   关于生态环境污染问题

由于我国的一次能源以煤炭为主，在大规模和迅速发展的工业化进程中，燃用石油产品的数量也在大规模地增加，特别是燃料油、石油焦等，许多乡村使用散煤为炊事和冬季取暖燃料，其用量也在增加，这些燃料硫含量和其他有害物质含量相当多，因而我国的生态环境污染问题尤其严重！近几年来，京津冀地区的雾霾天气频发，严重影响了人民生活和工农业生产，我们的国家形象也受到了影响。

生态环境污染问题的根源，是煤、油、柴等能源燃料燃烧造成的，因此，要从根本上解决生态环境污染问题，必须用清洁的能源燃料替代煤、油、柴等易造成污染的能源燃料。

1.1.3   清洁新能源

那么，有没有理想的可以替代煤、油、柴等燃料的清洁能源燃料呢？

有！新型的化工燃料甲醇和以甲醇等醇类为基础的"醇基清洁燃料"，就是理想的可以替代煤、油、柴等燃料的清洁能源燃料！

这种化工新能源燃料甲醇，不只是甲醇本身，而是以甲醇为基础，包括甲醇在内的各种衍生物，也包括核能、地热、太阳能及其衍生的风能、水能、生物质能和数量较多的化石能源资源煤炭、油页岩、可燃冰、干热岩等与甲醇的互补和转换利用。

化工新能源燃料甲醇，是通过人为的化学工业生产的能源物质，我们简称其为"化工能源物质"，与"化石能源物质"相对应。"化石能源物质"是有限的，"化工能源物质"是无限的。

由中外环境发展领域高层专家组成的"中国环境与发展国际合作委员会"，

在他们 1992 年的一份报告中就提出："若干年后，甲醇燃料将压倒其他燃料占主导地位，直到新的更好的燃料真正开发出来和投入实际应用"。1994 年诺贝尔化学奖获得者，美国加利福尼亚大学的乔治·A. 奥拉教授等人，也提出了"跨越油气时代：甲醇经济"的观点。

1.2　玄妙的甲醇

如果要诠释一下我国古籍《道德经》所说的**"玄之又玄，众妙之门"**这句经典，甲醇可以作为一个示例。

甲醇是什么？甲醇原是在水果、蔬菜和发酵产品酒类中天然存在的一种有机化合物，后来从木材干馏产物焦木酸中提取出来，有了实际应用。再后来，20 世纪初，有了用合成气催化合成甲醇的化工产品，并且，作为化工原料，有了越来越多的应用。1973 年发生世界性的石油危机后，一些缺少油气资源和油气能源耗量巨大的国家，开始研究用甲醇燃料替代石油燃料。

20 世纪 80～90 年代，我国与德国、美国有关方面合作，探索了煤制甲醇在车用汽油方面的应用，得出了"可行"的结论。1992 年，我国成立了**"新型液体燃料燃具专业委员会"**，随后颁布了**国家标准 GB 16663—1996《醇基液体燃料》**，并且投入了实际应用。这是在遴选新型清洁能源方面，领先于世界的一项创新。1998 年，**世界第 13 届醇燃料会议**在我国北京召开，我国成为开发利用甲醇燃料最前沿的国家之一。

至此，甲醇是什么？有了确切的诠释：

甲醇不仅是一种基础化工原料，也是一种清洁能源燃料。

甲醇不仅本身可以作为一种清洁能源燃料，而且可以通过人为的办法，把其他能源能量变成清洁的甲醇能源储存起来，还可以随时把这些储存的能量重新释放出来！

请注意，甲醇的这种可以转换其他能源能量，并且把它们储存起来，还可以随时释放出来的性质，实际上使甲醇成了类似于电能的又一种"二次能源"。电能可以把其他能源统一起来，并且便于传输和使用，这是电能的一种绝妙优势，但是电能还难以大量长期储存。甲醇这种"二次能源"所具有的储存能量的优势，弥补了电能难以大量长期储存的缺欠！

1.3　醇基清洁燃料

醇基清洁燃料是以甲醇等醇类为基础的清洁能源燃料。它对**纯甲醇燃料**进行了一些重要的性能改进，强调了醇基燃料的清洁特性及其在生态环保领域广泛应用的美好前景。

纯甲醇燃料是醇基清洁燃料的原始形态，当然也是一种醇基清洁燃料。

醇基清洁燃料在充分利用**甲醇本身已经脱硫、纯化、低碳高氢、拥有50%内含氧等优点**的同时，通过助溶剂助溶，配以其他高热值组分，用以克服甲醇本身热值较低的缺点；配以腐蚀抑制剂，用以抑制甲醇吸水产生甲酸后的腐蚀性；配以洁净剂，用以抑制胶质的产生。

经过性能改进的**醇基清洁燃料**，既发挥了**纯甲醇燃料**的优点，又弥补了**纯甲醇燃料**的不足，人们担心的动力问题、腐蚀性问题等，都可以得到解决。

经过性能改进的**醇基清洁燃料**与**纯甲醇燃料**相比，用途更加广泛了：有的可以替代汽油，有的可以替代柴油，有的可以替代燃料油，并且显著地提高了它们的清洁环保性能，更加有利于抑制生态环境污染。

1.4　醇基清洁燃料与"新能源革命"

"**新能源革命**"是针对目前作为能源主体的煤、油、气等化石能源的革命。因为这些化石能源是亿万年积累的太阳能，是有限的和易产生污染物的，并且，有限到了屈指可数的程度，其污染物多到了人们难以容忍的程度，所以，必须用可以持续供应的清洁能源替代。"**新能源革命**"包括将煤、油、气等化石能源改造成清洁能源，更主要的是用可以持续供应的新型清洁能源替代煤、油、气等化石能源。

全球新一轮科技革命、产业革命、能源革命蓄势待发。

① 当前的"**能源革命**"是全球性的，是与"**新一轮科技革命、产业革命**"同行的，是科技革命和产业革命的重要组成部分。

② "**能源消费革命**"，主要内容是"**抑制不合理的能源消费**"。现在我国的许多地方和许多方面，能源浪费惊人，节约能源的观念非常薄弱。大量浪费能源不仅是个经济问题，还加重了生态环境污染。

③ "**能源供给革命**"，目前是必须对完全依赖化石能源煤、油、气进行革命，革命的内容就是要"**建立多元供给体系**"。把精力主要放在进口油气上，不属于"**能源供给革命**"的范畴。建立以化工能源物质甲醇为主，包含甲醇衍生物和将其他能源转化为甲醇能源，可以随时储存和释放的新能源体系肯定属于"**能源供给革命**"的范畴。

④ "**能源技术革命**"，是"**新能源革命**"的主要推手。历史上从天然能源到煤、油、气化石能源的革命，就是在瓦特蒸汽机和狄塞尔柴油机的推动下，伴随着煤、油、气勘探、开采、利用技术的开发而实现的。在当今条件下，继承和替

代煤、油、气的开发利用层出不穷，例如，氢能、核能、地热、太阳能及其衍生的风能、水能、生物质能的现代化利用。而优于它们及可以转化储存它们的化工新能源载体甲醇，也已经初露锋芒。我们应该进一步从科学技术上，助推这样的新能源革命。

⑤ "能源体制革命"，是"新能源革命"成败的关键因素之一，落后保守是"新能源革命"的绊脚石，积极开放是"新能源革命"的有力保障。因此，"能源体制革命"就是要"打通能源发展快车道"。

⑥ 关于"加强国际合作，实现开放条件下的能源安全"，是因为这场革命是全球性的，国际上好的、先进的经验，我们要积极吸取；国际上的教训，我们也应该引以为戒。例如，单质氢能源虽然极其丰富和清洁，但是，难以压缩储存和特别容易爆炸。又如，铀裂变核电站确实能够提供大量的清洁能源，但是，三里岛、切尔诺贝利和福岛三次核事故的教训，我们也应该认真吸取和高度警惕！我们在尽可能保证安全的前提下可以适当利用，但是，不宜作为替代煤、油、气化石能源的主要依托。

1.5 甲醇及醇基清洁燃料在"新能源革命"中的重要意义

自从 1973 年发生全球性的石油危机以来，我国面对本身油气资源相对贫乏和需求量巨大的现实，积极开展了油气替代能源的开发研究，特别是对于**甲醇及醇基清洁燃料**的开发研究，已经位居全球前列！

本书列举了我国的具体成果和统计数据，我国在甲醇燃料产能和应用数量上，都占到全球的40%以上，领先于世界各国。

最近发生了两个与本行业有关的事件，说明了国际上对我国有关业绩的客观评价：一是，2017 年 11 月 8 日，**全球甲醇行业协会**（Global Methanol Industry Association，GMIA）给我国原机械工业部何光远部长和企业家李书福分别颁发了"**乔治·奥拉甲醇经济终身成就奖**"和"**杰出贡献奖**"。

二是，**全球甲醇行业协会**首席运营官格雷戈里·多兰（Gregory Dolan）发表了新著《**甲醇燃料的全球视角**》（*Methanol Fuel Blending*: *A Global Perspective*）。**格雷戈里·多兰**作为全球甲醇行业协会的首席运营官，当他了解到中国工信部主持的甲醇汽车试点工作圆满结束，甲醇汽车推广应用正在进入一个新阶段时，即以"甲醇燃料的全球视角"为题发表专题著作，认为：**使用甲醇作为燃料可能最早源于 20 世纪 80~90 年代的美国和欧洲，但西方世界现在是学生，中国已经成为这个领域名副其实的老师，走在了世界前列。**

实际上，格雷戈里·多兰了解到的还只是我国在车用甲醇汽油方面的局部情况，我们在科技创新和在民用炊事、取暖以及在蒸汽锅炉、工业窑炉方面的应用规模还要大得多，技术水平还要高得多。我们在这方面的理论探讨，也走在世界前列。这是我国自主创新的一个范例。

但是，**醇基清洁燃料**对于传统油气燃料市场拥有巨大的冲击力，加之缺少必要的宣传，使得社会上出现了一种奇怪的现象，即，既可以替代油气能源化解石油能源危机，又可以显著地节制生态环境污染的**醇基清洁燃料**的推广应用，受到了不应有的忽视。

这就更加需要向公众介绍有关**甲醇及醇基清洁燃料**的知识，更加需要解答社会上提出的一些问题，更加需要维护我国在开发和推广应用**醇基清洁燃料**的创造性工作和优异成绩，更加需要加强宣传**甲醇及醇基清洁燃料**在**新能源革命**中的重要意义！这正是编著本书的重要目的之一。

无论还有多少曲折和困难，化工新能源甲醇燃料，必将是替代化石能源的"新能源革命"的重要角色，必将是人类在后石油时代的一颗希望之星！

第**2**章 醇基清洁燃料的含义和理论基础

2.1 醇基清洁燃料的含义

在以往的学术领域，有"甲基燃料""乙基燃料"和"清洁燃料"等概念。

"甲基燃料"是以甲醇为基础的燃料，例如，我国国家标准 **GB 16663** 标定的《**醇基液体燃料**》和 **GB/T 23799**《**车用甲醇汽油（M85）**》。

"乙基燃料"是以乙醇为基础的燃料，例如，酒精灯用的**乙醇燃料**和我国国家标准标定的 **GB 18351**《**车用乙醇汽油（E10）**》。

本书将"甲基燃料"和"乙基燃料"统称"醇基燃料"，并且进一步拓展到分子中含有羟基—OH 的其他多碳醇、多元醇。GB 16663 标定的《**醇基液体燃料**》就已涉及了甲醇以外的"**其他醇类**"。"**醇基燃料**"的共性是都有羟基—OH，都有助燃内含氧，燃烧比较完全，高效节能，排放清洁。

"**清洁燃料**"的概念，在我国有一些不同的诠释，一般是以其中所含硫、磷、砷、铅、锰和其他有害物质的数量及其排放状况作为考核标准的。在美国，根据《**清洁空气法修正案**》规定，车用汽油必须有 **2%** 以上的内含氧，把具有助燃功能的**内含氧数量**，也作为"**清洁燃料**"的考核标准。

近些年来，针对二氧化碳对"**温室效应**"的影响，提出了"**低碳**"清洁燃料的概念，把以甲烷、乙烷为主要组分的天然气和以丙烷、丁烷为主要组分的石油液化气，当作"**低碳**"清洁燃料。

本书对于"**清洁燃料**"采用了"**综合性**"的诠释，在以所含硫、磷、砷、铅、锰和其他有害物质的数量及其排放状况作为考核标准的同时，还强调助燃"**内含氧**"的适当含量。关于"**低碳**"燃料的说法，本书认为不确切，燃料中的"**高氢**"比"**低碳**"更重要，氢在氧化燃烧时，只有一种产物"**水**"，因而在考核"**清洁燃料**"时，不仅要考核"**低碳**"，更要考核"**高氢**"，即同时具备"**低碳高氢**"的燃料，才是比较好的"**清洁燃料**"。除了单质氢气最清洁外，在烃类物质中，饱和的正烷烃，比相应的烯烃、炔烃清洁，例如，乙烷比乙烯、乙炔清洁。在正烷烃系列中，低碳烷烃比高碳烷烃清洁，最清洁的是甲烷，其后依次是乙烷、丙烷、丁烷等，到了汽油是 6 碳烷到 15 碳烷，普通柴油是 12 碳烷到 20 碳烷。再后是重柴油和燃料油及沥青，碳氢比例越来越大，也越来越不清洁。

最清洁的甲烷（CH_4）的碳氢原子数比例是 1∶4，甲醇（CH_3OH）的碳氢原子数比例也是 1∶4，但是，甲醇（CH_3OH）分子中还有 50% 的助燃内含氧，所以，甲醇比甲烷更清洁，比所有的其他烷烃、烯烃、炔烃等烃类都更清洁。这在实践中很容易检验：打火机中装的是以丙烷为主的液化气，它燃烧时的火焰会把洁白的瓷器熏黑，而甲醇燃烧时的火焰是绝不会把洁白的瓷器熏黑的。因此，只承认天然气、液化气是低碳"清洁燃料"，不承认甲醇是低碳"清洁燃料"，是不科学、不正确的。

可以说，甲醇是拥有助燃内含氧的天然气，是不需要高压就以液态存在的液化气，是不含硫、磷、砷、铅、锰和其他有害物质的纯洁的化合物，是比天然气、液化气更清洁的"低碳高氢"燃料，是以无限的化工新能源取代有限的化石能源的"新能源革命"的重要角色，是人类在后石油时代的希望之星！

在醇类相互之间比较，甲醇分子中碳氢的原子数比例是 1∶4，乙醇分子中碳氢的原子数比例是 1∶3，随后的丙醇、丁醇等，氢元素所占比例越来越少；同时，甲醇的氧含量是 50%，乙醇的氧含量是 34.8%，随后的丙醇、丁醇等，氧含量越来越少，碳氢原子数比值越来越大。所以，甲醇比乙醇、丙醇等更清洁，低碳醇比高碳醇更清洁。

本书所说的醇基清洁燃料，在氧含量确保排放清洁的前提下，可以用其他高热值燃料提高纯甲醇燃料的热值和改善纯甲醇燃料的性能，所以它们的应用领域比纯甲醇燃料更广泛，功效更好。醇基清洁燃料包括的范围广泛，既包括车用动力燃料，也包括工农业生产和人民生活中燃烧发热利用的燃料；既包括较低热值的炊事、取暖燃料，也包括较高热值的工业窑炉燃料。国家标准 GB 16663—1996《醇基液体燃料》规定，含有 70% 以上的醇类，如果其中的醇类全是甲醇，则其内含氧高达 35% 以上，但是，GB 16663—1996《醇基液体燃料》规定的热值只有 4000 kcal/kg❶、5000 kcal/kg 两个级别，是只适于用作炊事、取暖等领域的低热值燃料。北京超燃索阳清洁能源研发中心冯向法和韩培学、安徽省甲醇燃料行业协会钱奕舟、北京国泰民昌石油化工有限公司陈民、上海超燃清洁能源科技有限公司陈华云、河南新乡跨越新能源科技有限公司冯波波、新疆伊宁奥威能源科技开发有限公司谭峰、新疆阿克苏合米新能源有限公司赵彩霞、福建合米投资管理有限公司冯涛、福建三明鼎沸有限公司陈玮、山东凯利迪能源科技有限公司王东、山东临沂宸燃新能源科技有限公司陈书任、河北坤圻恒醇科技有限公司陈彦芹、河北廊坊香河鑫阳环保科技有限公司孔立成、辽宁未来生物能源科技有限公司吴

---

❶ 1 kcal=4.1868kJ，全书同。

阳、宁夏隆和佳厨有限公司朱英俊、四川成都三和清洁汽车有限公司向劲忠、泸州超燃能源科技开发有限公司张海波、贵州安顺鼎极能源有限公司汪红等共同编制备案的《醇基清洁燃料》企业标准 Q/CPCSN0001—2017，增加了三个高热值的新型号，内含氧的数量均在 15% 以上，既可以确保达到清洁排放的环保要求，又将热值从 4000kcal/kg、5000kcal/kg 分别提高到 6500 kcal/kg、7500 kcal/kg、8500 kcal/kg，可以更好地满足蒸汽锅炉和工业窑炉等高热值燃料的需要。

《醇基清洁燃料》采用什么样的质量标准？其并非只有一个。不同的用途要求不同的质量，采用不同的质量标准。GB/T 23799《车用甲醇汽油（M85）》、GB 18351《车用乙醇汽油（E10）》、陕西省地方标准 DB61/T 353—2004《车用 M25 甲醇汽油》、浙江省地方标准 DB33/T 756.2—2009《M30 车用甲醇汽油》、山西省地方标准 DB14/T 614—2011《M30 车用甲醇汽油》、甘肃省地方标准 DB62/T 2484—2014《M20 车用甲醇汽油》，都是车用《醇基清洁燃料》的例子。另外，国家行业标准 NB/T 34013—2013《农用醇醚柴油燃料》是适用于农用的醇基清洁燃料标准。关于《醇基清洁燃料》及其燃具各种标准，后文将有专门章节阐述。

2.2　醇基清洁燃料的理论基础

地球上并不缺少能源，太阳散发到地球的能量和地心散发出来的地热，足够养育地球和地球人，只是能量的规模化储存问题还没有解决。太阳散发到地球上的能量和地心散发出来的地热，大部分又跑到宇宙空间了。如果把太阳散发到地球上的能量多留下一些，如果把热带的太阳能储存下来到寒带再释放出来，如果把夏季的太阳能储存下来到冬季再释放出来，地球上还会有能源危机吗？

各种能源转换为电能，是能源形式的统一，煤、油、气、核能、地热、太阳能及其衍生的风能、水能、生物质能等，都可以转换为电能，方便地加以传输和应用，因此，**电能的发明和应用，是能源发展中的一个伟大事件**。但是，电能本身也有缺点，就是迄今为止还没有适当的规模性储存办法，无论什么形式的能量转换为电能以后，必须立刻使用，如果使用不了，就要浪费掉。

用蓄电池储存电能，经过多年研究发展，有了重大进步，特别是锂电池、石墨烯电池问世后，可以小规模、短时间储备电能，在电动汽车、电动器械和光热设备上有了应用，但其制造成本和储备电能的成本都比较高，且寿命有限，维护保养困难，废旧蓄电池还污染环境，因而并没有彻底解决能量储存问题。

大量储存电能的问题没有彻底解决，致使在用电低谷时，电站发出的电力大量过剩，而在用电高峰时，又出现电力短缺的现象。水电、风电、核电和一切暂时剩余的电能，都还没有找到理想的储存和调节利用办法。高技术的核电站，不便随意关停，因而在用电低谷时剩余的核电，只好采用最原始办法，把水提升到高位，需要时再把高位水的势能释放出来。

1972 年，苏联建成的首座抽水蓄能电站——基辅抽水蓄能电站投入运行，机组容量 22.5 万千瓦。

美国巴斯康蒂抽水蓄能电站，装机容量 210 万千瓦，1975 年开工，1985 年投产，当时是世界装机容量最大的抽水蓄能电站。其工程浩大，发电设计水头 329m，抽水设计扬程 335m，抽水最大流量 116m³/s。上水库土石坝最大坝高 140m，坝顶长 731m。总库容 4400 万立方米。下水库土石坝最大坝高 41m，坝顶长 690m，总库容 3760 万立方米，引水系统包括岸坡式取水口、引水平洞、竖井、压力隧洞、压力钢管和调压井等。

1992 年，中国滦河潘家口水电站采用变频运行抽水蓄能机组，安装了从意大利引进的 3 台 9 万千瓦可逆式双转速抽水蓄能机组。

1997 年，北京十三陵抽水蓄能电站建成，安装了 4 台 20 万千瓦可逆式机组，总容量 80 万千瓦。

2000 年，中国广东从化县建成世界最大的广州抽水蓄能电站，安装了从法国阿斯通公司和德国西门子公司引进的 8 台 30 万千瓦机组，总容量 240 万千瓦。同年，中国浙江安吉县天荒坪抽水蓄能电站建成，安装了 6 台 30 万千瓦机组，总容量 180 万千瓦。

以上几个例子表明，自 1972 年以来，世界上的一些储能电站，仍然只是采用原始的抽水蓄能转换法储存核电能量。

那么，有没有理想的能量储存办法呢？通过解析物质分子结合能和能态变换，本书揭示了能量储存和释放的理论，此理论正是甲醇化工新能源的基础理论。各种能量均可以储存在甲醇之中，需要时通过甲醇燃烧或者甲醇燃料电池，把所储存的能量释放出来。

什么是结合能？它是描述物质能态或结合牢固程度的一种参数，是两个或几个自由状态的粒子结合在一起时释放的能量。自由原子结合为分子时释放出的能量叫化学结合能，简称化学能；独立的几种核子组成原子核时释放的能量叫原子核结合能，简称核能。

不同种类的物体具有不同的结合能。因此，当几个物体发生反应时，总的结合能就有了变化。利用适当的化学反应可以把某些分子总结合能减少的部分释放出来。例如，二氧化碳分子是由两个氧原子和一个碳原子构成的，二氧化碳分子的结合能比它的各组分结合能之和更大，所以，碳原子和氧分子发生氧化反应时释放出一些化学结合能。这就是碳在空气中燃烧生成二氧化碳时，化学结合能以热能的形式释放出来的情况。

结合能的数值越大，能态越低，结合得越牢固。

单个原子没有化学结合能，例如，氦（He）、氖（Ne）、氩（Ar）、氪（Kr）、氙（Xe）等，都没有**化学结合能**；两个**氢原子**结合成**氢分子**，两个氧原子结合成氧分子，就有了**化学结合能**。所以，氢原子和氧原子一般都不是单独存在的，而是以氢分子、氧分子或含有氢元素、氧元素的化合物形式存在的。

单质和由它结合成的化合物相比，化合物的结合能更大、更稳定，所以，许多元素都是以化合物形式存在的。**水的结合能与 H+H+O 结合能之和相比，数值更大，能态更低，所以水分子更稳定。** 要把水中的 H 和 O 释放出来，必须克服它们结合成水时增加的结合能，这就是高温下**消耗一些能量才可以将水分解**的原因。煤的正式组分是**碳**，其他如硫、磷等只是杂质。煤炭氧化燃烧产生高温，如果没有其他因素介入，完全燃烧的产物只是 CO_2，但是，喷进水后，**消耗一部分煤炭燃烧的能量，把水中的氢和氧释放出来了**，煤炭的不完全燃烧，产生了 CO，综合产物就是 H_2、CO、CO_2 等组成的半**水煤气**，也称为**合成气**，只要工艺条件和催化剂合适，就可以将**合成气**用于合成氨或者合成甲醇。以下是催化合成甲醇的过程：

$$(C+O_2)+H_2O \longrightarrow H_2+CO+CO_2 \longrightarrow 2CH_3OH+H_2O$$

"合成气"组分（H_2+CO+CO_2）总的**能态比较高、结合能数值比较小**，在适当的催化剂作用下，合成了**能态比较低、结合能数值比较大的甲醇（CH_3OH）**。

$$2H_2+CO =\!\!=\!\!= CH_3OH；\quad 3H_2+CO_2 =\!\!=\!\!= CH_3OH+H_2O$$

这样，人们可以直接或间接地利用太阳能或者其他各种形式的能量，把能级低、结合能大的物质 H_2O 和 CO_2 转变为能级高、结合能小的储能物质 CH_3OH。即消耗能量把 H_2O 和 CO_2 转变为能级较高、结合能较小的 CH_3OH，达到储存能量的目的，需要时，再把 CH_3OH 储存的能量释放出来，CH_3OH 又变成了能级低、结合能大的 H_2O 和 CO_2。

$$CH_3OH+O_2 \longrightarrow CO_2+H_2O$$

请注意，必须施加和消耗能量才能把 H_2O 和 CO_2 转变为能级较高、结合能较小的 CH_3OH。 这就是 H_2O 不能自动变成**油**的道理。在此，CH_3OH 充当了**油**的角色。曾经出现的"水变油"骗局，只是一个荒唐的笑话！

"燃烧"是常见的释放能量的化学反应。目前，除了核能、风能、水能、太阳能或地热发电以外，人们利用各种能源物质的化学变化获取能量，其基本形式就是"燃烧"。尽管有许多物质也可以燃烧释放能量，例如，火箭燃料之一的硼氢化合物（剧毒），以及硫、磷、铝等，但是，最常用和最好用的还是氢**和碳**，以及它们氧化燃烧生成最低能级水和二氧化碳以前的各种烃类物质。

中国科学技术大学孟广耀教授研制成功的**"陶瓷膜甲醇燃料电池 CMFC"**，直接将甲醇储存的化学能转换为电能，是最新一代的燃料电池，它摆脱了机械转换不可避免的能量损失，将是一种高效的能量转换形式。

H 和 O 结合生成 **H_2O** 释放的能量是 **142885kJ/kg（285.77kJ/mol）；C 和 O**

结合生成 CO_2 释放的能量的是 **32793kJ/kg（393.51kJ/mol）**。如果 **C** 和 **O** 化合首先生成 **CO，CO** 再和 **O** 化合生成二氧化碳 CO_2，两步加起来的燃烧热的总和，仍然是 **32793kJ/kg**，这叫**盖斯定律**。

根据盖斯定律，化学反应的热效应只与起始状态和终了状态有关，而与变化的途径无关。例如：

$$C + O_2 = CO_2 \qquad \Delta H_1 = -393.51kJ/mol$$
$$C + 1/2\ O_2 = CO \qquad \Delta H_2 = -110.59kJ/mol$$
$$CO + 1/2\ O_2 = CO_2 \qquad \Delta H_3 = -282.92kJ/mol$$
$$\Delta H_1 = \Delta H_2 + \Delta H_3$$
$$= (-110.59kJ/mol) + (-282.92kJ/mol)$$
$$= -393.51kJ/mol$$

H 和 C 氧化成为 H_2O 和 CO_2 以前的各种烃类物质，理论上都可以作为能源物质。

值得注意的是，H 和含 H 的有机化合算，氧化燃烧的最终结果是生成了 H_2O，就是人们所谓的没有 CO_2 生成的"零排放"。

C 和含 C 的有机化合物氧化燃烧的最终结果是生成了 CO_2，与 H 和 O 化合成水相比，有两个问题：一是按照质量计算的发热量比较低，只有 32793kJ/kg，不到 H、O 化合成 H_2O 的发热量 142885kJ/kg 的 1/4；二是生成的 CO_2，目前被一些人认为是造成温室效应的有害气体。

因此，目前认为发热量高和环境友好的燃料，是 C 少 H 多的燃料。这就是把"低碳高氢"燃料称为"清洁能源"的理论基础。

CO_2 和 H_2O 在 C 和 H 的化合物中是能级最低的，如果要把其中的 C 或者 H 释放出来，必须花费能量，绝不会产生能量。如前所述，这就是在没有能量注入的情况下水不可能变油的基本道理。

用天然气或煤炭作为原料合成甲醇，就是把天然气或煤炭的大部分能量转化给甲醇储存起来。用煤炭作为原料合成甲醇时，约 3/4 的煤炭是原料煤，约 1/4 的煤炭是燃料煤。甲醇的结合能数值比水和二氧化碳两种化合物分子的结合能数值之和要小，因而可以说，甲醇是一种"储氢器""储碳器"，也就是"储能器"，同时还储备了 50% 的助燃内含氧。甲醇常温下是一种稳定的液态化合物，便于储运，需要能量时随时可以把它储存的能量释放出来，即甲醇燃烧生成水和二氧化碳，又回到了化学结合能数值更大、更稳定的低能态。

甲醇的这种储存能量的方式，是一种非常理想的储能方式。其他化合物也有类似的功能，例如常温下是气态的氨（NH_3）也是"储氢储能器"，但是，它没有甲醇简便易行，并且，NH_3 的燃烧产物是 H_2O 和氮氧化物（NO_x），空气中的 NO_x 危害比二氧化碳 CO_2 大得多。

原则上，化学能的变化，也可以用爱因斯坦的质能转换方程式来描述。几个粒子单独的质量之和，比它们结合成复合粒子的质量要大，例如，H_2 和 O 的质量之和比它们结合成 H_2O 的质量大，反应物 $2CH_3OH+3O_2$ 的质量之和比生成物 $2CO_2+4H_2O$ 的质量大，这些过程中产生的质量亏损，以化学能的形式释放出来。

在所释放的能量 $\Delta E=\Delta mc^2$(c 为光速，Δm 为质量亏损)之中，与核子结合能引起的质量变化相比，化学结合能对应的质量变化太小了，用现有的常规方法难以测出来，但是，肯定是有变化的！

请注意，正因为化学能变化很小，所以化学能的储存和释放是可逆的。这正是化学能比核能更适合于人们控制使用的优越之处。加之，目前的铀核裂变产生的放射性污染很难治理，因而在一定意义和实用价值上，化学能比核能更伟大！

把各种暂时剩余的能量储存在甲醇之中，需要时再释放出来，将是"新能源革命"中的一个关键技术，其意义非常重大。

甲醇作为一种储存能量的载体，不仅比上述的 NH_3 优越，也比其他一些物质更优越！譬如，偏远地区的天然气，既不便于储存起来，也不便于运输出去，转化为甲醇就便于储存和运输了，这就是世界上 80%的甲醇都是用天然气生产的原因。又如，油页岩、可燃冰（甲烷水合物），开发出来都是气态形式，变成液态形式的甲醇，才便于储存和运输。

还有一个重大意义，把 H 储存在 CH_3OH 之中，H 就变得温顺和便于控制了！在常温下甲醇不用压缩就是液态，自燃点高达 435℃，沸点 64.7℃，闪点 12℃，完全克服了单质氢能源难以压缩储运和极易爆炸的缺点。这就是说，CH_3OH 中的 H，作为储存在化合物中的 H 能源，还是可行的。

这个原理，在研制氢弹时已经应用了。利用氢的同位素氚产生热核聚变反应，即使在撒哈拉大沙漠里建造一座十层高的大楼，也很难将氚气压缩到可以产生聚变的程度。但是，如果把氘气与锂化合生成**氘化锂**，其本身就是体积很小的稳定化合物，由此制成了体积小和可以在实战中使用的氢弹。

第**3**章　醇基清洁燃料和甲醇

甲醇、乙醇和其他多碳醇、多元醇等，虽然都是醇基清洁燃料的基础原料，但是，最有代表性和实用价值的是甲醇，因而首先介绍甲醇及其在醇基清洁燃料中的应用情况。前文提到，纯甲醇燃料是醇基清洁燃料的基础原料，它本身也是一种醇基清洁燃料。只是醇基清洁燃料包括的范围更广，它可以弥补纯甲醇用作燃料时的一些缺点，改善纯甲醇燃料的一些性能。

3.1　甲醇的履历

3.1.1　甲醇的发现及其由木材干馏到化学合成制备

甲醇最早是从木材干馏获得的焦木酸中提取的，因而又叫"木精""木醇""木酒精"，直到第一次世界大战时，甲醇都是用木材干馏生产的，因为那时还没有用合成气催化合成甲醇的工艺技术。在这样的情况下，甲醇非常珍贵，贵族们用甲醇作为高档的"清洁燃料"，用来照明、烹调和加热，高明的军事科学家用甲醇作为动力能源。

19 世纪末发明的内燃机，最初的设计是由醇类燃料驱动的。当时，醇燃料内燃机已经开始替代蒸汽机，用在农业耕种机和火车、汽车上，醇燃料发动机广告称，与相应的汽油发动机相比，污染减少。直到 20 世纪 20 年代，木材一直是制作甲醇的原料。在第一次世界大战中，所需要的全部甲醇，都来自木材。因此可以说，甲醇有其光荣的起点和履历。甲醇的这些初期制备和应用，对于今天的开发利用，仍然具有引路作用。

在 1920 年以前，醇燃料发动机汽车与汽油发动机汽车曾经进行了竞争，后来，由于石油的开采应用规模迅速扩大，加之当时使用的只是由木材干馏制作的价格昂贵的甲醇燃料，也还没有醇油掺烧的技术，因此，从经济角度考虑，甲醇燃料在市场上是竞争不过石油燃料的。在美国，还出现了一个垄断性的甲醇燃料反对者——美孚石油公司，它很不愿意让任何一种其他燃料挑战石油。实际上，现在所有的石油公司仍然都是甲醇燃料的竞争对手和激烈反对者。

但是，甲醇并未完全退出用作能源燃料的历史舞台。木制甲醇的早期应用，

为后来廉价的煤炭、天然气或其他原料化学合成制备甲醇，探明了一条可以推广
应用的道路，并且，可以减少化石燃料造成的生态环境污染，因此，甲醇燃料最
终将扫除用作能源燃料道路上的障碍。

20 世纪初，几乎与哈伯发明由合成气催化合成氨的同时，法国科学家研究了
由合成气催化合成甲醇的技术，随后，德国、英国的化工专家相继研究成功高压
法和中低压法合成甲醇的工业化生产的工艺技术。但是，1973 年发生两次世界性
的石油危机以前，甲醇作为能源燃料仍然竞争不过石油燃料，而是主要用作化工
原料。

3.1.2　石油危机使人们重新重视将甲醇用作燃料

1973 年发生两次世界性的石油危机以后，人们开始重新考虑将甲醇替代汽
油、柴油等作为能源燃料。美国人托马斯·李德（Thomas Reed），在《科学》杂
志上发表文章，阐述了甲醇燃料的一些优点，他提出，在汽油中加入 10%的甲醇，
可以使运行里程增加和减少污染。

重新考虑用甲醇燃料替代化石燃料汽油，是在预料化石燃料石油将会枯竭的
情况下，甲醇和汽油两种燃料竞争的新阶段。

1975 年，瑞典人正式提出甲醇可以成为汽车的代用燃料，并成立了国家级的
瑞典甲醇开发公司（SMAB），第二年由瑞典发起并主持召开了第一届醇类燃料利
用技术的国际会议。

德国大众公司曾在 45 辆汽车上对掺醇汽油进行了测试，很少出现问题，证
明甲醇可以用作汽油的辛烷值增加剂。在 1979 年以前，联邦德国组织了 1000 多
辆掺醇汽油汽车投入使用，形成了全国供应甲醇汽油的网络。

1978 年，美国加利福尼亚州对纯甲醇汽车进行了广泛的测试，84 辆汽车行
程共计 200 万千米，显示了良好的燃料经济性和发动机耐久性，完全可以与汽油
发动机相比。美国福特汽车公司拨款 20 亿美元，调集科技精英研究了 20 年，于
1995 年推出了可使用 85%甲醇加 15%汽油（M85）的新车型，并且在清洁环保方
面，显示了令人惊喜的优越性。这种清洁的甲醇替代燃料，被当年的美国总统克
林顿誉为"绿色黄金"。

1989 年，全球甲醇从业者在美国成立了甲醇学院(MI)和甲醇基金会。甲醇学
院的使命是：

① 扩展甲醇的全球化原料市场。

② 参与推广燃料电池用的甲醇燃料。

③ 推广甲醇替代燃料的使用，并协助制订甲醇调和汽油计划。

④ 为以甲醇为基础的数百种化学品提供正确、有效的使用技术，以确保甲
醇在全世界安全、有效、广泛地使用。

⑤ 鼓励各种甲醇新兴市场和甲醇燃料的推广应用。

上述 5 条使命，包含了甲醇用作化工原料和能源燃料两方面的内容，并将必然对社会经济发展产生重大影响。

环保压力成了甲醇燃料发展的新动力。20 世纪 80 年代后期，美国实行了新的空气污染标准，要求汽油中必须有 2%以上的内含氧，使得许多汽车公司把注意力转向了甲醇，并且使美国在国际上发展甲醇燃料处于领先地位。美国为此颁布了国家标准 ASTM D5797：1996《点燃式发动机用甲醇燃料 M70~M85》，还配套开发了既可燃用纯汽油又可燃用任何比例醇油混合燃料的灵活燃料汽车 FFV，当甲醇燃料 M85 供应不到位时，FFV 可以随时改为燃用纯汽油。德国、瑞典、日本等国家也组织了大规模的开发研究。

当时已经认识到，FFV 虽然现实可行，但是，它毕竟是一种折中的过渡办法。从长远角度看，使用高压缩比的纯甲醇 M100 汽车具有更大的优越性，因为高压缩比可以进一步提高燃料的燃烧效率，更加节能环保，同时便于向燃料电池汽车转换。

当时，美国国会在 5 年期间，通过了三个立法法案：

1988 年，里根总统签署《替代汽车燃料法案》（*Alternative Motor Fuel Act*），对汽车厂凡生产清洁代用燃料汽车的，给予减税；

1990 年，老布什总统签署《清洁空气法修正案》（*Clean Air Act Amendments*）；

1992 年，老布什总统又签署了《能源政策法》（*Energy Policy Act*）。

从 20 世纪 80 年代中期到 90 年代末期，美国加州共有 15000 辆甲醇汽车和几百辆甲醇公共汽车和轿车运营。

美国甲醇汽车的发展受到市场规模制约，主要是石油公司的态度和强烈竞争，延缓了甲醇汽车的进一步发展。

但是，美国甲醇学院(MI)和甲醇基金会还在继续工作。美国的诺贝尔化学奖获得者乔治 A·奥拉教授等人提出了"跨越油气时代：甲醇经济"的观点。美国在有关甲醇燃料的技术储备方面，不仅有 FFV 和 ASTM D5797：07《点燃式发动机用甲醇燃料 M70~M85》标准，还有高压缩比纯甲醇汽车的技术储备，大规模的页岩气制甲醇新技术，以及甲醇燃料在航空、航海等方面的试用。美国军方认为，甲醇燃料是最好的车用燃料。美国关于甲醇燃料的研究和应用，已经能为一种高度机密和战略储备！可以预料，一旦时机成熟和形势需要，在甲醇燃料开发利用方面，美国仍将可能居于世界前列。

3.1.3　我国甲醇燃料的发展概况

3.1.3.1　我国甲醇生产的发展情况

（1）基本情况概述。

20 世纪 50 年代，在苏联的技术援助下，我国曾在吉林、太原和兰州等地建成了以煤和焦炭为原料采用锌-铬催化剂高压法生产甲醇的工业装置。

　　20 世纪 60～70 年代，上海吴泾化工厂自建了以焦炭和石脑油为原料的甲醇合成装置。南京化学工业公司研究院研制成功了合成氨联醇用的中压铜基催化剂，推动了具有中国特色的合成氨联产甲醇工业的发展。虽然像合成氨一样需要优质块煤做原料，成本比较高，但是，在当时可以利用我国已有的合成氨装置联产，节省了大量的设备投资。

　　20 世纪 80 年代中期，齐鲁第二化工厂引进了德国鲁奇（Lurgi）公司的低压法合成甲醇装置，以渣油为原料生产甲醇。

　　20 世纪 90 年代后，随着甲醇需求的快速增长，引进先进技术和改造化肥厂并举，单产、联产、多联产等各种类型都有，使中国甲醇生产获得了前所未有的快速发展。1999 年中国甲醇的年产能达到 368 万吨。

　　2001 年，在产煤大省山西省进行试点示范，山西省提出了建设"国家燃料甲醇和甲醇清洁燃料汽车生产基地"的计划。

　　2004 年，紧邻山西的河南省，甲醇产量达到 75.5 万吨。煤化工获得巨大发展的内蒙古鄂尔多斯地区，兴建了一批规模较大的煤制甲醇生产厂。

　　据不完全统计，2004 年全国甲醇的实际产量超过 500 万吨，占当年全世界甲醇总产量 3200 万吨的 15.6%。其用途除了甲醛及其他下游产品和甲基叔丁基醚（MTBE）的生产以外，另有 100 多万吨掺入汽油中或者作为民用醇基液体燃料使用。

　　据《石化和化学工业发展规划（2016～2020 年）》提供的资料，2016 年我国的甲醇产能超过 6976 万吨，表观甲醇消费量达到 5190 万吨。这两个数据，均占世界总量的 40%以上。这个比例，与中国合成氨占世界合成氨的比例相似，有可能像合成氨解决粮食问题以满足人们食品需要一样，对于中国解决石油替代问题来说，也具有特殊的重大意义。

　　（2）一个尖锐的问题，就是我国的甲醇产能是否严重过剩？

　　中国石油和化学工业联合会的一项调研表明，是否过剩的关键，在于国家对于甲醇燃料应用范围的政策界定和相关产品标准是否能够及时出台。

　　另一种情况是放开市场，尽快颁布有关甲醇燃料的产品标准和使用规范，允许甲醇燃料与石油燃料、乙醇燃料平等竞争，不断完善甲醇燃料的生产和应用技术，大力发展甲醇化工，那么，到"十一五"末的 2010 年，甲醛生产耗用甲醇 470 万吨每年，乙酸生产耗用甲醇 227 万吨/年，甲基叔丁基醚（MTBE）生产耗用甲醇 50 万吨每年，农药、医药、涂料、染料等生产耗用甲醇 260 万吨每年，累计 1007 万吨每年。M15、M30、M85、M100 等几种车用甲醇汽油燃料的甲醇耗量暂按 1000 万吨每年估算，民用炊事、取暖的"醇基清洁燃料"按 1000 万吨计算，合计甲醇需求量将超过 4000 万吨每年。随后，甲醇制烯烃耗用甲醇的数量将大大超过这个数字。这样，原有甲醇产能将不能满足市场需要。

中科院大连化学物理研究所研发的"甲醇制低碳烯烃的DMTO"工艺技术，2010年6月26日通过国家鉴定，达到国际技术领先水平。针对当年我国需要乙烯2484万吨、需要丙烯1905万吨的情况，随即掀起了一个新的甲醇扩产高潮，已建和拟建的甲醇产能达到7232万吨每年。2012年2月23日通过国家鉴定的"甲醇制烃基清洁燃料MTHF万吨每年级生产试验"，也在实现产业化，如果满足我国清洁汽油需求量的一半3750万吨每年，就需要甲醇1亿吨。

据《甲醇时代》统计，截至2015年底，我国在饭店和公共食堂推广应用大型商用醇基清洁燃料灶具100.3万套，每年使用醇基清洁燃料近1000万吨。

（3）醇基清洁燃料在治理环境污染和雾霾天气方面的有效功能。

在替代石油燃料应对石油危机的同时，醇基清洁燃料在治理环境污染和雾霾天气方面，显示了卓越的功能，其意义不亚于替代石油燃料应对石油危机。例如，广大农村在炊事和冬季取暖中大量燃用散煤，以及大量的供暖、供热蒸汽锅炉燃用煤炭，助长了环境污染和雾霾天气的肆虐，特别是在京津冀和我国北方地区，严重地影响了人民生活和工农业生产，国家形象也受到影响。因此，替代燃煤、控制环境污染和雾霾天气，成了一项紧急任务！

2016年初全国人大、政协会议期间，时任环保部部长的陈吉宁提出"散煤污染"问题以后，许多科技单位和业务管理部门进行了认真研讨。当年4月末在廊坊举办的"炉博会"，使人们更加感到解决这个问题的紧迫性。河北省在"炉博会"的发言中，提供了这样的信息：

他们准备每个农户每年补助700元，治理"散煤污染"，但是，他们没有指出用什么样的清洁燃料替代散煤。

他们指出河北省1575万户农民中，如果1000万户用电能替代燃煤，需要新增5.5个三峡水电站供电量，这是难以做到的。

如果改用天然气，天然气管道难以铺设到偏远的农村。

用液化石油气行不行呢？且不说1575万户每年需要新增的上千万吨液化气的来源问题，仅安全问题就是个大坎！因为高压液化气钢瓶漏气很容易造成安全事故，居民区的饭店已经禁用液化气大钢瓶。农村农户取暖使用10kg装的高压液化气小钢瓶，需要频繁换罐，2000万个高压液化气钢瓶经常倒换，将是一个浩大的危险工程！每户每年2726元液化气费用也是个难以负担的经济问题。

实际上，在天然气管道已经铺设到的地方实行"煤改气"，也不是最佳方案，因为天然气燃烧产生的氮氧化合物，并不比燃用煤炭少，而氮氧化合物也是造成雾霾天气的重要因素。

仔细研究京津冀地区治理环境污染和雾霾天气的种种措施和方案，除了"煤改电""煤改气"之外，还有管控散煤使用、关停燃煤锅炉和有关工厂、加大环保投入、实行主管领导问责制、重罚有污染行为的企业、汽车单双号限行、道路洒水、垃圾覆盖、禁烧秸秆等，还有采用行政手段问责"立军令状"的。这些举措和方案，虽然会有当下之功，但是，绝非长远之计和根治措施！

有效的长远之计和根治措施是什么呢？是依靠科技、依靠群众、依靠能源革命和生态环境革命！

关于"依靠群众"，因为群众是环境污染和雾霾天气的直接受害者，是治理环境污染和雾霾天气的直接受益者，是处理秸秆问题和诸多环境问题的当事人，是污染环境的监督者。脱离人民群众，把人民群众当作治理对象，是很难治理环境污染和雾霾天气的。

"革命"是解决所有重大问题的通用手段，能源和生态环境问题，当然也可以依靠能源革命和生态环境革命解决。必须看到，造成雾霾等等生态环境问题的根子，主要是煤炭、石油等污染性燃料，如果将现有的煤炭、石油等污染性燃料改换为清洁燃料，就可以"釜底抽薪"，彻底解决雾霾天气和环境污染问题。

将现有的煤炭、石油等污染性燃料改换为清洁燃料，最现实、最有效的办法是"依靠科技"。例如，科学分析表明，京津冀和北方地区产生环境污染和雾霾天气的主要根源是直接燃用煤炭，而造成煤炭污染的并非煤炭本身，而是因为煤炭中含有大量的硫组分和其他有害成分，如果将煤炭中的硫组分和其他有害成分清除掉，就可以把它变成清洁燃料！

雾霾的形成，与燃烧排放中的氮氧化合物关系也很大，使用醇基清洁燃料和醇燃料自动气化灶，可以大量减排氮氧化合物：

第一，氮元素大量存在于大气中，甲醇燃料燃烧时，消耗空气量只有天然气、液化气和柴油的 1/3，仅此一项，甲醇燃料燃烧时产生的氮氧化合物就只有天然气、液化气和柴油、燃料油燃烧时产生氮氧化合物的1/3。

第二，氮氧化合物的形成，与燃料燃烧温度相关，在 1200℃以上大量形成。天然气、液化气和柴油、燃料油都是在 1200℃以上高温燃烧的，氮氧化合物形成也多。醇基燃料的燃烧温度在 1200℃以下，还可以控制在更低的温度下燃烧，可以使得氮氧化合物的形成进一步减少，这是一种特有技术，而石化燃料无法实施这种特有技术。一般情况下，1t 石化燃料产生 9.1～12.3kg 氮氧化合物，而 1t 醇基清洁燃料可以控制到只产生 0.032kg 氮氧化合物（即，1kg 醇基清洁燃料只产生 32mg 氮氧化合物），比石化燃料低得多，容易达到 $30mg/m^3$ 的排放标准。实际上，NY 312—1997《醇基民用燃料灶具》的氮氧化合物允许标准为 $0.5mg/m^3$，比新建锅炉允许标准 $30mg/m^3$ 还要低得多。

我国的"煤净化工程"就是将煤炭气化，把其中的硫组分作为宝贝回收利用，煤炭和水蒸气反应生成水煤气，当水煤气中的氢气、一氧化碳和二氧化碳含量达到一定比例时，称为"合成气"，可以用来大量生产甲醇燃料，而甲醇燃料或以甲醇为基础的醇基燃料，就是典型的清洁燃料。它不仅去除了硫组分和其他有害杂质，而且俘获了 4 个氢原子，成为与天然气中的甲烷一样的"低碳高氢"燃料，另外还含有 50%的助燃内含氧，比天然气燃烧更完全、排放更清洁。在有关章节将详细阐述这个内容。

如前所述，为了解决京津冀农村炊事和冬季取暖燃用散煤的污染问题，采用"煤改电"和"煤改气"，困难较大，作用有限。采用甲醇燃料和以甲醇为基础的醇基清洁燃料及其相应的燃具，实行"煤改醇"，即可科学地解决直接燃用煤炭造成的雾霾天气和环境污染问题。

醇基清洁燃料与其相应的燃具相结合，是实行"煤改醇"的关键。

我国的新型醇基液体燃料及其自动气化灶，已经经过了权威评审鉴定，恰好可以用于炊事上的"煤改醇"，已经在全国的饭店和集体食堂推广应用十多年，经受住实践考验，不仅清洁环保，而且节能省钱，深受用户欢迎！

在解决农民冬季取暖问题方面，针对居住分散的农户，实现一家一户取暖，这在石家庄速德机械设备有限公司、廊坊市香河鑫阳环保科技有限公司、唐山和中节能科技有限公司，都有成功的示范应用。

采用科技办法解决京津冀地区煤污染，可以分为三个部分：

第一部分是解决冬季散煤取暖问题。

可以借助原有的燃煤或燃用液化气的水暖系统，核心技术是用醇基清洁燃料替代散煤或液化气，采用功率为 1～7kW、14～49kW 的各种燃具，解决采暖面积 20～1000m^2，经济上也显著优于液化气。

第二部分是解决常年散煤炊事燃料的替代问题。

有两种专利技术产品：

一是自动吸醇气化灶，主要针对农村散居农户炊事，为了照顾用户习惯，火力与原来用的液化气灶及沼气灶相同，设计为 2.33～4.64kW（液化气灶的火力下限是 2.92kW，沼气灶的火力下限是 2.33kW，这里采用 2.33kW 作为火力下限）。主要特点是可以确保安全。多年来，我国陆续开发的充气式、加注液醇式或自增压式的甲醇炉灶，在千家万户各种使用人员中，均难以避免安全事故隐患，因而中国农村能源行业协会一再表态，不让在广大农户中推广应用。自动吸醇气化灶不会在灶头形成液醇集聚，加上两项安全专利技术，可以确保安全。

二是光醇互补气化灶，其功能与高压钢瓶液化气灶相似。因为储罐中的醇燃料处于液态，所以没有高压钢瓶液化气泄漏及其安全问题。而且可以利用天然的太阳能将液态的醇燃料气化为常压醇蒸气，与高压钢瓶液化气灶的使用方法相似，并且能够降低炊事燃料的成本费用，大多数用户用得起。

这两个醇基清洁燃料燃具专利新产品，不仅可以用于京津冀地区，还可以用于全国和国际上"一带一路"区域缺乏清洁炉灶燃料的发展中国家，可以协助"全球清洁炉灶联盟"落实相关计划，到 2020 年底以前，让我国国内 4000 万农户用上清洁炉灶和清洁燃料，让国际上 1 亿户居民用上清洁炉灶和清洁燃料。

根据我国建筑物采暖数据，以 $100m^2$ 的供热面积为例，能耗为 42518kcal/d（177725kJ/d），每年供暖期为 120 天，能耗与费用如下：

醇基清洁燃料热值 6000kcal（80%甲醇+20%辅料）；热效为 95%；甲醇价 3000 元/t，辅料价 4000 元/t，配成产品价：

3000 元/t×80%+4000 元/t×20%＝3200 元/t=3.20 元/kg

年费用为：

42518kcal/d÷6000 千卡/千克÷95%×3.20 元/千克×120 天＝2864 元

与热值 10400kcal/kg、6 元/kg、热效 90%的液化气相比，年费用为：

42518kcal/天÷10400kcal/kg÷90%×6 元/kg×120 天＝3271 元

液化气比醇基清洁燃料的 2864 元多 407 元。

第三部分是解决蒸汽锅炉或热水锅炉集中供暖问题。

有一些规模较大的乡镇和工厂原来采用燃煤蒸汽锅炉或热水炉集中供暖，可以改为燃用"醇基清洁燃料"。2016～2017 年取暖季节，北京超燃索阳清洁能源研发中心在昌平区南口镇万向新元环保设备公司进行了"煤改醇"的应用示范，采用 60 万 kcal 醇基清洁燃料常压锅炉，替代原有的燃煤系统，为该公司的 $4000m^2$ 厂房解决了冬季采暖问题。环保效益尤其明显，经济上并不比原来燃烧煤炭的费用高。本书后文将有详细介绍。

如果人们真正认识到以甲醇为基础的"醇基清洁燃料"在应对石油能源危机和节制环境污染方面的重大作用，其就会得到高度重视和大力发展，已建、在建和拟建的甲醇项目，将会形成一个可以与石油产业类似的"醇基清洁燃料"新产业。

3.1.3.2　我国关于甲醇科研的发展情况

一个新兴产业的发展，必须以其相应的科学研究发展为先导。在 1973 年发生世界性的石油危机后，我国即开展了石油替代能源的研发，在积极发展水电、核电的同时，对于"以醇代油"化解石油危机，给予了密切关注和高度重视，大致经历了两个阶段：

（1）摸索探讨阶段　此阶段从 20 世纪 70 年代末到 1998 年第 13 届国际醇燃料会议在我国北京召开。在这个阶段近 20 年的期间，我国的科技界做了四件大事：

一是以中科院为主，考察研究了利用中国比较丰富的煤炭资源制取甲醇燃料的可行性，得出了煤制甲醇燃料符合中国国情的重要结论。

二是由原国家科委牵头，北京医科大学承担主要任务，进行了甲醇毒性实验研究，得出了其毒性不影响甲醇用作燃料的结论。

三是仍由原国家科委牵头，中科院和交通、汽车、能源部门及山西省、北京市等方面参加，分别与联邦德国、美国等国家有关方面合作，对甲醇与汽油掺烧、甲醇汽车已有技术进行了长期的模拟应用试验，得出了低、中、高比例掺烧甲醇的甲醇汽油可以在汽车上使用的结论。

　　四是开发研究了民用甲醇燃料，颁布了 GB 16663—1996《醇基液体燃料》和NY 312—1997《醇基民用燃料灶具》等相关的产品质量标准。以这两个产品质量标准为法律依据，民用甲醇燃料的推广应用规模，很快超越了车用甲醇汽油的示范性应用规模。

　　通过这个阶段的摸索探讨，甲醇燃料在中国科技界和煤炭资源丰富的山西省获得了认可，促成了第 13 届国际醇燃料会议在我国北京召开。中国科学院潘奎润研究员当选为大会组织委员会主席，中国有关甲醇燃料的研发和示范应用，与国际上取得了较好的接轨，研究发展水平处于世界前列。

　　（2）创新发展阶段　此阶段从 1998 年召开的第 13 届国际醇燃料会议开始，山西、河南、四川及其他一些省市的有关单位，更加积极地在甲醇生产、甲醇与汽油掺烧、甲醇燃料汽车和民用甲醇燃料调配四个方面进行了创新研究和应用试验，其深度和广度，都位于世界前列。

　　关于甲醇生产工艺多样性和先进性方面，指的是工艺上单产、联产、多联产和原料上由石油、天然气向煤炭、劣质煤炭、煤层气、焦炉气等方面拓展，以及催化剂更加先进，规模趋向大型化，操作实现计算机智能调控和生产成本大幅下降。利用我国普遍存在的中小化肥厂联产甲醇，在全国得到普及，具有自主知识产权的新工艺在我国也出现了。

　　关于甲醇与汽油掺烧的开发研究，在不改变汽车部件而改造燃料的开发研究方面，中国做得比较多，并且开发出了一些具有世界先进水平的醇油助溶剂和性能改良剂，将甲醇在汽油中直接掺烧从 M5、M15 的低比例拓展到 M20～M45 的中比例。特别是对醇基民用燃料及其燃具进行了创新性研发和推广应用示范。此外，甲醇与其他液态醇和二甲醚等醚类以及酯类复配的醇醚酯复合燃料也应运而生，体现了良好的实用价值。这些适用于原有汽车的甲醇复合燃料，因为组分确切，甲醇中不含硫、苯、烯烃、芳烃或其他有害物质，并且有丰富的助燃内含氧，所以，使得与石化汽油相比，燃烧更加完全、尾气排放更加清洁。与各地制订M15、M25 地方标准和企业标准的同时，河南超燃清洁能源科技有限公司还制定了三个企业标准 Q/HNCR01—2008《Me20～Me45 车用醇醚汽油燃料》、Q/HNCR02—2008《Me70～Me85 车用醇醚汽油燃料》、Q/HNCR03—2008《农用醇醚柴油燃料》，在技术监督部门论证备案后，开始作为示范生产和示范应用的法律依据。一般的石油类添加剂；有些在甲醇汽油中用不着，如抗爆剂和增氧剂；有些添加剂必须强化，如助溶剂、腐蚀抑制剂、增热剂、洁净剂等。在这些方面，中国已经研发成功一些具有实用价值的新品种，在性能价格比上达到了国际先进水平。

关于甲醇燃料汽车的开发研究，在美、德等研制成功灵活燃料汽车（FFV）的同时，中国已经开发出甲醇发动机的自主技术，为新产甲醇汽车打下了基础。中国山西大同汽车制造厂、安徽奇瑞汽车制造公司和**浙江吉利控股集团有限公司的研发工作走在了前列。**

山西博世通科技有限公司和国内其他一些单位研制的车用甲醇燃料电脑调控器，可以自动调控汽车油路，使之适应各种醇油比例，功能与美、德等国的灵活燃料汽车 FFV 相似。

关于民用醇基液体燃料燃具的开发研究，中国是走在世界最前列的。具体表现在中国最早颁布了国家标准 GB 16663—1996《醇基液体燃料》和国家行业标准 NY 312—1997《醇基民用燃料灶具》。醇基液体燃料及其燃具，初期主要用于替代柴薪、煤炭、液化石油气（LPG）和燃料油，用于炊事和农村农民冬季取暖领域。《醇基液体燃料》用于炊事领域的关键，是开发出相应的炉灶。经过十多年的努力，中国已经开发出来一些具有先进水平的新产品，具有代表性的是专利产品醇燃料自动气化灶、醇燃料自动气化灶控火保安装置、醇燃料自动气化灶灭火保安装置、液体燃料半气化灶头、自动吸醇气化家用灶、光醇互补气化家用灶等，比较好地解决了变液醇雾化为气化和可能出现的安全问题，还可以省略鼓风机，进入了实用阶段。

关于醇基清洁燃料在锅炉、窑炉领域替代燃煤和抑制雾霾方面的研发，后文详叙。

3.2 甲醇的基本信息

中文名：甲醇、木醇、木精、木酒精；英文名：methanol。
分子式：CH_4O；分子结构式：CH_3OH；分子量：32.0。
外观与性状：常温下是无色透明有类似果酒气味的液体。
凝点/℃：−97.8；
沸点/℃：64.7；
闪点（闭口）/℃：12.1；
自燃温度(℃)：435；
低热值（kJ/kg）：5050；
液态相对密度(水=1)：0.791～0.792；
气态相对密度(空气=1)：1.11；
雷德蒸气压（37.8℃)/kPa：32；
临界温度/℃：240；

临界压力/MPa：7.96；

溶解性：与水、醚类、苯、酮类混溶，微溶于汽油，不溶于柴油、燃料油。

毒性：中等毒[LD$_{50}$：50～500mg/kg（大鼠经口）]，折算成60kg体重的人，LD$_{50}$为30～300g或39～390mL；甲醇蒸气对神经系统有刺激作用，吸入人体内一定数量后，可引起中毒或失明。

腐蚀性：常温下纯甲醇无腐蚀性（铅、铝例外），甲醇的腐蚀性主要是吸水后产生甲酸（蚁酸）造成的。

燃烧排放物：二氧化碳、水。

甲醇燃烧时发出微蓝色火焰。

爆炸上限（%，体积分数）：36；爆炸下限（%，体积分数）：6；

危险特性：危险性类别为第3.2类，属于中闪点易燃液体；其蒸气与空气形成爆炸性混合气体，当甲醇蒸气为6%～36%时，遇明火可引起燃爆。

安全措施：甲醇着火时用沙子、泡沫灭火器、石棉布等进行扑救。甲醇数量不多时，可以用水灭火。要避免甲醇与皮肤接触，如果溅到皮肤上和眼睛里，应迅速用大量的清水冲洗。

包装与运输：应用清洁干燥容器包装；包装容器应严加密封。包装类别：小包装为玻璃瓶，外套木箱或钙塑箱加固，内衬垫料，或用耐醇的铁桶或塑料桶代替玻璃瓶；大包装用专用料桶、料罐。运输应遵守运输部门的有关规定。

储存：储存在干燥、通风、低温、不受日光直接照射并隔绝热源和火种的地方。应与氧化剂分开存放。储存间内的照明、通风等设施应采用防爆型，开关设在仓外。配备相应品种和数量的消防器材。大型储罐应采用浮顶罐，夏季要敷设淋水冷却装置，气温高时要及时淋水冷却储罐。

关于甲醇的化学性质，无论是作为化学原料还是作为能源燃料，都具有非常突出的优越性。

第一，甲醇的分子结构（CH$_3$OH）很简单，却含有甲基和羟基两个非常重要的功能基团。因为有了甲基，所以，甲醇可以制作许多含有甲基的重要物质，例如，甲醛及甲醛树脂、甲基叔丁基醚、二甲醚、碳酸二甲酯、硫酸二甲酯、氯甲烷、甲氨，以及将油脂甲基化生成的脂肪酸甲酯（生物柴油）等。因为有了羟基，甲醇可以制作许多含有羟基的重要物质，例如，同系化的各种多碳醇、多元醇和酚类等。后文将有章节专篇介绍。

第二，甲醇是含有碳、氢、氧三种元素的稳定的液态化合物，这三种元素都与燃烧有关。碳的热值为32993kJ/kg，氢的热值为121002kJ/kg，它们和氧一起组成甲醇的热值为21109kJ/kg。不含氧的烃类物质，包括烷烃、烯烃、炔烃、芳烃，正是石油、天然气、石油液化气等组分，都是当今人们大规模使用的能源燃料。为什么它们是具有热值的能源燃料呢？因为它们与氧发生氧化反应的同时，伴随着放出热能。也就是说，烃类物质要成为能源燃料，必须有氧参与。氧元素与这些能源燃料是同等重要的。也就是说，这些能源燃料必须有氧助燃。如果有足够的氧参与助燃，就可以保证燃烧完全，产物只有二氧化碳和水；如果没有足够的氧参与助燃，燃烧的产物除了二氧化碳和水以外，还有燃烧不完全或不曾燃烧的一氧化碳、碳氢化合物（HC）和碳粒，这些东西都是空气的污染物，是造成环境污染和雾霾天气的元凶。相比之下，甲醇的氧化燃烧过程就不会产生没有足够的氧参与的情况，因为甲醇本身就含有50%的助燃内含氧，并且，这些内含氧与外加氧不同，它们是非常均匀地与碳氢燃料混在一起的。这个基本的化学原理，通常被许多人忽视。因此，本书凡是提到甲醇拥有内含氧的地方，都特别加上"助燃"两个字。什么是清洁燃料？有人大讲特讲低碳燃料是清洁燃料，本书对前面的章节中，作了两个补充：首先，不仅要求"低碳"，而且更重要的是要求高氢，只有同时具有低碳、高氢两个特点，才接近为清洁燃料。其次，还要求有一定数量的氧组分。美国《清洁空气法修正案》颁布后，要求汽油中必须有 2%以上的氧组分，这就需要加入适当的有机含氧化合物。通常，用量最多的是加入11%的甲基叔丁基醚。甲基叔丁基醚（$CH_3OC_4H_9$）含氧18.2%，汽油中加入11%的甲基叔丁基醚，氧含量就可以不小于2%。当然，也可以加入适当数量的甲醇、乙醇、其他多碳醇或者醚类、酯类等有机含氧化合物。汽油中加入 4%以上的甲醇，或者加入6%以上的乙醇，也可以使其氧含量不小于2%。不过，甲醇的衍生物甲基叔丁基醚与汽油的互溶性好，形态也接近汽油。我们定义汽油以外的民用、工业窑炉用"清洁燃料"时，也要求有一定数量的氧含量，并且不限于 2%，以确保燃烧完全，高效节能，燃烧尾气达到排放清洁要求。在这方面，甲醇燃料的优越性是非常突出的。

　　第三，甲醇具有一种可以成就"新能源革命"的极其重要的化学性质。即如前所说，它可以作为最好的储氢器、储碳器、储氧器，也就是"储能器"。地球上并不缺少能源，太阳辐射到地球上的能量和地心散发出来的能量，足够养育地球和地球人，只是到目前为止，还没有规模化的储备能量的技术。太阳辐射到地球上的能量和地心散发出来的能量，大部分又散发到宇宙空间了。即使留下来作为风能、水能的部分，以及核电站在低用能期的核电，也无法储存起来。所谓蓄电池、锂电池等，储存能量非常有限。可是，所有的能量都可以通过甲醇储存起来。最令人高兴的是通过"可逆的燃料电池"，随时可以将甲醇与电能互相转换。中国科学技术大学孟广耀教授的"陶瓷膜甲醇燃料电池"，即可实现这个伟大的理想。即使暂时不用这种"可逆的燃料电池"技术，也可以通过电能、热能分解水产生氢气，与空气中的二氧化碳或者其他碳源，合成甲醇。实际上，只要人们仔细想一下，用煤炭或者其他烃类物质生产甲醇，就是一种能量转换储存的过程，只是它没有"可逆的燃料电池"转换技术高效罢了。众所周知，用煤炭生产甲醇，要消耗一定数量燃煤能量，是将喷进炉膛的水蒸气分解，产生氢气、一氧化碳、二氧化碳等组成的"合成气"，然后，在催化剂的帮助下，合成甲醇。这里的煤炭，一部分用作提高水解能量的燃料煤，另一部分是转换为甲醇的原料煤。根据不同质量的煤炭热值，可以具体计算，根据实际经验，大体上是 1/4 用作燃料煤，3/4 用作原料煤。例如，如果 1.6t 某种质量的煤炭生产 1t 甲醇，那么，0.4t 用作燃料煤，1.2t 用作原料煤。理论上，需要燃料煤要少一些。使用可逆的燃料电池转换技术，燃料煤部分的消耗基本上就可以节省了。

　　第四，甲醇还有一种重要的化学性质，就是能够使"氢能源"成为一种可以实际应用的清洁新能源。水在地球表面是取之不尽用之不竭的，因而把水中的氢拿出来用作清洁能源，是人们的一种美好理想。但是，单质**氢气**是难以压缩储存的，使用起来又特别容易爆炸，安全性极差，接打手机的能量就会引起氢气爆炸，因此，将单质氢气作为理想的清洁能源，实际上是不可能的。但是，将氢储存在甲醇之中，它就稳定安全得多了。常温下，甲醇是一种化学稳定性非常好的液体，燃点 435℃，闭口闪点 12.1℃，不仅比氢气安全，比闪点−188℃的天然气、闪点−104℃的液化气、闪点−35℃的汽油，也安全得多。而且，如前所述，甲醇作为能源燃料，本身还有 50%的助燃内含氧，在这方面，比单质氢气作为能源燃料更有优越性。

　　除以上阐述的甲醇良好的化学性质，它还有现实原料来源广泛，生产工艺技术成熟，清洁高效，没有放射性污染，兼容性非常好的优点，人们寄予希望的页岩气、可燃冰、干热岩等种种能源，都可以容纳其中。因此，它在人类面临的新能源革命中，具有独特的优势！在人们还没有发现更好的能源以前，它正是新能源革命的旗手。

　　甲醇作为一种重要的产品，各国都有明确的产品质量标准。我国现行的国家标准 GB 338—2011《工业用甲醇》（*Methanol for industrial use*），介绍如下：

　　本标准的第 6.1 条为强制性的，其余为推荐性的。第 6.1 条内容为："工业用甲醇产品包装容器上应涂有牢固的标志，其内容包括：生产厂名称、产品名称、本标准编号以及符合 GB 190 规定的'易燃液体'和'有毒品'标志等。"

　　"该标准适用于以煤、焦油、天然气、轻油、重油为原料合成的工业用甲醇。该产品主要用于化学工业、农药行业，也可作为燃料使用。"节录这一段，是为了说明已经有明文规定甲醇"也可作为燃料使用"。

GB 338—2011《工业用甲醇》的技术要求见表 3-1。

表 3-1 GB 338—2004《工业用甲醇》的技术要求

项　目		指　标		
		优等品	一等品	合格品
色度（铂-钴色号）/Hazen 单位	≤	5		10
密度（20℃）/（g/cm³）		0.791～0.792	0.791～0.793	
沸程①（0℃ 101.3kPa）	≤	0.8	1.0	1.5
高锰酸钾试验/min	≥	50	30	20
水混溶性试验		通过试验（1+3）	通过试验（1+9）	—
水的质量分数/%	≤	0.10	0.15	0.20
酸的质量分数（以 HCOOH 计）/%	≤	0.0015	0.0030	0.0050
或碱的质量分数（以 NH₃ 计）/%	≤	0.0002	0.0008	0.0015
羰基化合物的质量分数（以 HCHO 计）/%	≤	0.002	0.005	0.010
蒸发残渣的质量分数/%	≤	0.001	0.003	0.005
硫酸洗涤试验（铂-钴色号）/Hazen 单位	≤	50		
乙醇的质量分数/%	≤	供需双方协商	—	

① 包括 64.6℃±0.1℃。

表 3-1 中，"水的质量分数，优等品≤0.1%"，即是说，GB 338—2011 规定，甲醇含量应＞99.9%。对于车用甲醇汽油而言，非常忌讳水分，因为水分含量多时，会影响醇油的互溶性，造成分层。GB/T 23799《车用甲醇汽油（M85）》规定，水分含量不得＞0.5%，这是为甲醇吸潮留有余地。进口甲醇一般是由天然气制备的，水分含量更低，甲醇含量＞99.99%，更适合用来与汽油掺烧配制甲醇汽油。

表 3-1 中，乙醇的质量分数，对于用作能源燃料而言，不受限制。其他多碳醇，例如，丙醇、丁醇、戊醇、己醇、庚醇、辛醇等，都不受限制，甚至是多多益善。这样，生产燃料甲醇时，无须精馏工序，可以降低成本，提高热值（多碳醇的热值都高于甲醇的热值）。

3.3　石油能做的事甲醇都能做

自从有了化学合成甲醇的工艺技术，规模化生产的甲醇，首先用作基础化工原料，例如，生产甲醛及甲醛树脂、乙酸及乙酸树脂。还用于制备低碳烯烃乙烯、丙烯及其相关化工产品橡胶、涂料、塑料、纤维等。还用作染料、农药、医药、化妆品、溶剂、防冻剂、清洗剂等精细化工产品的原料。

大量研究结果表明，凡是石油、天然气能做的事，甲醇都能做，而且可以做得更好（表3-2）。

表3-2　甲醇和油气功能比较

项目	石油、天然气的功能	甲醇的功能	备　注
提供内燃机和车船飞机燃料	炼制：汽油、柴油、航空煤油	① 与汽油掺烧； ② 通过 MTG 或 MTHF 工艺制成汽油、柴油、航空煤油； ③ 高压缩比甲醇汽车统一替代汽油车和柴油车。 ④ 直接做赛车和飞机燃料	甲醇不含硫和致癌物质等，低碳高氢，内含氧50%，燃烧完全，高效节能，排放清洁，经济效益好。所谓腐蚀性、动力性等问题都可以解决。赛车发动机已在应用；飞机发动机已有试用
提供热能燃料	炼制：高硫重柴油、燃料油、石油焦、LPG、CNG 等	配制：醇基液体燃料（含烃）；新型醇基液体燃料（不含烃）；高热值的醇基清洁燃料	甲醇的氢碳比与天然气相同，并且含有50%助燃内含氧，燃烧完全，高效节能，排放清洁，经济效益好
生产燃料以外的化工产品	制备低碳烯烃及其衍生物；乙酸及其衍生物；其他化工产品	甲醇化工产品：通过 MTO、MTP 工艺制备低碳烯烃，通过 MTA 工艺制备芳烃及其衍生物；通过 MTC 工艺制备其他化工产品和肥料、药品等	甲醇含有甲基和羟基两种功能基团，活性高，比石油容易制成各种化工产品。MTO、MTP、MTA、MTC 工艺技术的突破，使得橡胶、塑料、纤维、涂料、药品、肥料等都能制备
其他用途	润滑油；沥青	甲醇转化为混合烃分馏组分即有润滑油和沥青；作为培养基生产菌体蛋白饲料添加剂；农作物抗旱增产剂；玻璃清洗剂	作为培养基生产菌体蛋白饲料和因其吸水性形成的抗旱增产功能是现代农业的重大突破
原料来源	原油；天然气；油页岩；可燃冰	① 劣质煤、煤层气、焦炉气； ② 天然气、页岩气、可燃冰； ③ 所有可燃有机物； ④ 水、空气、太阳能等能源	原料1制甲醇当前最好； 原料2制甲醇变成液态可储存； 原料3制甲醇使其原料更广泛； 原料4制甲醇可摆脱化石原料
与其他能源的关系	互补	① 互补； ② 各种剩余能量可以通过甲醇储存起来	地球上并不缺少能源，关键是没有规模化储存能量的好方法。甲醇是最好的储能载体

还有一些石油不能做或者做不好的事，甲醇却可以做，或者做得更好。

最显著的例证是，因为甲醇本质上是"低碳高氢"和拥有50%助燃内含氧的燃料，燃烧完全，高效节能，比所有的石化燃料都更为清洁环保，可以防止石化燃料造成的环境污染，可以抑制雾霾天气，捍卫蓝天。这在环境污染严重、雾霾天气频发的当今中国，尤其具有重要的现实意义。

从科学的角度分析，环境污染和雾霾天气，主要是大规模直接燃烧煤炭和石化燃油造成的，因而解决环境污染和雾霾天气的根本措施，应该是"釜底抽薪"，用清洁能源燃料，替代和取代直燃煤炭和石化燃油。醇基清洁燃料正是替代和取代直燃煤炭和石化燃油的理想选择。

例如，赛车燃料原来使用的是汽油，既不安全，又难以进一步提速，而甲醇燃料既安全，又可以利用高压缩比技术装备进一步提高车速，实际上，世界上已经用甲醇燃料取代汽油用作赛车燃料。

又如，在空气稀薄的地方或者沙漠地带，燃用甲醇燃料，可以比汽油、煤油、柴油节省 2/3 的空气，因而也可以更好地用作飞机和潜艇燃料。

再如，以石油做基料生产菌体蛋白饲料，因为石油本身组分复杂，众多的毒性难以消除；而以甲醇做基料生产菌体蛋白饲料，已经实现了规模化生产。

还有，在农用蔬菜大棚里喷洒微量的雾化甲醇，可以增强光合作用，显著提高蔬菜产量；在沙漠地带或者干旱季节，对农作物喷洒微量的甲醇，可以利用甲醇的吸水作用抗旱。

关于用甲醇燃料直接替代航空煤油的事，主要是高压缩比发动机的问题，这在赛车上已经有了应用。2017 年 7 月 23 日央视 13 频道报道了美国首架醇基燃料 A-10 攻击机试飞成功，证实了这种构想能够实现。

甲醇燃料比煤炭、石油、天然气等化石燃料更优越的方面，如前所述，是它更加"低碳高氢"，拥有助燃内含氧，燃烧完全，高效节能，排放清洁。关于低碳高氢，甲醇与天然气的主要成分甲烷一样，碳氢原子数比例都是 1∶4；关于拥有助燃内含氧，是超越煤炭和各种烃类燃料柴油、煤油、汽油、液化气、天然气的特别优势，比它们燃烧更加完全，高效节能，排放清洁。针对当前我国环境污染和雾霾天气比较严重的现实状况，国家高度重视生态环境建设，使得甲醇清洁燃料在这方面的意义，不亚于化解石油危机。如果说化解石油危机还不太紧迫的话，解决环境污染和雾霾天气问题，却是更为燃眉之急。

可以毫不夸张地说，如果把采用甲醇清洁燃料作为战略决策，用它来替代或改造煤炭、石油等污染性燃料，我国的环境污染和雾霾天气问题，可以迎刃而解！

根据河北省新能源办公室江光华在 2016 年 4 月 27 日廊坊会议大会发言中"河北省民用散煤使用现状"提供的统计数字，全省人口 7383.8 万人，其中，乡村人口 5695.4 万人，1575 万农户，每年使用散煤约 3000 万吨。

据此推算，全国农村农户约 3 亿户，按照半数使用散煤计算，每年使用散煤约 3 亿吨。这个数字与 2008 年的统计数字 2.65 亿吨比较符合，因为农民经济水平提高，燃用煤炭取代柴薪和垃圾燃料的数量也在增加，占全国煤炭用量 30 亿吨/年的 1/10。发电用煤占全国煤炭每年用量 30 亿吨的 4/10。但是，发电用煤的尾气经过处理净化了，散煤排放的污染物是煤电的 5～10 倍，因而散煤污染，超过了煤电污染。

我国燃煤锅炉用煤数量显著超过了燃用散煤的数量，实行煤改醇以后，也可以大规模控制燃煤锅炉造成的污染。

另外，造成环境污染和雾霾天气的因素，还有燃料油和石油焦等高含硫燃料的大量使用。燃料油和石油焦的含硫量平均在 2.5%左右，是 G4 柴油硫含量限额 50mg/kg（0.05%）的 50 倍，如果改用醇基清洁燃料，也可以大大减少环境污染。

如果将来利用陶瓷膜甲醇燃料电池把甲醇变成电能作为更加清洁的能源，可以更好地解决直接燃用化石燃料造成的环境污染问题。

3.4   甲醇用作有机化工合成的基料

3.4.1   概述

甲醇是包含碳、氢、氧三种元素的最简单的有机化合物，却含有甲基（—CH_3）和羟基（—OH）两种功能基团。

甲基是有机化合物的基础基团之一，是最简单的烃基。甲基再加一个氢就是甲烷，甲烷再加一个碳链（CH_2）就是乙烷，乙烷再加一个碳链（CH_2）就是丙烷，以此类推，所有的烃类都可以由甲基为首的碳链（CH_2）堆砌而成。

甲醇的甲基，是甲醛、二甲醚、甲基叔丁基醚、氯甲烷、溴甲烷、甲胺、甲酸甲酯、碳酸二甲酯、硫酸二甲酯、磷酸三甲酯、脂肪酸甲酯等多种有机化合物产品的甲基化剂。我国用甲醇做原料，大批量生产甲醛、乙酸和它们制成的树脂。脂肪酸与甲醇反应甲酯化生成的脂肪酸甲酯，就是生物柴油，因为生物柴油有 11%左右的内含氧，所以，清洁环保性能优越。

羟基是有机化合物的另一种基础基团，它和甲基、乙基、丙基（—$CH_2CH_2CH_3$）等，组成了相应的饱和脂肪醇甲醇、乙醇、丙醇等。稍微加以结构改造，就可以制成相应的醚类、醛类、酯类等含氧的有机化合物。

甲醇的衍生物成千上万，广泛地应用于基础化工、精细化工和能源化工三大领域。

大连化学物理研究所研发成功的 DMTO 工艺技术，就是用甲醇制作乙烯、丙烯等低碳烯烃的工艺技术，国家鉴定表明，达到了世界领先水平，获得了国家发明一等奖。这种 DMTO 工艺技术的产品乙烯、丙烯，是一个国家有机化工发展水平的标志，有了乙烯、丙烯，多种的纤维、塑料、橡胶、涂料、农药、医药等，都可以制作出来，所以我们将低碳烯烃归类为基础化工产品。它们也是甲醇化工可以取代石油化工的标志性技术产品。

以下是甲醇衍生的一些有机化工产品：

（1）甲醛可制备脲醛树脂、酚醛树脂、三聚氰胺树脂、二甲苯树脂、聚甲醛树脂、甲烷二异氰酸酯、多羟基化合物、聚乙烯醇缩醛等。

（2）甲基叔丁基醚可制备异丁烯、异戊烯醇、异戊二烯甲酯、汽油增氧剂等。

（3）乙酸（醋酸）可制备醋酐、乙酸酯、乙酸乙烯、醋酸纤维等。

（4）乙醇、乙醛、氯乙烷等。

（5）甲基丙烯酸甲酯可制备聚甲基丙烯酸甲酯、涂料用树脂等。

（6）甲酸可制备甲酸甲酯、甲酰胺等。

（7）甲胺可制备甲基乙醇胺、二甲基乙醇胺、氨基甲酸酯等。

（8）对苯二甲酸二甲酯可制备聚对苯二甲酸乙二醇酯等。

（9）二甲醚再脱水即是甲醇制汽油（MTG）、甲醇制烃基燃料（MTHF）等。

（10）脂肪酸甲酯（生物柴油）。

（11）甲醇可用作制备低碳烯烃（DMTO）的原料。

（12）甲醇可用作制氢气、氢能源载体、直接甲醇燃料电池（DMFC）的原料。

这些化工产品，大都是常用的基本化工产品，是国计民生非常需要的化工产品。以下扼要介绍几种，以便彰显甲醇的重要性。

3.4.2　甲醇制甲醛

甲醛是甲醇最重要的衍生物之一，是一种基本的有机化工原料，甲醛的化学性质也非常活跃，主要用来生产甲醛树脂、酚醛树脂、脲醛树脂、塑料、涂料、多元醇、尼龙、维纶和医药、农药、染料以及消毒剂等，还大量用于木材加工，属于世界性的化工产品。甲醛的水溶液（含 40%的甲醛和 8%的甲醇）就是通常所说的福尔马林，是一种杀菌剂和防腐剂，常用来制作生物标本。

3.4.2.1　甲醛的物理性质

甲醛的分子式为 CH_2O，是最简单的饱和脂肪醛。

分子量 **30.03**；

常温下是无色的具有强烈刺激性的**气体**；

气态甲醛可以与空气形成爆炸性混合气体，爆炸下限至上限为 **7.0%～73%**，这个范围比甲醇的 **6.0%～36%**还宽；

甲醛易溶于水，因为刺激性的**气体**形态不便保存，所以，通常以甲醛含量占 **37%**的水溶液形式存在；

在标准大气压下，甲醛的**沸点为-19℃、凝点为-118℃**；

密度（**-20℃**）/（g/cm³）：**0.8153**；

低热值为 **561～569kJ/mol（18700～18970kJ/kg）**；

甲醛的毒性比甲醇大得多，空气中含有 1mg/L 的气态甲醛时，就会对眼、鼻、喉和肺部产生刺激。

3.4.2.2　甲醛的化学性质

甲醛的化学性质非常活泼，能参与多种化学反应。

（1）分解反应　纯净干燥的甲醛气体在 80～100℃时能够稳定存在。在 300

℃以下时，甲醛缓慢分解为一氧化碳和氢气，400℃时分解速度加快。

（2）氧化还原反应　甲醛容易氧化成甲酸（HCOOH），进而氧化成二氧化碳和水。甲酸也叫蚁酸，是甲醛具有毒性和腐蚀性的重要因素。

甲醛在金属或金属氧化物作为催化剂的条件下，很容易被氢气还原为甲醇。

（3）缩合反应　甲醛的自缩合反应，生成三聚甲醛或多聚甲醛。60%浓度的甲醛溶液在室温下长期放置，就能自动聚合成环状三聚甲醛。三聚甲醛是白色晶体，在酸性介质中加热，可以解聚恢复成甲醛。

浓缩甲醛水溶液时，多个甲醛分子可以缩合成多聚甲醛，聚合度 n 一般为 8～100。多聚甲醛为白色固体，在酸性介质催化作用下，也能解聚恢复成甲醛。如果聚合度 n 达到 500～5000 时，聚甲醛就是一种重要的工程塑料。

在碱性催化剂作用下，甲醛和酚生成多羟基苯酚，受热进一步缩合脱水，生成酚醛树脂。

甲醛也可以和三聚氰胺进行缩合，生成羟甲基衍生物，进一步缩合脱水，生成氨基树脂。

（4）加成反应　甲醛与烯烃在酸催化下发生加成反应，可由单烯烃制备双烯烃。

甲醛与氰化氢发生反应生成氰基甲醇（HOC≡CN），氰基甲醇是合成三乙酸腈（NTA）、乙二胺四乙酸（EDTA）和氨基乙酸等重要化合物的中间体。

甲醛与合成气在贵金属催化剂作用下，可以生成羟乙醛，进一步加氢生成乙二醇（$HOCH_2CH_2OH$）。

3.4.2.3　甲醇制甲醛

甲醇制甲醛主要有四种途径：甲醇氧化脱氢、甲醇单纯氧化、甲醇单纯脱氢、甲缩醛氧化法。

（1）甲醇氧化脱氢　在甲醇、空气、水蒸气组成的混合气中，甲醇的浓度处于爆炸上限（>36%）时，在银催化剂的作用下（简称为银法），甲醇转化为甲醛，其主要化学反应是氧化和脱氢。

（2）甲醇单纯氧化　用这种方法制备甲醛，一般使用铁钼催化剂（简称为铁钼法），在空气过量的情况下进行，甲醇几乎全部被氧化。与上述甲醇氧化脱氢相比，该法反应温度低（267～351℃），甲醇单耗小，副反应少，产率高，催化剂寿命长，甲醛产品浓度可以高达 55%以上。但是，它的缺点是设备庞大，动力消耗多。

（3）甲醇单纯脱氢　用这种方法制备甲醛比较麻烦，因而没有前两种方法应用普遍。但是，它便于制备无水甲醛，而无水甲醛是合成工程塑料和乌洛托品的原料，所以，近来需求日益增多。

（4）甲缩醛氧化法　甲醇和甲醛在阳离子交换树脂等催化剂的作用下，用反应精馏的方法可以合成甲缩醛。甲缩醛也叫二甲氧基甲烷（$CH_3OCH_2OCH_3$）。甲缩醛内含氧高达 42.1%，仅次于甲醇；密度 0.861kg/L；沸点 46℃；凝点-104.8℃；闪点-17.8℃；低热值 28368kJ/kg（6787kcal/kg）；微溶于水，易溶于油和醇醚。近年来用途广泛，成为一种热门产品。用固体酸催化剂合成甲缩醛，实现了工业化生产。在铁钼催化剂作用下，甲缩醛氧化生产甲醛方法也成为一种可行的方法。这种方法生产的甲醛水溶液，甲醛浓度可以高达 70%，高于银法和铁钼法的 55%。这样的高浓度甲醛水溶液，是生产脲醛树脂和乌洛托品所需要的，因而甲缩醛氧化生产甲醛方法是有前途的。

3.4.2.4　甲醛的消费市场

20 世纪初，开发出了酚醛树脂，促进了甲醛工业的迅速发展。后来随着甲醛化工产业的发展，其用途越来越广泛。其中，用作生产酚醛、脲醛、聚甲醛和三聚氰胺等树脂的原料，约占甲醛总耗量的 58%。用于生产多元醇、尼龙、维纶、丁二醇、季戊四醇、乌洛托品和异戊二烯等化工产品的约占甲醛总耗量的 27%。用作化肥缓效剂、消毒剂、防腐剂的，约占甲醛总耗量的 15%。

1996 年，世界甲醛产能 2395 万吨，其中美国和欧洲 1567 万吨，占世界总产能的 65%。当年世界甲醛实际产量 1755 万吨，其中美国和欧洲 1110 万吨，占世界总产能的 65%。

1995 年，中国甲醛的产能 150 万吨，开工率 63%。但是，到了 2010 年，中国甲醛的产能达到 2600 万吨，实际产量达到 1720 万吨，**已经稳居世界第一**。我国甲醛产能和产量快速增长，可能与房地产开发装修有关，预计以后产能产量增加将会达到峰值。2016 年甲醛产能 3290 万吨，实际产量不及 2010 年，和原来的预计相符合。

3.4.3　甲醇制乙酸

乙酸（acetic acid），学名乙酸（ethanoic acid），分子式 CH_3COOH，分子量 60.06。99%以上含量的乙酸在 16℃左右凝结成冰晶状，称为冰醋酸。乙酸是基础有机化工原料，可以用于生产乙酸酯、乙酸乙烯、乙酸纤维和增塑剂、胶黏剂、橡胶、涂料、染料、医药、食品等。

3.4.3.1　乙酸的物理性质

纯乙酸常温下是无色的水状液体，有酸味和刺激性气味，有强腐蚀性。

乙酸蒸气和空气形成爆炸性混合物，爆炸极限为 5.4%～40%，这个范围与甲醇的 6.0%～36%相似；

乙酸与水互溶，3%～4%的乙酸溶液就是食醋；乙酸也与常用的有机溶剂醇、醚、酯互溶，可以用醚类或酯类将乙酸从水溶液中萃取出来。

在标准大气压下，乙酸的沸点为 117.87℃、凝点为 16.64℃、闪点（开杯）

为 57℃、自燃点为 465℃；

密度（20℃）/（g/cm³）：1.04928；

低热值为 876.5kJ/mol（14608kJ/kg）；

冰醋酸吸湿性很强，水含量增加后凝点随着降低。

3.4.3.2　乙酸的化学性质

乙酸是一种重要的饱和脂肪酸，是典型的一价有机弱酸，在其水溶液中能离解产生氢离子，因而乙酸能进行一系列脂族羧酸的典型反应，例如，酯化反应、形成金属盐反应、卤代反应、胺化反应、腈化反应、酰化反应、还原反应、醛缩合反应等。

（1）**与金属及金属氧化物反应**　乙酸是弱酸，酸性仅比碳酸略强。许多金属的氧化物、碳酸盐溶解于乙酸能形成乙酸盐。碱金属的氢氧化物或碳酸盐与乙酸直接作用，可以制备其乙酸盐，反应速度比硫酸、盐酸慢，但是比其他有机酸快得多。过渡金属与乙酸直接反应时，如果加入少量氧化剂硝酸钴或过氧化氢，可以加速反应。乙酸的水溶液腐蚀性强，10%的乙酸水溶液对金属腐蚀性最大，常用的食用醋或工业冰醋酸的腐蚀性比较低。

（2）**酯化反应**　乙酸和醇可以直接进行酯化反应，生成许多有价值的酯类。例如，乙酸和甲醇发生酯化反应，生成乙酸甲酯：

$$CH_3COOH+CH_3OH \longrightarrow CH_3COOCH_3+H_2O$$

（3）**氯代反应**　乙酸能在光催化下与氯气发生光氯化反应，生成氯代乙酸：

$$CH_3COOH+Cl_2 \longrightarrow CH_2ClCOOH+HCl$$

（4）**酰化和胺化反应**　例如，乙酸和三氯化磷反应生成乙酰氯，和氨反应生成乙酰胺：

$$CH_3COOH+PCl_3 \longrightarrow 3CH_2COCl+P(OH)_3$$

$$CH_3COOH+NH_3 \longrightarrow CH_3CONH_2+H_2O$$

（5）**乙酸和醛发生缩合反应**　以硅铝酸钙钠或者负载氢氧化钾的硅胶为催化剂时，乙酸与甲醛缩合生成丙烯酸：

$$CH_3COOH+HCHO \longrightarrow CH_2{=\!=}CH{-\!\!-}COOH+H_2O$$

（6）**分解反应**　乙酸在 500℃的高温下，受热分解为乙烯酮和水，进而在高温下脱水，生成乙酸酐：

$$CH_3COOH \longrightarrow CH_2{=\!=}C{=\!=}O+H_2O$$

$$2CH_3COOH \longrightarrow (CH_3CO)_2O+H_2O$$

3.4.3.3　甲醇制乙酸工艺技术的演变

最初，乙酸是由粮食发酵或木材干馏获得的。

后来，逐渐发展了以煤炭、石油、天然气为原料合成乙酸的工艺技术。目前，国内外采用的合成乙酸的工艺技术，主要有乙醇氧化法、乙烯氧化法、轻烃氧化法和甲醇羰基化法等四种方法。

乙醇氧化法耗用大量的粮食，成本高，其规模逐渐在萎缩。

乙烯氧化法是 20 世纪 60 年代发展起来的石油路线，以宝贵的乙烯为原料不划算，生产规模越来越小。

轻烃氧化法以钴和锰为催化剂，收率低，副产物多，已逐渐被淘汰。

甲醇羰基化法是目前世界上生产乙酸的主要方法。分为高压羰基化法和低压羰基化法两种工艺技术。高压羰基化法也叫 BASF 法，是以羰基钴为催化剂，碘甲烷为助催化剂，约在 250℃、70MPa 的反应条件下，在乙酸水溶液中进行的。此法的不足之处是产生一系列的副产物，约占乙酸生成总量的 4.5%，主要是丙酸、二甲醚和甲醇。丙酸可以回收利用，二甲醚和甲醇可以一起作为原料，与一氧化碳再进行反应生成乙酸。低压羰基化法以碘化铑为催化剂，碘甲烷为助催化剂，在 175～200℃和一氧化碳分压为 1.01～1.52MPa 的反应条件下，甲醇和一氧化碳在醋酸水溶液中进行羰基化反应生成乙酸。低压羰基化合成乙酸的工艺技术发展很快，主要是改进催化剂和设备，使得设备简化，操作和维修方便，成本降低，产率提高。

3.4.3.4 乙酸的消费市场

1998 年，全球乙酸的产能为 720 万吨/年。乙酸主要用于生产乙酸乙烯、对苯二甲酸溶剂（PTA）、醋酸纤维和乙酸酯。

我国的乙酸生产开始于 1953 年，上海试剂一厂建成了以乙醇为原料的乙醇-乙醛法生产装置。1996 年 8 月，我国首套 10 万吨/年的以甲醇为原料的羰基化法装置，在上海吴泾化工总厂建成投产。1997 年我国的乙酸产能为 65 万吨/年。随着四川维尼纶厂和镇江化工厂两套装置建成投产，2000 年我国的乙酸产能为 115 万吨/年。2014 年底，我国乙酸总产能 972 万吨，创历史新高，比 2010 年增加 304 万吨，增幅 45.5%，显示出装置大型化趋势。

3.4.4 甲醇制甲基叔丁基醚

甲基叔丁基醚（methyl tert-butyl ether，MTBE）可以取代四乙基铅作为汽油的抗爆剂，增加辛烷值和氧含量，提高燃烧效率，减少排放尾气的污染物，因而 20 世纪 70 年代开始引起人们的重视，需要量迅速增长，成为新兴的大吨位石油化工产品。

但是，1997 年，美国某一个州认为，如果 MTBE 地下储罐泄漏的话，可能对土壤和地下水造成污染，因而改变了人们对 MTBE 改善环境的高度赞扬态度。2003 年 3 月 24 日，美国环境保护局（EPA）发布了一项建议通告，建议少用和停用汽油添加剂 MTBE。实际上，这个建议并没有执行。欧洲和许多国家都不予认同，中国也是照常不误地使用这种汽油添加剂，并且用量越来越大。详见 3.4.4.3

节中的"2006～2012 年我国 MTBE 产需状况表"。

3.4.4.1 MTBE 的物理性质

室温下 MTBE 是一种无色透明的液体，具有与萜烯相似的气味，是一种内含氧量 18.2%的醚类有机化合物。分子式 $CH_3OC_4H_9$；分子量 88。

MTBE 蒸气和空气形成爆炸性混合物，爆炸下限至上限为 1.65%～8.4%；

MTBE 与汽油混溶，常温下在水中溶解度为 4%，水在 MTBE 中的溶解度为 1.3%；

在标准大气压下，MTBE 的沸点为 55.2℃、凝点为-108.6℃、闪点（开杯）为-28℃、自燃点为 460℃；

密度（20℃）/（g/cm³）：0.741；

低热值为 3071.2kJ/mol（34900kJ/kg）；

蒸发热为 336.8kJ/kg；

雷德蒸气压为 55kpa；

辛烷值：117。

3.4.4.2 MTBE 的化学性质

MTBE 化学稳定性好。它是终点产品，一般不再做其他产品的原料。用作取代四乙基铅的汽油抗爆剂，增加辛烷值和氧含量。表 3-3 是 MTBE 与其他几种汽油抗爆剂的比较。

表 3-3   MTBE 与其他几种汽油抗爆剂加以比较

名称	密度 /（g/mL）	沸点 /℃	氧含量 /%	雷德蒸气压 /kPa	辛烷值 （RON）	辛烷值 （MON）	调和辛烷值 （RON+MON）/2
MTBE	0.744	55.2	18.2	51.3	118	100	109
ETBE	0.747	71.7	15.7	10.5	118	102	110
TAME	0.770	86.1	15.7	10.5	111	98	105
甲醇	0.792	64.7	50	32.3	133	99	116
乙醇	0.792	77.8	34.7	16.2	130	96	113
叔丁醇	0.791	52.8	21.6	12.7	109	93	101

3.4.4.3 MTBE 的市场状况

MTBE 是为了解决原来汽油抗爆剂四乙基铅的污染问题而开始越来越广泛应用的。虽然可以替代四乙基铅的还有锰基抗爆剂等，但是，1990 年 11 月 15 日美国颁布的《清洁空气法修正案》明确规定"新配方汽油"的氧含量不得低于 2%，这样，含氧的有机化合物成为主要选项。MTBE 与甲醇、乙醇等都可以用作无铅汽油抗爆剂，相比之下，MTBE 的雷德蒸气压 51.3kPa，更接近汽油要求的 62kPa，并且它与汽油无限互溶，因而 MTBE 比甲醇、乙醇更受到人们青睐，在无铅的"新配方汽油"中广泛使用，成为汽油中用量最大的抗爆剂和增氧剂。

1980 年，美国用于生产 MTBE 的甲醇 10.8 万吨，1990 年增加到 147.1 万吨，

1994 年增加到 242.5 万吨。

1998 年，全球 MTBE 的总消费量为 1900 万吨，其中，美国消费量为 1160 万吨。

2005 年，全球 MTBE 的总消费量为 2293 万吨。

据智研咨询统计，2012 年中国 MTBE 产量中有 70%以上是国内主营炼厂及山东地方炼厂炼油装置中"配套"的 MTBE，产品主要用于生产汽油，并不在市场上流通。

2009 年我国有 MTBE 生产装置 50 多套，总产能 319.4 万吨每年。其中，中石油 3 万吨/年以上的装置 13 套，合计产能为 93.3 万吨/年；中石化共有 19 套装置，合计产能 122.9 万吨/年；其余为地方企业装置，合计产能 103.2 万吨/年。国内 10 万吨/年（含 10 万吨每年）以上的大型 MTBE 生产装置共有 6 套。

2010 年我国有 MTBE 生产装置 128 套，总产能 601 万吨每年。其中，中石油、中石化及中海油拥有 56 套装置，总产能 334.7 万吨/年，占国内总产能的 55%；地方炼厂拥有 68 套装置，总产能 267.15 万吨/年，占 45%。图 3-1 是 2008~2012 年国内 MTBE 产能及产量增长统计。

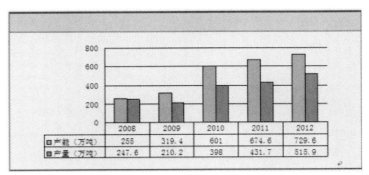

资料来源：中国石油和化学工业协会、智研数据研究中心

图 3-1　2008~2012 年国内 MTBE 产能及产量增长统计

2012 年中国 MTBE 的消费量为 529 万吨，同比增长 9.1%。其中产量为 515 万吨，进口 19.7 万吨，出口 6 万吨。与 2011 年相比，产量增长 19.5%，进口减少 67.7%，出口减少 16.2%。2012 年中国 MTBE 产量中有 70%以上是国内主营炼厂及山东地方炼厂炼油装置中配套的 MTBE，主要用于生产汽油，这部分 MTBE 并不在市场上单独流通。市场上商品量的 MTBE 主要来源于部分单独生产 MTBE 的炼厂及进口，2012 年中国 MTBE 进口量大幅度减少。

2012 年中国 MTBE 市场商品量约有 120 万吨，其中进口约占 16%，市场商品量"国产为主，进口为辅"，而在 2009 年和 2011 年中国 MTBE 进口分别为 74 万吨和 61 万吨，市场上流通资源以进口货为主。表 3-4 是 2006~2012 年我国

MTBE 产需状况。

表 3-4　2006～2012 年我国 MTBE 产需状况　　　　　　　万吨

年份	产量	进口量	出口量	表观消费量
2006	186.0	6.50	7.50	185.0
2007	234.7	1.18	6.10	230.0
2008	247.6	0.53	10.79	237.3
2009	310.2	40.36	5.85	344.7
2010	398.0	74.15	5.51	466.6
2011	431.7	61.22	8.93	483.99
2012	515.9	19.74	6.06	529.58

注：资料来源于中国石油和化学工业协会、国家海关、智研数据中心。

3.4.5　甲醇制二甲醚

二甲醚（DME-dimethyl ether）也叫甲醚，是最简单的脂肪醚，是重要的甲醇衍生物。主要用作冷冻剂、溶剂、萃取剂、气雾剂和燃料。作为燃料，它与甲醇一样不含硫，没有 C—C 键，燃烧时不产生黑烟，是清洁的含氧燃料。

3.4.5.1　二甲醚的物理性质

分子式 CH_3OCH_3，其组分与乙醇相同。分子量 46.07。

沸点/℃：−24.9；

凝点/℃：−141.5；

闪点/℃：−41.4；

自燃温度/℃：350；

密度/（g/mL）：0.661；

临界压力/MPa:5.32;临界温度/℃：128.8；

在空气中爆炸极限（体积）/%：3.45～26.7；

燃烧热（气态）：1455kJ/mol（31630kJ/kg）；

沸点时的液态蒸发热：467.4kJ/mol（10161kJ/kg）；

（液态燃烧为 31630−10161=21469kJ/kg，接近乙醇计算值 26800kJ/kg）

常压下在 24℃水中的溶解度为 35.3%；溶于甲醇。

具有应用价值的是二甲醚和石油液化气在不同温度下的蒸气压，见表 3-5。

表 3-5　DME 和 LPG 在不同温度下的蒸气压

温度/℃	蒸气压/kPa DME	温度/℃	蒸气压/kPa DME	蒸气压/kPa LPG	DME 与 LPG 蒸气压对比说明
−80	4.130	0	246.2	470	用于炊事时，DME 比 LPG 压力低，因而没有 LPG 的火力强
−70	8.493	10	370.3	640	
−60	16.226	20	506.3	840	
−50	29.113	30	676.8	1080	

续表

温度/℃	蒸气压/kPa DME	温度/℃	蒸气压/kPa DME	蒸气压/kPa LPG	DME 与 LPG 蒸气压对比说明
-40	49.483	40	887.0	1370/1590	LPG 钢瓶耐压 1600kPa，LPG 钢瓶温度不得超过 40℃
-30	80.251	50	1142	1720	
-20	124.925	60	1448	2120	
-10	187.595	70	1810	2590	

DME 可以替代 LPG 用于炊事，但是，二者蒸气压不同。LPG 在 40℃时压力 1.59MPa，接近钢瓶耐压 1.60MPa，所以 LPG 钢瓶只能灌 85%。空罐时也不能用大于 40℃的温水加热钢瓶，防止压力超过 1.6MPa 而引起爆炸。

3.4.5.2　二甲醚的化学性质

二甲醚可以两个甲醇脱水制成，继续脱水可以制备烯烃或者烷烃。二甲醚可以参加多种化学反应。

（1）甲基化反应　在 35～45℃条件下，二甲醚与发烟硫酸或 SO_3 进行气相反应，可以得到 98%的硫酸二甲酯。

$$CH_3OCH_3+H_2SO_4\longrightarrow (CH_3)_2SO_4+H_2O$$

在 γ-Al_2O_3 催化剂作用下，二甲醚与盐酸在 80～240℃条件下反应，生成一氯甲烷和甲醇：

$$CH_3OCH_3+HCl\longrightarrow CH_3Cl+CH_3OH$$

在 325℃条件下，二甲醚和氨催化生成甲胺混合物和甲醇：

$$CH_3OCH_3+NH_3\longrightarrow CH_3NH_2+(CH_3)_2NH+(CH_3)_3N+CH_3OH$$

在 γ-Al_2O_3 催化剂作用下，二甲醚与 H_2S 生成二甲基硫醚：

$$CH_3OCH_3+H_2S\longrightarrow CH_3SCH_3+H_2O$$

在碱性催化剂作用下，二甲醚与 CO_2 生成碳酸二甲酯：

$$CH_3OCH_3+CO_2\longrightarrow (CH_3)_2CO_3+H_2O$$

这个反应利用了温室气体 CO_2，非常值得重视。

二甲醚与苯胺反应生成 N,N'-二甲基苯胺：

$$CH_3OCH_3+C_6H_5NH_2\longrightarrow C_6H_5N(CH_3)_2+H_2O$$

（2）羰基化反应　二甲醚与 CO 进行羰基化反应生成乙酸甲酯、醋酐，水解后生成乙酸：

$$CH_3OCH_3+CO\longrightarrow CH_3COOCH_3$$

$$CH_3COOCH_3+H_2O\longrightarrow CH_3COOH+CH_3OH$$

二甲醚与合成气在 Pd/C、CH_3I 催化和 175℃、10MPa 条件下，在 2,6-二甲基吡啶溶剂中，生成乙酸乙烯：

$$CH_3OCH_3+合成气\longrightarrow CH_3COOCH=CH_2$$

（3）**氧化偶联反应** 二甲醚既可以自我偶联，也可以交错偶联，都会生成对称醚或非对称醚。交错偶联容易生成混合醚。

$$CH_3OCH_3+CH_3OCH_3+1/2O_2 \longrightarrow CH_3OCH_2CH_2OCH_3+H_2O$$

$$CH_3OCH_3+MTBE（CH_3OC_4H_9）+1/2O_2 \longrightarrow CH_3OCH_2CH_2OC（CH_3）_3+H_2O$$

（4）**脱水反应** 以沸石为催化剂，在450℃条件下二甲醚进行脱水反应，可以生成低碳烯烃乙烯和丙烯，收率分别为60%和25%，二甲醚转化率为87%。

$$CH_3OCH_3 - H_2O \longrightarrow CH_2=CH_2+CH_3CH=CH_2+H_2O$$

中科院大连化学物理研究所改进反应的条件和参数，创新的 DMTO 工艺，使二甲醚全转化，达到世界领先水平。

（5）**氧化反应** 二甲醚在空气中燃烧的氧化反应，放出大量的热，这是二甲醚作为燃料使用的理论基础，因为有内含氧存在，所以燃烧完全，产物只有二氧化碳合成气烯水，高效节能，排放清洁。

$$CH_3OCH_3+O_2 \longrightarrow CO_2+H_2O$$

若以 $WO_3/\alpha-Al_2O_3$ 为催化剂，在460～530℃的条件下，二甲醚发生不完全的氧化反应，生成甲醛：

$$CH_3OCH_3+O_2 \longrightarrow 2CHO+2H_2O$$

若以 MoO_3/WO_3 为催化剂，在500℃的反应条件下，二甲醚和 NH_3 可以部分氧化，转化为氢氰酸：

$$CH_3OCH_3+2NH_3+2O_2 \longrightarrow 2HCN+5H_2O$$

3.4.5.3 二甲醚的制备

二甲醚的制备，由传统的浓硫酸作用下甲醇脱水，发展到气相甲醇催化脱水，再到合成气直接合成等工艺。合成气直接合成工艺的二步法，先是合成甲醇，随即不间歇地脱水生成二甲醚。以下分别加以介绍：

（1）**甲醇液相脱水制备** 在浓硫酸脱水剂的作用下，两分子的甲醇脱去一分子的水，生成一分子的二甲醚。

$$CH_3OH+H_2SO \longrightarrow CH_3HSO_4+H_2O \quad （反应条件<100℃）$$

$$CH_3HSO_4+CH_3OH \longrightarrow CH_3OCH_3+H_2SO_4 \quad （反应条件<100℃）$$

该工艺具有反应温度低、转化率比较高（≥80%）和选择性好（≥98%）的优点。但是，因为使用浓硫酸，有造成设备腐蚀、废酸污染环境、操作条件差等缺点，逐渐被甲醇气相催化脱水和合成气直接合成法所取代。

（2）**甲醇气相催化脱水制备** 该工艺的基本原理是将甲醇蒸气通过固体催化剂，发生非均相反应脱水生成二甲醚。它操作方便，可以连续生产，具有规模大、容易操作控制、无腐蚀、无污染物和废弃物等优点，并且，甲醇转化率高，二甲醚的选择性好，产品中二甲醚的含量可以达到 99.9%，是至今世界上生产二甲醚的主要方法之一。其关键是催化剂。其催化剂有沸石、氧化铝、氧化硅/氧化铝、阳离子交换树脂等。催化剂的基本特性是呈酸性。优点是主反应选择性高,副反应少,并且,可以避免二甲醚深度脱水生成烯烃或析碳。

在反应压力 1.0MPa 的条件下,β 型沸石、Y 型沸石、ZSM-5 型沸石对甲醇脱水生成二甲醚反应的催化活性,均优于 γ-Al₂O₃,其活性顺序为 ZSM-5 型沸石>β 型沸石>Y 型沸石>γ-Al₂O₃。

催化剂的催化性能是甲醇脱水合成二甲醚的关键,至今仍然在不断地研制和改进。

我国国内一些企业,相继开发成功一些甲醇气相脱水法制备二甲醚的工艺装置,如中科院大连化学物理研究所、山西煤化所、西南化工研究院、上海石油化工研究院等。

西南化工研究院成功地开发了 CM-3-1 甲醇脱水催化剂,同时开发出高效节能的工艺设备。1994 年该院设计的 2500t/年二甲醚生成装置,在广东省中山精细化工厂顺利投产,二甲醚产品纯度达到 99.99%。

中科院山西煤化所研制的甲醇制二甲醚催化剂和分离精制工艺设备,可以用于生成燃料级（95%～98%）及气雾剂级（99%）的二甲醚。该工艺活性大,所制得的燃料级二甲醚可以按照需求,直接用于替代一些石油液化气。

上海石油化工研究院采用自行开发的 D-4 型氧化铝催化剂,建成一套 2000t 每年的甲醇气相催化脱水制备二甲醚的工艺装置,于 1995 年开车生产成功。

（3）由合成气直接制备二甲醚　由合成气直接制备二甲醚的化学反应,并不是单一的,而是许多化学反应综合作用的结果。有关的化学反应主要有:

$$3CO+3H_2 \Longrightarrow CH_3OCH_3+CO_2-246.3kJ \cdots\cdots\cdots\cdots\cdots（1）$$

$$2CO+4H_2 \Longrightarrow CH_3OCH_3+H_2O-205.2kJ \cdots\cdots\cdots\cdots\cdots（2）$$

$$CO+2H_2 \Longrightarrow CH_3OH-90.4kJ \cdots\cdots\cdots\cdots\cdots\cdots\cdots\cdots（3）$$

$$2CH_3OH \Longrightarrow CH_3OCH_3+H_2O-23.4kJ \cdots\cdots\cdots\cdots\cdots（4）$$

$$CO+H_2O \Longrightarrow CO_2+H_2-40.9kJ \cdots\cdots\cdots\cdots\cdots\cdots\cdots（5）$$

该法是合成气在反应器内同时完成甲醇合成与甲醇脱水两个过程的水煤气变换反应,产物为甲醇与二甲醚的混合物,大都采用多功能催化剂,一般由两类催化剂混合而成,其中一类为甲醇合成催化剂,另一类为甲醇脱水催化剂。甲醇合成催化剂包括 Cu-Zn-Al（O）基催化剂,例如,S3-85、ICI51-2 等。甲醇脱水催化剂有氧化铝、多孔 SiO₂-Al₂O₃、Y 型分子筛、ZSM-5 型分子筛、丝光沸石等。水煤气变换反应,在甲醇合成催化剂作用下,能够很好地完成。

中科院大连化学物理研究所和南开大学催化剂厂开发研制的 ZSM-5 型甲醇脱水催化剂,达到世界先进水平,使得我国关于甲醇经过二甲醚两次脱水制备低碳烯烃的 DMTO 工艺技术和甲醇经过二甲醚两次脱水制备高档汽油的 MTHF 工艺技术,均达到了世界先进水平。这些先进技术,我国均拥有自主的知识产权。

3.4.5.4　二甲醚的应用

二甲醚不仅是一种清洁燃料，也是一种重要的基础有机化工原料，本身就是一种重要的精细化工产品，用途非常广泛。以下重点介绍几种应用。

（1）用作氯氟烃的替代品　二甲醚作为氯氟烃的替代物在气雾剂制品中显示了良好的性能，如不污染环境、与各种树脂和溶剂有良好的相溶性，毒性很微弱，可用水作阻燃剂等。

一般气雾剂所用二甲醚纯度要求为99.9%，杂质加水分小于500mg/L，甲醇成分小于200mg/L。二甲醚还具有喷雾产品不易受潮的特点，加之生产成本低、建设投资少、制造技术不太复杂，被认为是新一代理想的气雾剂用推进剂。而且二甲醚对金属无腐蚀、易液化，特别是水溶性和醇溶性较好，作为气雾剂具有双重功能，即推进剂和溶剂。二甲醚还可降低气雾剂中乙醇及其他有机挥发物的含量，减少对环境的污染。

目前在国外，二甲醚在民用气溶胶制品中已是必不可少的氯氟烃替代物。在国内，如果气雾剂产品有一半使用二甲醚作抛射剂，则约需要二甲醚2.5万吨。

目前许多国家正在开发二甲醚替代氯氟烃作制冷剂和发泡剂的新工艺方法。国外研究者对用二甲醚与氟里昂混合制成的系列特种制冷剂进行比较，发现随着二甲醚含量的增加，制冷能力加强，能耗降低。

国外已相继开发了利用二甲醚作聚苯乙烯、聚氨基甲酸酯、热塑聚酯泡沫的发泡剂，发泡后的产品孔大小均匀并有良好的抗裂性，我国在二甲醚作发泡剂方面的工作尚需进一步开展。

（2）用作民用清洁燃料和锅炉、窑炉清洁燃料的添加剂　20世纪70年代，国外有人提出将用甲醇制得的二甲醚加入城市煤气，或将二甲醚代替液化石油气用作民用燃料，可使甲醇催化脱水制得的二甲醚代替甲醇燃料，由液体燃料甲醇变成气体燃料二甲醚，由中等毒性的甲醇转为低毒、微毒的二甲醚，使用更为安全方便。

二甲醚在常温、常压下为无色、无味、无臭气体，在压力下为液体。二甲醚液化气性能与石油液化气相似，见表3-6。

表3-6　二甲醚液化气性能与石油液化气的性能比较

项　目	分子量	蒸气压（60℃）/MPa	低热值/(kJ/kg)	爆炸下限/%	理论空气量/(m³/kg)	理论烟气量/(m³/kg)	预混气热值/(kJ/kg)	理论燃烧温度/℃
石油液化气	56.6	1.92	45760	1.7	11.32	12.02	3909	2055
DME液化气	46.0	1.35	31450	3.5	6.96	7.46	4219	2250

从表3-6的结果可以看出，在同等的温度条件下，二甲醚的饱和蒸气压低于液化气，因而其储存、运输均比液化气安全。二甲醚在空气中的爆炸下限比液化

气高，因此，二甲醚作为燃料使用也比液化气安全。

虽然二甲醚的热值比液化气低，但由于二甲醚本身含氧，在燃烧过程中所需的理论空气量远低于液化气，从而使得二甲醚的预混气热值与理论燃烧温度高于液化气。

二甲醚自身含氧，组分单一，碳链短，燃烧性能良好，热效率高，燃烧过程中无残液，无黑烟，是一种优质的清洁燃料。另一方面，二甲醚与液化气一样，在减压后为气体，因此，燃烧器只需略微调小一些空气便可通用。

二甲醚可以一定比例掺入液化气中和液化气一起燃烧。二甲醚的掺入可使液化气燃烧更加完全，降低析炭的可能性，并降低尾气中的 CO 与烃类物质含量；另外，二甲醚还可掺入城市煤气或天然气中混烧，可解决城市煤气高峰时气量不足问题，同时改善煤气质量。

（3）用作柴油机燃料　二甲醚液化后可以直接用作柴油发动机的替代燃料。因为二甲醚燃料具有高的十六烷值(50～55)，完全可以满足柴油发动机的要求（不小于45）。

有关试验显示出二甲醚用作柴油发动机的替代燃料，具有高效率和低污染的优点，可实现无烟燃烧，并可降低噪声和氮氧化物的排放，所排放废气可以达到有关柴油客车的尾气超低排放标准要求，而一般的石化柴油车，达不到尾气的超低排放标准要求。因此，在环保要求日益严格的形势下，二甲醚作为柴油发动机的替代燃料，还是具有光明前景的。

石化柴油发动机的主要问题是氮氧化物的排放和颗粒物质——黑烟，其中氮氧化物是特别不希望出现的物质，它会形成酸雨，破坏臭氧层。

柴油替代燃料的性质，见表3-7。

表 3-7　柴油替代燃料性质

项　　目	柴　　油	LNG	甲　　醇	DME
沸点/℃	180～365	-162	64.7	-25
蒸气压(38℃)/kPa	0.69		35	800
液体密度/(kg/L)	0.82～0.86	0.42	0.79	0.66
低热值/(MJ/kg)	42.5	49.4	21.1	31.4
十六烷值	40～55		-5	55～60
化学计量空燃比	14.7	16	5.6	8.99

二甲醚作为柴油发动机的替代燃料，可降低氮化物排放，实现无烟燃烧，并可降低噪声，其排放废气量可达到美国加州有关中型载重汽车及客车的尾气超低排放标准(ULEV)的要求。二甲醚燃料排放指标及二甲醚燃料在重型卡车中的排放指标分别见表3-8、表3-9。

表3-8　二甲醚燃料排放指标

排放物/[g/(hp·h)]	ULEV标准（尾气超低排放标准值）	DME测定值
CO	<7.2	3.2
NO,及非甲烷烃	<2.5	2.4
颗粒状物	<0.05	0.033
甲醛	<0.025	0.022

注：1hp=745.7W。

表3-9　二甲醚燃料在重型卡车中的排放指标

排放物/[g/(hp·h)]	欧洲标准	DME测定值
NO$_x$	<5.0	3.85
CO	<2.0	2.17
总烃	<0.60	0.20
粒状物	<0.10	0.05

当然，这是一种专用的柴油发动机替代燃料，因为二甲醚的闪点为-41.4℃，是不符合柴油标准不低于55℃要求的。另外，现有燃用液体燃料柴油的汽车，改用气体燃料二甲醚，必须进行改装。这就使得理论上的可行性，与实际应用还有很大距离。一些人按照理论上的可行性，建设了二甲醚生产工厂，结果产品在这方面没有市场。因此，理论一定要和实际结合起来。二甲醚用于不跑动的柴油发动机，是应该早一步开发的。

将甲醇、LPG也拿来与柴油及二甲醚比较（表3-7），不要产生误导作用。LPG的各项指标，都与柴油相差甚远，不可能作为柴油发动机的替代燃料。甲醇与柴油互不相溶，即使采用助溶剂使它们互溶了，甲醇的十六烷值和闪点，与柴油的要求也相差甚远，不可能作为柴油使用。如果像二甲醚一样，作为一种专用的柴油发动机替代燃料，不要求闪点标志的安全性，那就另当别论了。

（4）用作醇醚清洁燃料的主要组分　醇醚燃料为甲醇与二甲醚按一定比例调配的混合物。二甲醚与甲醇及水完全互溶，同时还能由二甲醚产生一定的分压或减压后二甲醚变为气体，因此，这种混合燃料，克服了单一的液体燃料甲醇需充空气增压或自增压、外预热增压的缺点，改善了使用的方便性。这种混合燃料具有清洁、燃烧完全、高效节能、排放清洁等优点。还可根据不同的热值要求调整各组分的比例，典型的醇醚燃料的一些性质见表3-10。醇醚燃料与醇醚烃燃料的参考组成见表3-11。

表3-10　组成典型的醇醚燃料的一些性质

名称	压力/MPa -8℃	压力/MPa 60℃	热值/(kJ/kg)	爆炸下限/%	理论空气量/(m³/kg)	理论烟气量/(m³/kg)	预混气热值/(kJ/m³)	理论燃烧温度/℃
数据	0.06	0.95	20010	3.6	5.00	5.35	14964	2035

表 3-11　醇醚燃料与醇醚烃燃料参考组成

项　目		参 考 组 成	
		醇醚燃料	醇醚烃燃料
组分 /%	甲醇	55~75	40~70
	二甲醚	20~30	15~30
	轻烃	0	10~20
	水分	0~5	5~10
燃烧热/(kcal/kg)		约5200	约6000

（5）用作有机化工基料　二甲醚本身既是一种有机化工产品，又是许多其他重要有机化工产品的中间产物。它是一种优良的有机溶剂，可以通过羰基化反应制备乙酸甲酯乙酐，或作为甲基化试剂用于医药、农药、染料等有机合成。二甲醚和发烟硫酸或二氧化硫生产硫酸二甲酯，已经实现工业化生产。

二甲醚合成低碳烯烃的开发研究，是近些年来国内外的一个热点。因为有了低碳烯烃乙烯、丙烯，就可以进一步制得橡胶、塑料、涂料、纤维等国计民生需要的大宗商品，所以，乙烯、丙烯的产能和产量是一个国家有机化学工业发展水平的标志。以 2010 年为例，我国需要乙烯 2000 多万吨，需要丙烯 1000 多万吨，而且需求量还在逐年增加。

苏联马秋射恩斯基等人，曾在常压下，用铝钛催化剂，以二甲醚为原料，制得了试剂级乙烯，乙烯产率大于 85%。

杜邦公司以沸石为催化剂，也将二甲醚脱水制得了烯烃。

中国科学院大连化学物理研究所，利用甲醇经过二甲醚两次脱水，制备低碳烯烃的科技成果 DMTO 工艺技术，获得了国家技术发明一等奖。这项技术成果也可以直接以合成气为原料，经过合成甲醇，再进行脱水制得低碳烯烃。

清华大学金涌院士领衔的技术团队，直接用甲醇经过二甲醚两次脱水，制备了单一产品丙烯，称为 MTP 工艺。

冯保运、冯向法、闫天堂、谷发义、王玲奇、张志明等人组成的技术团队，在河北田源集团公司完成的"甲醇制烃基燃料（MTHF）万吨级/年生产试验"，2012 年通过国家鉴定，达到国内领先水平，也是甲醇经过二甲醚两次脱水完成的。

上述三项科技成果，以及相关的甲醇制汽油 MTG、煤制油 CTG 技术，都是通过二甲醚脱水完成的，除了不同的工艺参数和操作条件以外，关键是采用了专用催化剂，中国科学院大连化学物理研究所、清华大学和南开大学催化剂厂，已经掌握了制作催化剂相关的技术，具有自主知识产权。本书有关章节还要另行加以介绍。

3.4.5.5　二甲醚产业发展的现状和面临的问题

（1）概述　近年来，随着我国对石油产品需求的日益增加，以及对石油进口的依赖程度不断升高，国内二甲醚(DME)产业得到迅猛发展。DME 具有替代液化石油气(LPG)成为城乡分散式燃气供应气源的功能，对于 LPG 产业形成了一定的竞争态势。

（2）DME 替代 LPG 的可行性分析。

① **DME 和 LPG 的性能比较**　DME 的物理性质与 LPG 相似，燃烧性能良好，燃烧过程中无残渣、无黑烟，CO、CH、NO_x 排放量低，十六烷值大于 55，可以作为柴油替代品，可以与 LPG、人工煤气或天然气掺混燃烧，纯度(质量分数)≥95%的 DME 可以直接作为 LPG 的替代燃料，是能够替代 LPG 的一种清洁燃料。在同等温度下，DME 饱和蒸气压低于 LPG，因而其储存、运输比 LPG 安全；DME在空气中爆炸下限比 LPG 高，因而在使用过程中，DME 也比 LPG 安全；虽然DME 的热值比 LPG 低，但由于 DME 自身有内含氧，在燃烧过程中所需空气量低于 LPG，燃烧效率高于 LPG。

DME 可由多种资源制取，例如，各种级别的煤炭、天然气、煤层气、焦炉气，甚至氢和 CO_2 也可以直接作为制取 DME 的原料。目前，DME 的应用领域主要是替代民用 LPG 以及柴油燃料。DME、LPG 和柴油的基本性质比较见表 3-12，热值和燃烧性质比较见表 3-13。

表 3-12　DME、LPG 和柴油的基本物理化学性质比较

项　目	DME	LPG	柴　油
分子式	CH_3OCH_3	C_3H_8—C_4H_{10}	$C_{12}H_{26}$～$C_{24}H_{50}$
20℃时液态密度/(g/cm³)	0.668	0.501	0.84
沸点(常压)/℃	−24.9	−42.1	180～360
燃点/℃	350	470	250
耗用空气与燃料质量比	9.0	12.7	15.6
爆炸极限(体积分数)/%	3.4～17.0	2.1～9.4	0.6～6.5
内含氧质量分数/%	34.8	0.0	0.0
十六烷值	55～60	—	40～55

表 3-13　DME 与 LPG 的热值和燃烧性质比较

燃气种类	平均低热值/(MJ/kg)	理论空气量/(m³/kg)	理论烟气/(m³/k)	理论燃烧温度/℃
LPG	45.76	11.32	12.02	2055
DME	31.45	6.96	7.46	2250

② **DME 替代 LPG 的可行性**　DME 可作为民用燃料方面的技术，国内外都较为成熟。DME 在 20℃、常压下为无色气体，在 0.51MPa 压力下压缩为液体，其物理性质与 LPG 的主要成分丙烷、丁烷相似，故可以替代 LPG 或在 LPG 中掺混作燃料使用。DME 作为民用燃料，其特点如下：

a. 可燃性好。虽然 DME 的热值比 LPG 低，低热值为 31.45MJ/kg，但是 DME本身有内含氧，在燃烧过程中所需空气量低于 LPG，因而其燃烧更加充分、完全，

无碳析出，可实现无烟燃烧。

b. 液化压力低。20℃下 DME 的饱和蒸气压约 0.51MPa，而 LPG 饱和蒸气压为 0.84MPa，DME 的气化潜热为 460kJ/kg，而 LPG 的气化潜热为 426kJ/kg，DME 与 LPG 一样在常温下就可压缩成液体，可以利用 LPG 设备进行储存灌装。

c. 毒性很低。DME 在常温常压下是一种无色可燃气体，具有轻微的醚香味，对人体呼吸道、皮肤有轻微刺激作用，对人体毒性很低。达到一定浓度时，具有刺激性和麻醉性。

d. 安全性高。DME 比 LPG 的液化压力更低，更有利于储存和使用；DME 的爆炸下限比 LPG 高，爆炸隐患小。

e. 通用性。DME 可以单独用作燃料，也可以以一定比例掺入 LPG、人工煤气或天然气中。

f. 具有经济性。在我国发展煤基 DME 用作燃气能源，与 LPG 相比具有一定的成本优势。

③ **国内 DME 替代 LPG 的现状**

a. 产能和需求情况。据统计，**2002 年，我国 DME 总产能仅 3.18 万吨/年；2006 年产能为 48 万吨/年；2007 年产能为 220 万吨/年，同比增长近 5 倍；2008 年产能达到 408.5 万吨/年，同比增长 85.7%**。**2008 年我国 DME 的产能，已经占据世界首位，超过 50%**。

近年来，由于国内 LPG 供应紧张，价格居高不下，因而国内 DME 生产规模急剧膨胀，在部分地区 DME 的消费规模迅速扩大。例如，从 2006 年开始，DME 与 LPG 的掺混气已经在广东得到应用，2007 年广东省 DME 消费量约为 22.5 万吨。山东省有关部门也已同意 DME 作为民用燃气使用。2007 年在民用燃气领域 DME 与 LPG 的掺混气得到了广泛应用，消费量约 90 万吨，占 DME 全年总消费量的 92%左右。

b. 政策的支持。相比于 DME 的母体甲醇，DME 受到政策支持的力度更大。

国家发展和改革委员会〔2006〕1404 号文件，对于我国的 DME 产业发展表述为：**"DME 是具有较好发展前景的替代产品，是适合我国能源结构的替代燃料。"**

化工行业标准《二甲醚》**(HG/T 3934—2007)**将 DME 产品分为两类：产品 Ⅰ 型主要作为化学工业原料，Ⅱ型主要用于民用燃料、车用燃料及工业用燃料，其主要质量指标见表 3-14。

国家建设部颁布的标准《城镇燃气用二甲醚》**(CJ/T 259—2007)**主要是针对纯 DME(质量分数≥99.9%)替代 LPG、天然气而制定的，其质量指标见表 3-15。

国家财政部和税务总局规定，自 2008 年 7 月 1 日起，DME 按 13%的增值税税率征收增值税，而之前其增值税税率是 17%。这意味着 DME 享受了和 LPG、石油、天然气等能源初级产品同样的税收待遇，说明国家已经将 DME 当作一种能源替代品看待。（甲醇欲搭 DME 优惠政策的车，提出了"**醇醚燃料**"的概念。）

表 3-14   化工行业质量指标(HG/T 3934—2007)

项　目	I 型	II 型
DME 的质量分数/%	≥99.9	≥99.0
甲醇的质量分数/%	≤0.05	≤0.5
水的质量分数/%	≤0.03	≤0.3
铜片腐蚀实验	≤1 级	≤1 级
酸度(以 H_2SO_4 计)/%	≤0.0003	—

注：I 型产品作制冷剂时检测酸度。

表 3-15   城镇燃气用 DME 质量指标(CJ/T 259—2007)

DME 的质量分数/%	≥99.9
甲醇的质量分数/%	≤1.0
水的质量分数/%	≤0.5
铜片腐蚀实验	≤1 级

注：城镇燃气用 DME 应加臭，加臭剂宜用四氢噻吩，加量不宜小于 30mg/m³。

2008 年 7 月 18 日，国家发展和改革委员会工业司在北京召开了 DME 产业发展专题会议。会议要求，各级政府和有关部门要进一步加大对 DME 产业发展的支持力度，努力为企业营造一个良好的政策环境。发改委工业司副巡视员陈世海在会上明确表示，"DME 等煤制石油替代产品的积极发展，可有效减轻国际原油价格上涨对我国经济社会造成的负面影响，符合我国的长远利益。各级政府和有关部门要加强协调，相互配合，进一步加大对 DME 产业发展的支持力度，努力为企业营造良好的政策环境；相关企业要严格遵守国家政策法规，规范开展 DME 的生产与使用工作"。

2009 年 5 月 18 日，国务院办公厅下发了石化产业调整和振兴规划细则。该规划细则对未来三年石化行业的发展重点给出了明确的指导意见，其中强调："稳步开展煤化工示范，坚决遏制煤化工盲目发展势头，积极引导煤化工行业健康发展。……重点抓好现有煤制油、煤制烯烃、煤制 DME、煤制甲烷气、煤制乙二醇等五类示范工程，探索煤炭高效清洁转化和石化原料多元化发展的新途径"。

④ **DME 产业发展面临的问题及其解决办法设想**   我国 DME 产业在迅速发展的过程中，也出现了一些亟待解决的问题，主要是：

煤炭或甲醇的价格上涨拉动了 DME 生产成本的提高；企业对于生产 DME 热情很高，但市场开发相对滞后。

标准及政策体系还不完善，产业发展有待规范。

2008 年以来，虽然 DME 价格较上年同期有较大幅度的上涨，但大多数 DME 生产企业利润并未随产品价格上涨而增加。相反，在成本持续推高和需求疲软的双重挤压下，生产企业总体开工率较低，部分企业迫于成本压力，装置阶段性停车。据统计，2008 年我国 DME 生产厂家开工率只有 24%，2009 年上半年，国内 LPG 价格持续下行，掺混 DME 的需求减少，进一步导致了行业开工率大幅度降低，5 月份开工率最低为 10%左右，部分生产厂被迫停工，部分企业出现亏损，正在建设的 DME 项目投产时间向后推迟。骤然间，整个行业由前两年的暴利行业沦落为亏损新星。究其原因主要有以下 4 个方面：

a. 需求有限，产能过度扩张。我国是世界上最先启用 DME 大型工业化生产的国家，并在商用领域处于世界前列。但是 DME 产能和市场容量之间的矛盾并没有得到很好解决，且呈现越演越烈的态势。2007 年以前，国内 DME 总产能不高，原料甲醇价格低廉，因此，生产 DME 的利润较为可观。DME 作为新兴燃气资源，属于受国家扶持的新能源领域，许多拥有煤炭或甲醇资源的企业纷纷上马建设 DME 装置。国内 DME 产能呈井喷式增长的局面，其中又以 2006～2008 年度为最，3 年平均增长率接近 200%。

但是与产能飞速增长相比，DME 实际产量和市场需求量并未同步增加。国内 DME 生产企业的平均开工率较低，实际产量要远远低于装置产能。开工率低下的最主要原因是 DME 产业多数企业均以销定产，而销售量的低迷折射出了市场需求的疲软。国内 DME 下游主要应用于 LPG 掺烧，已占到了国内 DME 需求总量的 90%左右。然而，由于近年来 LPG 需求增长有限，DME 在掺烧领域的需求增长也较为有限。另外，由于燃气供应单位不规范操作较多，造成消费者并不认可掺混 DME 的 LPG，DME 下游市场需求逐渐饱和，目前 100 万吨/年左右的 DME 就能满足 LPG 市场需要，当 DME 的产能超过 100 万吨/年时就出现过剩，DME 产业将面临着巨大的市场风险。

b. 原料价格快速上涨，资源争夺增添变数。DME 的直接生产原料是甲醇，天然气和煤是生产甲醇的较好的原料，由于我国煤多气少的资源格局，煤甲醇产能约占 76%。随着国家发改委研究制定的《天然气利用政策》(发改能源〔2007〕2155 号)于 2007 年 8 月 30 日正式颁布实施，天然气制甲醇已受到限制。今后新增的甲醇产能，将主要来自煤炭。煤炭价格将直接影响甲醇的成本和价格，继而波及 DME。近来，随着国际石油价格大幅上涨，煤炭甲醇出厂价达 4000 元/t。按每 1.41t 甲醇生产 1tDME，加工成本为 200 元/t，以及财务、运输等费用为 150 元/t 计算，利润由前两年最高时的 1000 元/t，降至 300 元/t。企业若全部外购甲醇作原料，利润则只有 100 元/t。部分企业因成本增加、利润微薄而面临停产。

c. DME 价格和销售渠道受制于 LPG。由于国内 DME 绝大部分都用于 LPG 掺烧，决定了 DME 市场价格上调必须低于 LPG 市场售价，否则，DME 的下游需求会迅速缩减。国家限制 LPG 市场售价，也迫使 DME 市场价格维持在较低的水平。DME 生产企业在甲醇价格稳定后，再次面对成本增加而售价难以上调的困境。急剧膨胀的 DME 产能如何消化，将是一个现实而棘手的问题。

　　LPG 与 DME 的低热值之比约 1.46(表 3-13)，DME 的低热值不足 LPG 的 70%。考虑到 LPG 不能燃尽的残液部分，DME 实际低热值约为 LPG 的 80%。照此测算，DME 市场价格应当约为 LPG 的 80%，即当 DME 市场价格为 5000 元/t 时，LPG 价格必须达到 6250 元/t 以上，DME 与 LPG 掺混才能具备成本优势。

　　此外，DME 产业近几年的高速发展主要集中在上游生产企业的增加和生产能力的扩张上，中游的分销主要借用 LPG 原有渠道，对下游的市场销售网络基本没有涉及。DME 作为替代能源，拓展销售渠道是一大难题。DME 进入能源销售系统将会与原有能源销售商展开竞争。从目前一些 DME 生产企业的经验看，如果仅生产 DME 产品，不参与市场营销，将面临较大经营风险。

　　造成上述一些问题的误区，也是解决问题的关键。误区就误在对于 DME 母体的误识和限制。甲醇的生产原料早已经超越了十多年前依靠合成氨化肥厂联产甲醇的阶段，那时，像小化肥厂合成氨一样，需要高质量的块煤，煤价高造成甲醇成本高。年产 60 万吨甲醇的国有技术突破后，已经可以大量利用劣质煤生成甲醇，成本可以大幅下降。尤其是我国有丰富的煤层气和焦炉气，煤层气俗称瓦斯，是采煤工业的大害，但是可以化害为利生成甲醇，河南省义马矿务局已经在利用煤层气生成甲醇。更值得重视的是焦炉气，众所周知，我国的钢产量世界第一，因而炼焦规模也是世界第一，如果利用这些焦炉气生产甲醇，每年就可以生产 1 亿吨甲醇。至于利用天然气生产甲醇，是另外一回事。为什么国外 80% 的甲醇是用天然气生产呢？主要还是因为工艺简单和甲醇产品质量高（煤制甲醇含量达到 99.9%，天然气制甲醇含量达到 99.99%），而且有一些小岛和偏远地区的天然气不能用输气管道输送出去，就地制成甲醇就解决了资源浪费和不便于运输的问题。将来大量进口的天然气过剩时，制成甲醇也是一个很好的办法。有了廉价的甲醇，就可以生产出廉价的有竞争力的 DME。有了廉价的 DME，就可以在各个领域扩大应用规模，例如，开发出利用 DME 燃料的柴油汽车和大功率的迪赛尔柴油发动机，从而可以解决 1/3 以上的石油替代问题，并且达到清洁排放标准。

　　d. DME 应用技术缺陷及其解决办法。DME 对 LPG 钢瓶的密封橡胶材料有溶解性，天然橡胶与 DME 不能共存，长期与 DME 接触会溶胀、老化。2007 年下半年，使用瓶装 DME 与 LPG 掺混气的地区出现了大量的 LPG 钢瓶角阀漏气的问题。2008 年 3 月 7 日，国家质量监督检验检疫总局发出《关于气瓶充装有关问题的通知》(质检特函〔2008〕17 号)。该通知提出，不得在民用 LPG 中掺入 DME 后充入 LPG 钢瓶，主要就是为了避免 DME 造成 LPG 角阀密封橡胶溶胀泄漏而带来安全问题。

　　这只是一个非常简单的技术问题，在国内外利用乙醇汽油时，已经解决了。并非所有橡胶产品都不能与 DME 共存，一半以上的橡胶产品能够与 DME 共存，采用专用钢瓶或专用橡胶部件就可以了。

在物流运输方面，目前全国尚未建成一条 DME 输送管道。按照铁路部门的现行规定，DME 也不能通过铁路装罐运输。由于目前建成、在建和规划中的大型 DME 项目 80% 以上聚集于煤炭资源丰富但享受不到水运的便利条件的北方地区，这就决定了当前乃至今后很长一个时期，DME 企业不得不通过成本最高、安全风险最高的公路物流完成产品的运输与销售。

这更不是问题，因为二甲醚很容易压缩液化，因而既可以利用罐车运输，又可以利用管道输送，只是目前没有大规模的输送任务罢了。

（3）DME 与 LPG 或其他能源之间的互补合作。

① DME 与 LPG 掺混作城镇燃气的可行性　日本是当前世界上开展 DME 应用研究最深入的国家。DME 掺入 LPG 中作燃料是日本目前主要的 DME 应用市场，日本 LPG 中心对市场常见的 6 种燃气加热装置进行了 DME-LPG 混合燃料试验，试验结果表明，DME 最大掺入质量分数可达 20%；如对燃具稍加改造，DME 的质量分数可提高到 30%。

我国的城镇燃气用 DME 国家标准正在制定过程中，标准编制组建议将这一标准命名为"城镇燃气用 DME 混合气"。DME 和 LPG 混合，其中 DME 质量分数≤20%。

导致掺烧二甲醚信誉问题的，是不按这样的比例，大量掺入二甲醚，致使与灶具不匹配，并且一罐混合燃气比液化气少用几天，在用户中丧失了信誉。

② 城镇分散供应燃气市场潜力巨大　城市发展、城镇现代化建设、新农村建设都需要优质燃气。我国是一个发展中大国，2007 年末，我国的城市数量达 655 个，全国共有建制镇 19249 个，全国城镇人口(居住在城镇地区半年及以上的人口)达 5.9379 亿人，城镇人口占总人口的比例为 44.9%。根据国家统计局提供的数据，2006 年全国城市燃气普及率为 79.11%，其中生活能源 LPG 消费量为 1456 万吨；全国 LPG 用气人口为 1.71003 亿人，使用天然气人口为 8319.4 万人；而生活能源煤炭消费量 8386 万吨，占生活消费能源总量的 33%。城镇居民的生活用能状态仍然处在依赖 LPG 及煤制品上。随着人们生活水平的提高、用能意识和环保意识的改变以及农村城镇化和城市现代化步伐的加快，DME 在城镇中作为清洁燃气的市场潜力巨大。

③ 潜力更大的市场在乡村　以河北省为例，全省人口 7383.8 万人，其中乡村人口 5695.4 万人，占全省人口的 77% 以上。按照这个比例，全国乡村人口的数量就可想而知了。天然气管道通不到偏远的山村。现在大多数乡村农牧民还在以散煤、柴薪为炊事和冬季取暖燃料。这些乡村不仅要做饭和冬季取暖，还要使用柴油开动农机，而多年来石化柴油是供不应求的。因此，占全国人口 77% 左右的农村农民，可以成为消费二甲醚的庞大群体，这是一片亟待开垦的处女地。

④ DME 可用于填补 LPG 供应缺口　目前，我国 LPG 人均年消费量只有

10kg 左右,而世界人均年消费量达 18kg 以上,发达国家人均年消费量为 40~50kg。我国的 LPG 消费仍具有很大的市场发展潜力。据国家统计局发布的数据,2007年全国原油加工量为 3.268 亿吨,生产 LPG 1909 万吨,其中有少量产自油气田,国内 LPG 收率(生产量与原油加工量的比率)约 5.3%,全年 LPG 供应缺口为 369万吨,约占年 LPG 消费总量的 16.2%。总体上,国内 LPG 市场需求大于供应的局面在今后较长一段时间内还难以改变。目前主要依靠进口 LPG 解决供应缺口,今后可以使用 DME 替代进口 LPG。国内 LPG 近年产量、消费量及缺口情况见表 3-16。

表 3-16　国内 LPG 近年产量、消费量和缺口情况　　　　万吨

项　　目	2000 年	2005 年	2007 年	2010 年	2015 年
LPG 产量	1007	1611	1909	2050	2600
LPG 消费量	1481	2223	2278	2620	3050
LPG 供应缺口	474	612	369	570	450

⑤ **差异化市场的开发**　DME 有很好的适用性,能够和很多类型的能源形成互补合作关系,从而能对在用能源形成更强的替代性。除了城镇燃气市场以外,DME 潜力市场还包括替代车用柴油、环保制冷剂、燃料电池、广大农村乡镇燃气供应空白地区。大力开发这些市场有助于树立 DME 的新能源形象,有利于消化过剩的产能,还可以避开与 LPG 产业的直接竞争。

更多的市场有待开发,例如,DME 还是甲醇合成烯烃技术(MTO)、甲醇制丙烯技术(MTP)和甲醇制汽油技术（MTG、MTHF）生产工艺中必不可少的中间体。这些中间体的推广应用,可以有效缓解 DME 产业所面临的产能过剩和需求不足的风险。又如,DME 的十六烷值高达 55 以上,非常适合用于迪赛尔柴油发动机,包括柴油汽车在内的柴油用量,占据我国石油用量的 1/3 以上,如果开发出燃用气体二甲醚燃料的汽车和大型发动机,DME 可以有更大的消费市场。

⑥ **DME 的市场追随者定位**　并非所有的位居第二的企业都会向市场领先者挑战,领先者在一个全面的市场竞争中往往会有更好的持久力,除非挑战者能够发动必胜的攻击,否则最好追随领先者而非攻击领先者。DME 市场发展战略的一个重要特征是追随市场领导行业的经营行为,提供类似的产品或者服务给购买者,尽力维持行业市场占有率的稳定。

DME 作为市场追随者,虽然占有的市场份额比领先者天然气、LPG 低,但是 DME 有可能赚钱,甚至赚更多的钱。DME 作为市场追随者,必须保持它的低制造成本和高质量产品或服务。当开辟新市场时,DME 产业必须主动进入,走一条不会引起竞争性报复的发展路线。

⑦ **联合面对共同的竞争压力**　天然气、煤炭、石油、电力等能源将对 DME和 LPG 产业形成持久的压力。随着西气东输二线、川气东送、陕京三线、从土库

曼斯坦引进天然气、从哈萨克斯坦引进天然气等国内外天然气管道输送工程的建设和投运后，我国天然气供需矛盾将大为缓解。加上电力、生物能源、风能、太阳能、核能等能源供给的不断增加，预计我国燃气供需矛盾将得到根本好转。届时，若 LPG 在使用成本、使用性能、用户认可程度等方面均无明显优势，其现有市场将受到其他能源的强有力竞争。

那么，DME 会不会退出市场呢？这是一个非常重要的问题！不过，请 DME 及其母体甲醇的从业者放心，甲醇、DME 将有更大的用途，因为甲醇可以把所有的过剩天然气、页岩气、可燃冰和其他各种能源储存起来，需要时可以再释放出来，不会让它们浪费掉。DME 作为甲醇重要的衍生物和合成低碳烯烃、高档汽油等重要化工产品的中间体，是不会退出市场的，应该对于 DME 的用途，进一步进行开发研究。

3.4.6　甲醇制碳酸二甲酯

碳酸二甲酯（**DMC**）是重要的甲醇衍生物，是近些年来深受关注的**绿色环保型有机化工产品**。其分子结构式中（CH_3O）$_2CO$（＝＝（CH_3）$_2CO_3$）含有多种官能基团（CH_3—、CH_3O—、CH_3O—CO—、—CO—），因而具有良好的化学反应活性，可以替代光气、硫酸二甲酯（DMS）、氯甲烷、氯甲酸甲酯等剧毒或致癌物进行羰基化、甲基化、甲酯化及酯交换等反应，生成多种高附加值的精细化工产品，在医药、农药、合成材料、染料、润滑油添加剂、食品增香剂、电子化学品等领域，获得了广泛的应用。

另外，DMC 直接用作溶剂、溶媒等，用作汽油添加剂等，也正在实用化。

DMC 具有良好的溶解性，与其他溶剂的互溶性好，还具有较高的蒸发温度及较快的蒸发速度，可以作为低毒溶剂用作涂料溶剂和医药行业的溶媒。

DMC 分子中的内含氧高达 53%，还具有提高辛烷值的功能，因而用作汽油添加剂备受关注。

1992 年，**DMC** 在欧洲通过了非毒性化学品的注册登记，属于微毒化工产品，被誉为"**绿色化工产品**"。

3.4.6.1　DMC 的物理性质

DMC 结构式为(CH_3O)$_2CO$，相对分子质量为 90.08，相对密度 1.070，折射率 1.3697，熔点 4℃，沸点 90.1℃。在常温下为无色液体，可燃，爆炸极限为 **3.8%～21.3%**，微溶于水，但能与水形成共沸物，可与醇、醚、酮等几乎所有的有机溶剂混溶。

DMC 略有刺激性气味，毒性远远小于光气、硫酸二甲酯和氯甲烷等剧毒品，对大白鼠、小白鼠经口半致死量 **LD_{50}=6400～12800mg/kg**，属微毒化学品（表 3-17）。

表 3-17　DMC、光气、DMS 和氯甲烷的物性与毒性比较

性　能	碳酸二甲酯（DMC）	光气（COCl₂）	硫酸二甲酯（DMS）	CH₃Cl
外观	无色透明液体	无色气体	无色透明液体	无色气体
分子量	90.07	98.82	126.13	50.49
熔点/℃	4	−118	−27	−97.6
沸点/℃	90.1	8.2	188(分解)	−23.7
相对密度(d_{20}^4)	1.071	1.432	1.3322	0.921
折射率(n_D^{20})	1.366		1.3874	1.3712
闪点/℃	17(闭环) 22（开环）		83	
水溶性/%	14.53(40℃)	微溶(部分分解)	2.72(18℃)	4.02(25℃)
溶解性	与水和甲醇可形成共沸物，与所有有机溶剂混溶	几乎溶于所有有机溶剂	几乎与所有有机溶剂混溶	几乎与所有有机溶剂混溶
毒性	大白鼠经口 LD₅₀=6400～12800mg/kg，小鼠经口 LD₅₀=6400～12800mg/kg	小鼠吸入 LC=50，狗吸入 LC>9，狗吸入 LC₅₀=108	大白鼠经口 LD₅₀=440，大白鼠吸入 LC=32,兔经口 LD=50	吸入半致死量 LC₅₀=150
毒性等级	微毒或无毒	剧毒物		
变异等级	阴性	阳性	剧毒物	剧毒物
卫生允许浓度/（mg/kg）		1.0	0.5	50

　　DMC 是优良溶剂，作为溶剂的主要特点表现为熔点、沸点范围窄，表面张力大、黏度低、介质介电常数小，具有较好的防静电效果，蒸发热低、相对蒸发速度快，具有速干性，溶解参数 SP 值与丙酮接近，与其他物质的相溶性好等。

　　由表 3-17 可知，与其他溶剂相比，DMC 具有闪点高、蒸气压低、空气中爆炸下限较高等特点，在储运、使用中，安全性高，且毒性数据优于其他溶剂，对人体的危害小，作为溶剂的清洁性较好。因此，DMC 在清洗和特殊领域内（特种油漆、医药品制造介质等）用作溶剂和溶媒，可以取代氟里昂、三氯甲烷和其他代用品。DMC 作为 CO₂ 的载体，已经应用于喷雾。表 3-18 是 DNC 与其他溶剂的性能比较。

表 3-18　DMC 与其他几种溶剂的性能比较表

项　目	DMC	丙　酮	异 丁 醇	三氯乙烷	甲　苯
相对分子质量	90.08	58.08	60.08	133.41	92.1
沸点/℃	90.3	56.1	82.3	74.1	110.6
熔点/℃	4	−94	−88.5	−32.6	−94.97
闪点(闭口)/℃	17	−18	11.7	—	4.4
蒸气压（20℃）/kPa	5.60	24.66	4.27	13.33	2.93
爆炸极限/%	3.8～21.3	2.15～13	2.7～13.0		1.27～7.9

续表

项　目	DMC	丙　酮	异　丁　醇	三氯乙烷	甲　苯
黏度/（×10⁻³Pa·s）	0.625	0.316	2.41	0.79	0.579
蒸发热/（J/g）	369.06	523.0	676.58	249.82	363.69
介电常数	2.6	1.01	18.6	7.12	2.2
毒性（经口半致死剂量）LD$_{50}$/(mg/kg)	12900	—	5800	—	7530
卫生允许浓度/（mg/L）	—	0.40	0.20	0.24	200×10⁻⁶

　　DME 分子中氧含量高达 53%，比 MTBE(18%)高许多，且和汽油的相溶性好，蒸气压低，有利于提高汽油辛烷值和减少汽车尾气中的有害气体排放，作为新一代汽油添加剂具有良好的应用前景。表 3-19 是 DMC 与其他汽油添加剂的比较。由表 3-19 可见，DMC 的抗爆性与 MTBE 接近，优于石化汽油，但 DMC 的毒性小于 MTBE。

表 3-19　DMC 与其他汽油添加剂的比较

项目	DMC	MTBE	甲　醇	汽　油
分子量	90.08	88	32	平均约 100
沸点/℃	90.03	55.3	64.7	1%馏出点 50～55
熔点/℃	4	−108	−97.8	—
闪点(闭口)/℃	17	−28	12.2	−35
密度/（g/cm³）	1.07	0.74	0.79	0.73
燃烧热/（kJ/kg）	15850	34900	21109	42500
雷德蒸气压（RVP）/kPa	<6.90	55.16～68.95	32	55～88
研究法辛烷值（RON）	110	116	120	90～98
马达法辛烷值（MON）	97	99	98	86～94
(RON+MON)/2	104	107	109	88～96
在空气中爆炸极限（体积分数）/%	3.8～21.3	1.65～8.4	6.0～36.5	
毒性	微毒	中等毒	中等毒	中等毒

　　DMC 的氧含量为 53.3%(质量)，MTBE 为 18.18%，相同体积下，氧含量之比为 2.345。为了达到混配的清洁汽油氧含量≥2%（新配方汽油标准）要求，添加 MTBE 需要 11%以上，而添加 DMC 只要 4%就足够了。

　　如果不考虑添加 DMC 对于闪点的影响（DMC 闪点 17℃，低于柴油要求的≥55℃），在柴油中添加 5%DMC 时的排气结果表明，柴油在添加 DMC 后，燃烧尾气的清洁性明显改善。表 3-20 是添加 5%DMC 的柴油排气污染物变化情况。

表 3-20　添加 5%DMC 的柴油排气污染物变化情况

实验方法	引擎功率		喷嘴率		效　果
引擎型式	直喷	副室	直喷	副室	
CO/%	−20	+300	−22	+6	延迟喷射时间可降低 CO 含量
HC/%	−10	+390	+12	+25	延迟喷射时间可降低碳氢化合物含量
NOₓ/%	−2	−33	−7	−8	进行 EGR(再燃烧)，可降低 30%
Bosch/%	−25	−10	−40	−50	可使颗粒污染物达到极高的除去率
SPM/%		−81			可使"致癌物"达到极高的除去率
Bap/%		−82			
Tar/%		−64			减少"黑烟"，寿命延长排气净化催化剂

3.4.6.2　DMC 的化学性质

碳酸二甲酯分子中含有 CH_3—、CH_3O—、CH_3—CO—、—CO—等多种官能团，因而具有良好的反应活性，特别是其中的羰基和甲基。

当 DMC 的羰基碳受到亲核攻击时，酰基一氧键断裂，形成羰基化合物。因此，在碳酸衍生物合成过程中，DMC 作为一种安全的反应试剂可代替光气作羰基化剂。光气虽然具有较高的反应活性，但它是有剧毒的，而且光气所带来的副产物包括盐酸及其他氯化物，也会带来严重的腐蚀及相应的处理问题。

当 DMC 的甲基碳受到亲核攻击时，其烷基一氧键断裂，导致甲基化产物生成，因而它还能代替硫酸二甲酯(DMS)和氯甲烷作为甲基化剂。

利用碳酸二甲酯的羰基和甲基的化学性质，可以合成多种衍生物。

碳酸二甲酯的化学反应可以根据其所提供的官能团简单分为羰基化反应、甲基化反应和甲氧基化反应。此外碳酸二甲酯还可发生水解等化学反应。

碳酸二甲酯参加羰基化和甲基化反应时，和传统的羰基化试剂光气和甲基化试剂硫酸二甲酯及氯甲烷相比，不仅官能团贡献值大，而且副产物基本无毒，符合清洁生产要求（表 3-21）。

表 3-21　DMC、DMS、光气及氯甲烷的官能团贡献值比较

化合物	CH_3	=C=O	—O—CH_3
DMC	33.33	31.11	34.34
DMS	23.81	—	—
光气	—	28.31	
氯甲烷	29.73	—	

3.4.6.2.1　羰基化反应

（1）和醇反应　DMC 和乙二醇进行酯交换反应可合成碳酸乙烯酯，碳酸乙烯酯是新型溶剂，用于纺丝和萃取芳烃溶剂。

以 DMC 和高级碳链醇(C_{12}～C_{15})为原料，可制得分子中有羰基的长链烷基碳

酸酯。长链烷基碳酸酯是一种良好的合成润滑油基材，具有优良的润滑性、耐磨性、自清洁性、腐蚀性等，目前广泛用于引擎油、金属加工油、压缩机油等。

烯丙基二甘醇碳酸酯（allyldiglycol carbonate，ADC）是一种透明热固性树脂，具有良好的光学特性、耐磨性和耐药性，且重量轻，可代替玻璃做眼镜片和光电材料。使用 DMC 代替光气生产 ADC，其过程毒性低、无腐蚀、设备简单，"三废"少、产品质量高，更重要的是非光气法所制 ADC 中不含卤素，开辟了精密光电材料等新的应用领域。

以异氰酸酯和多元醇为原料可以合成聚氨基甲酸酯(PU)，根据多元醇种类的差异合成各种不同特性的 PU。聚碳酸酯二醇（polycarbonate diol，PCD）是特殊多元醇之一，比用聚丁二醇或己内酰胺二醇等为原料所制造的 PU 更具有耐热性、耐水解性等。以往的合成方法是使用 1，6-己二醇与二酚基碳酸酯、碳酸二乙酯或碳酸乙烯酯的反应来合成。若改用 DMC，在成本方面可望更具有竞争力。

（2）和酚反应　以 DMC 为原料生产聚碳酸酯（polycarbonate，PC），一般是先利用 DMC 与酚进行酯交换反应，生成碳酸二苯酯（diphenylcarbonate，DPC），再与双酚 A 在熔融状态下反应生成 PC。

甲氨基甲酸萘酯，俗称西维因(carbaryl)，是一种广泛使用的杀虫剂，可以利用 DMC 安全合成。

（3）和胺反应　异氰酸酯(isocyanate)是聚氨基甲酸酯(polyurethane)的原料，在碱性催化剂存在下，使 DMC 与氨基化合物反应生成碳酸酯化合物，再经热分解制得异氰酸酯，此法设备简单，无公害。

二苯甲烷-4，4-二异氰酸酯(MDI)、甲苯二异氰酸酯(TDI)等都是重要的异氰酸酯，其合成也可以 DMC 为原料。MDI 和 TDI 是聚氨酯的主要原料，还可用于制造农药和除草剂，市场需求量很大。

DMC 和肼反应可以合成碳酸肼，具有安全、方便的优点。碳酸肼广泛用于锅炉的除垢，无致癌性和爆炸危险。

（4）氨基唑啉酮　DMC 与 β-羟乙基肼进行羰基化反应可合成痢特灵（药物）的中间体——氨基噁唑啉酮。

3.4.6.2.2　甲基化反应

利用 DMC 进行甲基化反应，可代替剧毒的硫酸二甲酯（DMS）、卤代甲烷（CH_3X）等甲基化试剂，以避免生产过程中的中毒危险、设备腐蚀及环境污染等问题。

（1）和醇反应　以各种醇为原料和 DMC 反应，可制得各种不对称甲基醚。

（2）和酚反应　苯甲醚（茴香醚）是重要的农药和医药中间体，还可用作食油、油脂等的抗氧剂、塑料加工稳定剂、食用香料等。用 DMC 与苯酚反应合成苯甲醚 19，不仅可避免生产过程中的毒性和设备腐蚀，还可以提高苯甲醚的产率。

对苯二酚二甲醚广泛用于药物、香料、染料等有机合成工业，如制备高热稳定性有机硅、合成龙胆酸、香豆素等，也可在油墨、香皂、香水和洗涤剂中作抗氧剂及定香剂。用 DMC 合成对苯二酚二甲醚，产率较高。

对苯二酚单甲醚广泛用作丙烯酸酯类化合物的阻聚剂，也可用作食油、油脂等抗氧剂，塑料加工稳定剂等。以 DMC 代替 DMS 或 CH_3X 合成对苯二酚单甲醚可提高产率。

间苯二酚二甲醚可用作有机合成中间体，如合成紫外线吸收剂 UV9 的中间体。DMC 和间苯二酚反应可合成间苯二酚二甲醚。

（3）和胺反应　以单烷基、芳基胺和 DMC 为原料可制得仲胺。

烷（芳）基、芳基胺是染料、香料和植物保护剂的重要原料。如以苯胺为原料，和 DMC 反应可合成 N, N-二甲基苯胺。

3.4.6.2.3　羰基甲氧基化反应

以 DMC 为原料进行羰基甲氧基化反应可代替传统使用的羰基甲氧基化试剂氯甲酸甲酯、甲酸甲酯等。

β-酮酸酯是多功能中间体，由其出发可以制备多种杂环有机化合物。以 DMC 和酮通过羰基甲氧基化反应合成 β-酮酸酯，反应较易进行，产率较高。

肼基甲酸甲酯(methyl carbazate)是农药卡巴氧(carbadox）的中间体，可以利用肼与 DMC 反应来合成。

邻氨基羰基甲氧基甲脒是防治植物枯萎病用的杀菌剂，可用 DMC 和 N 邻硝基苯甲脒为原料合成。

2-苯并咪唑氨基甲酸酯是一种有效的杀虫剂，也用于治疗人和动物的多种寄生虫。可利用 DMC 和 2-苯并咪唑反应合成。

甲氧基羰基氰氨钠主要用作合成试剂，也是植物保护剂、杀虫剂和医药中间体。利用 DMC 和氰氨钠在醇溶液中反应合成。

环丙沙星是优良的抗菌素类药物，是用 DMC 和 2,4 二氯-5 氟苯乙酮为原料，经 β-酮酸酯化、乙氧亚甲基化、环丙胺化、环化、水解和呱嗪化制成，还可进一步制成盐酸环丙沙星及乳酸环丙沙星。

3.4.6.2.4　其他化学反应

在酸碱催化剂的作用下，碳酸二甲酯可以发生水解反应生成二氧化碳和甲醇。

无定形的二氧化钛可与 DMC 作用生成四甲氧基化合物，先将硫酸钛与氨水反应制得含大量羟基的二氧化钛，再与碳酸酯在 453～543K 下作用，然后用减压蒸馏方法分离产物，目标产物产率可达 95%。而在相同条件下，晶态的二氧化钛难与碳酸酯发生作用。

在催化剂的作用下，氧化硅可以和 DMC 发生反应生成四甲氧基硅，该化合物在溶胶凝胶制备过程中有着广泛的用途。

碳酸二甲酯参与的新的化学反应仍在不断发现和研究之中，随着碳酸二甲酯生产的大规模实现，其化学应用将越来越多。

3.4.6.3　DMC 的制备方法

由于碳酸二甲酯 DMC 毒性微弱，可以取代光气（$COCl_2$）、氯甲烷（CH_3Cl）和硫酸二甲酯（DMS）等剧毒化合物作为羰基化和甲基化试剂，广泛应用于有机合成工业。又因为 DMC 有良好的溶解能力和可以作为汽油添加剂，因而 DMC 的合成受到很大重视。

（1）光气合成法制备 DMC　用光气合成 DMC，是 DMC 的传统合成方法。光气合成法分两步进行：

第一步，甲醇与光气反应生成氯甲酸甲酯：

$$CH_3OH+COCl_2 \longrightarrow CH_3COOCl+HCl$$

第二步，甲醇与氯甲酸甲酯反应生成 DMC：

$$CH_3OH+COCl_2 \longrightarrow (CH_3)_2CO_3$$

然后，用 NaOH 中和清除 HCl。

由于光气剧毒，许多国家已经禁用光气合成法制备 DMC。

（2）甲醇氧化羰基化法制备 DMC　此法是目前是主要的 DMC 工业生产方法。它的基本化学反应是甲醇通过氧化和羰基化生成碳酸二甲酯 DMC：

$$2CH_3OH+CO+1/2O_2 \longrightarrow (CH_3)_2CO_3+H_2O$$

根据反应途径的不同，此法又可以分为液相法、气相亚硝酸酯法、气相直接法三种。

（3）酯交换制备 DMC 的方法　以甲醇和碳酸乙酰酯为原料，通过酯交换反应制备碳酸二甲酯 DMC，副产乙二醇。

碳酸乙酰酯由环氧乙烷和二氧化碳制得。

（4）其他制备 DMC 的方法　尿素可以在适当的条件下发生醇解反应制备 DMC：

$$(NH_2)_2CO+2CH_3OH \longrightarrow (CH_3)_2CO_3+2NH_3$$

3.4.6.4　DMC 的生产和消费市场

按照前边所述，DMC 毒性微弱，可以取代光气（碳酰氯）、氯甲烷和硫酸二甲酯等剧毒化合物作为羰基化和甲基化试剂，广泛应用于有机合成工业。又因为 DMC 有良好的溶解能力和可以作为汽油添加剂，因而 DMC 的合成受到很大重视。

根据 2002 年数据，国外产能 35500t/年，约半数在西欧。当时，我国产能为 7000t/年，实际产量约 1000t/年。但是，我国需求量大，主要依靠进口，后来得到迅速发展。

据民生证券股份有限公司 2018 年 5 月 27 日提供的调研材料，上市的石大胜华公司，产能逐步释放，DMC 市场占有率达 30%。公司主营业务以 DMC 系列为核心产品，是目前国内唯一一家能够同时为锂离子电池电解液生产厂商提供 5 种溶剂的企业，能够满足不同的配方比例要求。2017 年公司 DMC 系列产品总产量超过 33 万吨，外售量约 22 万吨，主要产品 DMC 产能 12.5 万吨，2017 年实际产量 10.5 万吨，市场占有率 30%，随着下游需求的增加，产量逐步释放，市场占有率将进一步提高。

目前国内生产 DMC 系列产品的工艺主要有光气法和酯交换法，由于光气法有毒，对环境造成污染，该种工艺逐渐被淘汰。但是，采用酯交换法生产工艺技术较复杂、流程长、原料成本高。酯交换法以环氧丙烷为原料，但生产环氧丙烷企业容易受环保限产及装置开停工影响导致短期价格波动剧烈，进而影响 DMC 企业开工率和效益。

DMC 的生产和消费市场之间的矛盾，值得探究。一方面，DMC 被誉为"**绿色环保型**"有机化工产品，并且市场需求旺盛；另一方面，因为环保上的严格要求和对其必需原料的打压，严重影响了 DMC 的生产和市场供应能力。要解决这个矛盾，需要统一规划，以科学的方法解决环保面临的问题。不宜只是依靠打压、限产的方法解决环保问题。环保部门应该尊重和鼓励采用有益于环保的产品和技术。例如，在汽油、柴油、燃料油中添加 4%的 DMC，就可以成倍减少废气中 CO、碳氢化合物和颗粒污染物的排放。

现在，电动汽车和许多用电设备大量需要锂电池，而锂电池生产需要 DMC，因此，DMC 的生产和市场，前途是光明的。

3.5　甲醇燃料的广阔前景

科技界、经济界、能源界的先驱者已经认识到，环保界也正在认识到，甲醇不只是可以广泛地用作有机化工基料，也将以宏大的数量用于"**能源化工**"。这是由全球面临的油气能源危机、环境问题和新能源革命的历史使命所决定的。我国受到油气能源危机和环境问题的冲击，尤其严重，承担的新能源革命和保护生态环境的历史使命责任尤其重大，因而应当更加重视"**甲醇化工**"和"**甲醇燃料**"的推广应用。

3.5.1　关于甲醇与汽油掺烧

（1）基本概况。

甲醇与汽油掺烧的产品，在我国称为**甲醇汽油**，其品种有：掺醇 3%～15%的**低比例甲醇汽油** M3～M15、掺醇 20%～45%的**中比例甲醇汽油** M20～M45 和掺醇 70%～85%的**高比例甲醇汽油** M85 等三个类别。

M85 的产品标准为国家标准 GB/T 23799—2009《车用甲醇汽油（M85）》，因其饱和蒸气压较高的汽油组分只有 15%，而占 85%比例为甲醇，雷德蒸气压只有 32kPa，达不到汽油蒸气压必须在 45～85kPa 范围内的要求，冬天气温低时，冷启动就比较困难，需要采取调节雷德蒸气压的办法补救。

其他醇油掺烧品种的质量标准主要为地方标准和企业标准。这些标准，都可以作为甲醇汽油产品生产和营销的法律依据。

山西博世通科技有限公司和国内其他一些单位研制的醇油掺烧**电脑调控器**，可以自动调控汽车油路，使之点火提前角与进油量，适应各种醇油掺烧比例，致使汽车功能与美、德等国家的灵活燃料汽车 FFV 相似，可以随意改烧纯汽油或者掺醇比例少于 85%的汽油。

贵州省及其他一些地方推广的"**双燃料**"汽车，也属于甲醇与汽油并用的范畴，它是用汽油打火启动后，再改为燃用甲醇燃料的。

我国早期在汽油中掺入甲醇的比例，与欧洲人掺入甲醇的比例相似，在 3%～5%范围内，目的主要是提高辛烷值，改善汽油的环保性能，也可以略微降低一些成本。对于这种情况，当时并没有冠上"**甲醇汽油**"的名字。这样做非常简便，不需要助溶剂就可以实现醇油互溶，按照 5%的掺醇量，氧含量为 2.5%，达到了美国《**清洁空气法修正案**》要求汽油含氧量必须达到 2%以上的标准。

当时为什么有一个 5%的掺醇量限制呢？因为超过 5%以后，对于芳烃含量偏低的汽油，醇油不能很好地互溶。我国在后来的研发中，遴选出一些**醇油助溶剂**，可以突破 5%的掺醇局限，确保醇油完全互溶。

实践证明，掺醇 10%以下的低比例和掺醇 25%～30%的中比例，效果较好，原来燃用纯汽油车辆的所有系统和部件都无须改动。

陕西省的地方标准 DB61/T 353—2004《车用 M25 甲醇汽油》可供参考。

有人偏执于 **15%掺醇量**的 **M15**，以为这样比较接近纯汽油，对汽油热值和有关性能影响会小一些。实际上，这与实际情况不符，因为在这一掺醇比例，饱和蒸气压特别高，在夏季气温高时，特别容易产生气阻。山西华顿集团与中石化合作生产的 M15 甲醇汽油，到夏季高温时就暂停供应，原因就在这里。

图 3-2 是甲醇汽油掺醇量与雷德蒸气压的关系曲线。

（2）关于大比例参醇的甲醇汽油。

参考美国 **ASTM D5797—07《点燃式发动机用甲醇燃料 M70～M85》**标准，我国制定了国家标准 **GB/T 23799—2009《车用甲醇汽油（M85）》**，工信部从 **2012 年**开始，以陕西省、山西省和上海市为重点，组织了试用和示范性推广应用，后来增加了贵州省。以下介绍有关情况。

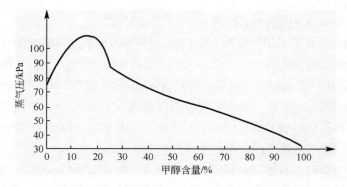

图 3-2   甲醇汽油掺醇量与雷德蒸气压的关系曲线

① 在国外，大比例甲醇汽油是伴随着**灵活燃料汽车 FFV** 诞生的。

灵活燃料汽车 FFV（Flexible Fuel Vehicle），既可以燃用纯汽油，又可以燃用高、中、低各种比例掺醇的甲醇汽油。因为甲醇比较廉价，甲醇掺入量越多，经济效益越好，所以，高比例掺醇的甲醇汽油应运而生。

开发**灵活燃料汽车 FFV** 的初衷是，在醇燃料加注设施跟不上的情况下，可以随时改加汽油行驶。美国、德国、瑞典等国家政府都组织了大规模开发研究和示范运行。20 世纪 80 年代到 90 年代末，美国加州共有 15000 辆甲醇轿车及几百辆甲醇公共汽车进行了示范运行。当时有四种 FFV 汽车在市场上可以购买，它们是福特 **Taurus**（1993~1998 年型）、克莱斯勒道奇 **Spirit/Plymouth Acclaim**（1993~1994 年型）、克莱斯勒 **Concorde/Intrepid**（1994~1995 年型）和通用 **Lumina**（1991~1993 年型）。这些车辆的销售都得到了政府的政策优惠，以便不增加消费者的负担。

② 我国在还没有**灵活燃料汽车 FFV** 的情况下，走了另外一条发展大比例掺醇汽油的道路。2004 年 5 月，我们在《甲醇和甲醛》杂志上发表了论文《**Me85 车用醇醚清洁燃料的研制和应用**》，并在漯河石化集团有限公司内部车辆进行了中长期试用和示范应用。为什么提出 **Me85 车用醇醚清洁燃料**的型号呢？因为当时我国既没有**灵活燃料汽车 FFV** 汽车，也还没有醇油掺烧的**电脑识别调控器**，相对于 15%汽油和其他 85%比例的物料，不应该全是甲醇，需要另外添加一些沸点更低的醚类，用于调节**雷德蒸气压**，否则，会有冷启动困难。当时我们加入的醚类是溶解在甲醇中的二甲醚，Me 符号中的 e，指的就是二甲醚。

我国燃用甲醇汽油汽车的研制，在一汽、奇瑞、华普、吉利和山西省一些汽车研制生产单位进行。同时，在现有汽车上附加一个醇油掺烧的**电脑识别调控器**，它是我国自有的**创新产品**。这种**电脑识别调控器**个头不大，成本不高，不需要改动汽车的原有结构，正常情况下 0.5h 内即可附加到现有汽车上。其整体功能相当于**灵活燃料汽车 FFV** 的**甲醇燃料传感器**。对于某些车型，需要更换"甲醇燃料泵"

和燃料系统的橡胶或塑料垫圈儿。在现有汽车安装醇油掺烧的**电脑识别调控器**后，功能与**灵活燃料汽车 FFV** 汽车相似，有利于在汽油中大比例掺醇，为 **M85** 的发展创造了良好的条件。

　　山西博世通汽车新技术开发有限公司为之取名"**任意加**"电脑识别调控器，他们拥有多项专利技术，专门研制生产"**任意加**"电脑识别调控器，多年来相继出台了几代产品，取得了大面积推广应用 **20** 多万辆汽车的业绩。从 **2009** 年开始，**全国醇醚燃料产学研联谊会**在全国推荐使用企业标准 **Q/HNCR03—2008《Me70～Me85 车用醇醚汽油燃料》**，配套的就是博世通的这种"**任意加**"电脑识别调控器。实践证明，它的质量稳定，安全可靠，很受用户欢迎。还有一些厂家也研制生产了相似的电脑识别调控器，基本性能是一样的，用户可以自由选用。

　　③ 关于大比例甲醇汽油的产品标准，尚有一些值得商榷的地方。

　　美国标准 **ASTM　D5797：07《点燃式发动机用甲醇燃料 M70～M85》**，于 **1995** 年首次发布，后来经过多次修订完善。这个产品质量标准，针对美国各州的气温条件，详细规定了不同地域的有关指标数据和注意事项，可以指导该产品的生产和用户使用。我国河南超燃清洁能源科技有限公司颁布的企标 **Q/HNCR02—2008《Me70～Me85 车用醇醚汽油燃料》**，是在我国国家标准颁布以前经过专家论证，由技术监督部门正式备案后颁布的一个企业标准，主要参考了美国标准 **ASTM　D5797：07《点燃式发动机用甲醇燃料 M70～M85》**和我国当时的乙醇汽油标准 **GB 18351—2004《车用乙醇汽油（E10）》**。其中 **Me85** 与 **M85** 的区别是添加了汽油以外的醚类辅料，它的性能价格比好于 **M85**。采用 **Me70～Me85** 的比例范围，可以更好地防止冬季发生冷启动困难。

　　2001 年，国家标准委参考美国标准 **ASTM　D5797：07** 颁布了我国的国家标准 **GB/T 23799—2009《车用甲醇汽油（M85）》**。这是我国国家标准委和车用甲醇汽油产业界经过多年努力，制定的第一个车用甲醇汽油国家标准。它使我国的大比例甲醇汽油有了国家级的"**出生证**"，为大比例车用甲醇汽油在全国范围内生产、储运和推广应用提供了法律依据。

　　我国工信部在上海、陕西、山西等地进行的大比例甲醇汽油推广应用示范，就是依据这个标准进行的。美中不足的是它在实际应用中还有一些问题，因为按照该标准的规定，只有 **85%** 的甲醇和 **15%** 的汽油这样一个掺配比例，冬季或者严寒地区气温低时，必然发生冷启动困难。美国标准 **ASTM　D5797：07** 和河南超燃清洁能源科技有限公司的企业标准 **Q/HNCR03—2008**,掺配比例都是 **70%～85%甲醇**对 **30%～15%汽油，或者还有一些醚类**，这样，可以调节掺配比例以适应气温变化。**GB/T 23799—2009《车用甲醇汽油（M85）》**颁布至今，未能普遍推广应用，冬天冷启动困难是其原因之一。希望在 **GB/T 23799—2009** 标准修订时，弥补这个不足。

④ 国家工信部组织大比例车用甲醇汽油推广应用示范的有关情况 《中国化工报》2010 年 12 月 29 日曾报道：我国"工业和信息化部近日组织召开甲醇汽车试点工作座谈会，就在上海、陕西、山西试点推广高比例甲醇汽油(M85、M100)等事宜进行了讨论和部署。这是国家层面主导开展甲醇汽油推广试点工作，标志着甲醇汽油推广应用被正式纳入国家战略，甲醇汽油推广工作将因此提速"。

随后，工信部专门派出工作组，对陕西省、山西省和上海市开展高比例甲醇汽油车试点工作进行调研，并多次召开甲醇汽油推广工作论证会，听取各方面的意见和建议。专家论证和检测结果表明，目前车用甲醇汽油涉及的腐蚀、溶胀等问题均都可以得到解决，甲醇汽油调制中心、加油站等相关配套基础设施和技术标准已初步建立，开展甲醇汽油车试点工作已经具备条件。在此基础上，工信部决定在上海市、陕西省和山西省，开展高比例甲醇汽油车试点。并指定上海华普和奇瑞小轿车以及一汽晋烨大车三家企业为高比例甲醇汽油车生产企业。

2012 年 4 月 18 日生意社报道，工信部甲醇汽车试点工作的正式启动，表明国家对关系环保、节能的甲醇燃料的肯定，将激发地方上推广甲醇燃料的热情，加速甲醇替代燃料的推广应用。对此，国务院参事、国家能源专家咨询委员会主任徐锭明表示，2001 年制定"十五"规划时，领导就批示要研究新能源，经过12 年的等待，终于等到了工信部甲醇汽车试点工作的启动。这对我国能源安全和能源保障具有深远的战略意义，要坚持大胆试、大胆闯，探索绿色能源发展的新路子。

实际上，工信部组织在上海市、陕西省、山西省试点推广高比例甲醇汽油，并不是国家层面首次开展车用甲醇汽油推广试点工作，因为 2001 年原国家经贸委当年 9 月 24 日正式召开了燃料甲醇协调会，并且决定选择煤炭大省山西省作为示范点，进行燃料甲醇和甲醇汽车产业化示范。山西省随即专门召开了省政府常务会议，决定加快燃料甲醇和甲醇汽车产业化步伐，成立了山西省燃料甲醇、甲醇汽车领导组，下设厅级办事机构醇汽办。全国醇醚燃料及醇醚清洁汽车专业委员会也是这期间成立的。可惜的是当时只是把重点局限在 M15 和甲醇汽车上，加之国家主管部委调整，使得车用甲醇燃料示范推广应用延迟了十多年！

工信部积极稳妥开展甲醇汽车试点工作的相关信息：

① 纯甲醇汽车在沪上路，表现不俗。被列入国家工信部两省一市甲醇汽车试点的上海市，自 2010 年 11 月以来，已有 25 辆出租车陆续用上了由华谊集团上海焦化有限公司生产的车用甲醇燃料。有关方面将通过上海出租车行业甲醇燃料的试点，促进车用燃料多元化发展，同时为我国发展甲醇汽车的科学评估提供经验，为完善相关政策、标准提供第一手资料，推动中国甲醇汽车产业的健康发展。

② 甲醇作为车用替代燃料对中国能源安全具有战略意义。我国"十一五"以来，甲醇作为车用替代燃料的规模逐步发展起来，《车用甲醇汽油（M85）》和

《车用燃料甲醇》两项国家标准的颁布实施，甲醇汽车开发、试验等活动取得的积极成果，为车用甲醇汽油替代部分石化汽油提供了可能。甲醇汽车的动力不比汽油汽车差，F1 赛车所用燃料都含有甲醇。《人民日报》2012 年 02 月 29 日第 10 版报道："甲醇作为车用替代燃料对中国能源安全具有战略意义！"

每日商报介绍，目前甲醇作为车用替代燃料技术上已不存在大的障碍，常规排放比较清洁，在遵守操作规程下甲醇燃料不会对人体健康产生不利影响。从近期看，甲醇作为车用替代燃料是我国替代汽油的一种**最佳选择**；从中远期看，甲醇作为车用替代燃料对我国能源安全具有**重大战略意义**。

③ **贵州省广泛开展甲醇汽油利用试点工作。**贵州省 2015 年广泛开展了车用甲醇汽油试点工作，其中，3 月份黔南州的甲醇汽油试点工作正式启动，贵阳市 5 月份起推广甲醇汽油，铜仁地区正在建设甲醇生产基地，六盘水市正在确认车用甲醇汽油生产企业资格。

④ **山西省甲醇燃料初步实现产业化。**北京大学世界新能源战略研究中心和山西省社会科学院发布消息称，经过多年努力，山西省甲醇燃料和甲醇新能源汽车的研发、试验示范工作取得显著成果，山西省甲醇燃料已初步实现产业化，全国范围内甲醇燃料推广取得了重大进展。北京大学世界新能源战略研究中心相关负责人介绍，**2011 年，**山西省甲醇燃料和甲醇汽车年销售收入为 **60 亿元**。

⑤ **浙江省甲醇汽车即将开展试点。**《江海报览》报道，浙江省对甲醇燃料的推广在国内属于前列，省内第一家高清洁甲醇汽油生产经营企业于 **2010** 年正式成立，推动甲醇汽油在浙江省的试点推广。

⑥ **成本"硬伤"致甲醇制汽油市场难觅。**河北田原化工集团董事长谷发义，介绍了其公司 2011 年研发成功的**甲醇制烃基燃料(MTHF)技术**，据专家介绍，相对于将甲醇直接兑到汽油中制成甲醇汽油，使得汽车承担了发动机改造、零部件毁损等风险，而由甲醇直接制成的"汽油"，能给消费者带来更大的安全性、方便性和价格上的实惠。当甲醇制汽油的成本降下来以后，就有可能在市场上与石化汽油"一较长短"。

⑦ **工信部完成甲醇汽油试点验收，甲醇汽油国家标准出台迎春天。**工信部在上海市、陕西省、山西省等地推广高比例的 M85 和 M100 甲醇汽油完成了验收工作。这一试点工作被列为工信部的 2017 年工业节能与综合利用工作要点之一。对推广甲醇汽油来说，此举是意味着甲醇汽油开始进入发展的新阶段。

地方政府的积极性非常高。为了推广甲醇汽油，目前，已有 10 个省份专门制定了甲醇汽油的相关地方标准。

尤其值得注意的是，国内甲醇汽油的实际用量，远远超过公开统计的使用量，包括广东、广西、山东、湖北、湖南、安徽、河北等地，不仅有大比例掺醇的**车用甲醇汽油（M85）**，更多的还有无需对汽车进行任何改动的低、中比例掺醇的车用甲醇汽油（M15）和车用甲醇汽油（M25）。据"中宇资讯"统计数据显示，去年全国甲醇汽油的甲醇消费量接近570万吨，其中的隐性甲醇调配汽油消费数量约占3/4。

　　隐性甲醇调配汽油基本上有两种形式：一种形式是不声不响地在石化汽油中掺入适量的甲醇，用户感觉不到有什么不同。在没有要求必须使用乙醇汽油的9个省份以外，主要采取这种方式。南方某省的一家油品经营商，曾经请笔者提供车用甲醇汽油（M85）的配方，配成车用甲醇汽油（M85）的检测结果，表明甲醇过量。改用另一个加油站的石化汽油，仍然出现这个问题。笔者让他们拿去分析所用的石化汽油，分析结果表明，都已经含有甲醇了。后来，到军队加油站买来纯石化汽油，调配成的车用甲醇汽油（M85）就没有甲醇超标现象了。另一种形式是在要求必须使用乙醇汽油的9个省份，有的使用甲醇替代乙醇调配车用乙醇汽油，因为"车用乙醇汽油"可以享受政策优惠，还由于乙醇调配正式的乙醇汽油成本较高，改为甲醇替代乙醇可以增加效益。这两种隐性掺入甲醇的情况，在实际使用中，感觉不到有什么性能区别。面对这种情况，某地区准备实事求是地将"隐性"变为"公开"，将原来要求推广使用乙醇汽油，转为公开推广使用甲醇汽油。等到真正认识到甲醇汽油与乙醇汽油的性能基本上没有区别时，这种隐性现象就不会再存在了。

　　⑧ 工信部要求进一步做好甲醇汽车推广应用。工信部在北京组织召开甲醇汽车工作座谈会，山西省、陕西省、甘肃省、贵州省的工业和信息化主管部门负责人，工业和信息化部规划司、财务司、科技司、原材料工业司、装备工业司等有关司局负责人，国家发展改革委、公安部、生态环境部、交通运输部、商务部、卫生健康委、市场监督总局、能源局等部门相关司局人员及有关专家参加了会议。

　　会议由工业和信息化部节能与综合利用司巡视员李力主持。会上，工业和信息化部节能与综合利用司传达了国务院领导重要批示精神和工业和信息化部领导批示要求，介绍了甲醇汽车试点工作总体情况及下一步工作考虑，与会代表就进一步做好甲醇汽车推广应用，从政策保障措施、产业及部门协作等多方面进行了深入讨论。下一步，按照国务院领导批示精神，工业和信息化部将积极会同有关部门，加快研究推动甲醇汽车推广应用工作（以上新闻来源于中国证券网）。

　　⑨ 2015年10月13日，工业和信息化部办公厅工信厅节〔2015〕129号文印发了《车用甲醇燃料加注站建设规范》和《车用甲醇燃料作业安全规范》的通知。通知山西省、上海市、贵州省、陕西省、甘肃省工业和信息化主管部门，为推动甲醇燃料加注站规范化建设，指导和规范甲醇燃料加注作业安全操作，保证甲醇汽车试点工作顺利进行，组织编制了《车用甲醇燃料加注站建设规范》和《车用甲醇燃料作业安全规范》。请相关部门遵照执行。

　　这次工信部组织编制了具有全国通用权威的使用规范，具有十分重要的意义！

3.5.2　甲醇汽油的一些问题及其解决办法

3.5.2.1　关于冷启动问题

因为甲醇的雷德蒸气压（**RVP**）只有 **32kPa**，加入 **15%** 的汽油后雷德蒸气压也只能增加到 **40kPa** 左右，而现有点燃式汽油车启动要求雷德蒸气压必须在 **45～85kPa** 范围内（见《车用汽油》新标准 GB 17930—2011），当雷德蒸气压达不到 **45kPa** 时，必然要出现冷启动困难。实际上，在寒冷的冬季，雷德蒸气压不是达到 **45kPa** 就行了，应该将雷德蒸气压调配到接近上限 **85kPa**。因为雷德蒸气压表征的只是所指产品在 37.8℃时的饱和蒸气压，并不是当下实际气温下的饱和蒸气压，而只有当下实际气温下的饱和蒸气压，才是关系冷启动问题的决定因素。为什么要规定上限 **85kPa** 呢？是为了保证气温低时不出现冷启动困难。

解决冷启动问题有两个办法：

一是像河南超燃清洁能源科技有限公司的企业标准 **Q/HNCR02—2008** 或美国标准 **ASTM　D5797：07** 那样，掺入较多的雷德蒸气压高的汽油。

二是把掺入汽油改为掺入雷德蒸气压更高一些的**大比例甲醇汽油辅料醚类**，其性能价格比优于多加汽油。这个办法，是**全国醇醚燃料产学研联谊会、《中国新技术新产品》**杂志社和河南超燃、山西博世通科技开发有限公司等有关企业，**与北京北方汽车驾驶训练学校**一起，在 2009 年整个冬季，花费几十万元的代价开发出来的，有详细的试验总结报告。它将使我国的大比例车用甲醇汽油成为一种更为实用的新产品。生产经营者采用这个办法，买一套**雷德蒸气压测定仪**就好了。

至于其他办法，例如，另外喷用乙醚之类的冷启动液或者另加冷启动系统等，已经不属于改进 M85 燃料的措施了。

3.5.2.2　关于高温气阻问题

高温气阻与低温冷启动问题是相反的另一个侧面。如果汽车燃料的雷德蒸气压过高，必然要出现高温气阻问题。高温气阻问题很容易造成交通事故，因而它比低温冷启动问题危害更大。因为低温冷启动问题只是导致汽车不能开动，而高温气阻问题是在开动以后出现的，所以，对于**车用汽油**来说，这是比低温冷启动问题更严重的问题，更容易造成交通事故。

2011 年以前的**国家标准 GB 17930《车用汽油》**，都只规定了雷德蒸气压的上限，即夏季"**不大于 74 kPa**"，冬季"**不大于 88 kPa**"，都没有设置下限，就是为了防止出现高温气阻。现在设置了下限，是为了同时防止出现低温冷启动问题，但是，仍然不能超越上限。

按照国家标准 **GB 17930—2011《车用汽油》**标准规定，冬季的雷德蒸气压限

值为 **45～85 kPa**；夏季的雷德蒸气压限值为 **40～65 kPa**。如果冬季超越 **85 kPa**、夏季超越 **65 kPa**，就会出现高温气阻问题。

由于某些经营者贪图利润，在车用甲醇汽油中另外添加廉价的轻烃碳五、石脑油以及甲缩醛等雷德蒸气压很高的物料，致使高温气阻问题发生的比较多。北方某公司将这样的产品销售到湖北、湖南等南方气温比较高的地区，普遍出现气阻问题，大量退货和罚款，致使公司破产。山西华顿实业有限公司与中石化合作推出的 M15 车用甲醇汽油，每到夏季就暂时停止销售，也是为了避免出现高温气阻问题。

如前所述，最可靠的措施是车用甲醇汽油 M85 的生产工厂或经营者，要购买一台**雷德蒸气压测定仪**，例如，**SYD-8017 石油产品蒸气压试验器（雷德法）**，随时检测生产或经营的产品，确保车用甲醇汽油 M85 的雷德蒸气压在规定的范围内。上海昌言地质仪器有限公司、西安唯信检测设备有限公司、洛阳龙门甲醇动力设备厂、大连雨禾石油仪器有限公司等都有这种仪器，用户可以自行选购。

雷德蒸气压测定仪适用于按照国家标准 GB/T 8017—1987《**石油产品蒸气压测定法（雷德法）**》的要求测定汽油、易挥发性原油及其他易挥发性液体燃料产品的雷德蒸气压，即在 37.8℃（100℉）时的饱和蒸气压。有关参数如下：

① 工作电源：AC 220V±10%，50Hz；
② 水浴加热功率：1600 W；
③ 水浴使用温度范围：室温～90℃；
④ 水浴控温精度：±0.1℃；
⑤ 压力表精度：±0.4%；
⑥ 环境温度：−10～35℃。

图 3-3 是上海昌言地质仪器有限公司生产的雷德蒸气压试验器。

图 3-3　雷德蒸气压试验器

3.5.2.3 关于醇基燃料的防腐、防溶胀问题

甲醇、乙醇对于某些材料的腐蚀性和溶胀问题，本质上是它们的羟基—OH的强亲水性，使得它们难免吸潮而含有微量水分，所含的微量水分经过化学反应，会逐渐演变为甲酸、乙酸，这就是造成腐蚀和溶胀问题的根本原因。

防止的办法，主要是甲醇燃料和乙醇燃料都要严格限制水分含量和防止存放过程中吸潮。**GB/T 23799—2009《车用甲醇汽油（M85）》**要求水分含量不大于0.5%，**GB 18351—2010《车用乙醇汽油（E10）》**要求水分含量不大于0.2%。因为甲醇、乙醇均有较强的吸潮性，所以，不仅要严格遵照这些含水要求进行燃料配制，而且还要防止配制好的产品吸潮增加水分含量，配制好的醇基燃料应该密闭存放。

还有其他一些防止腐蚀性和防止溶胀的措施：

① **添加醇基燃料"腐蚀抑制剂"** 微量的**腐蚀抑制剂**就可以奏效，这是成熟的技术。醇基燃料的**腐蚀抑制剂**有不少种类，最基本的措施是必须将醇基燃料调配成微碱性。

有机化合物本来都是没有酸碱性的，只是因为它们吸取了微量水分，才开始有酸碱性。一般情况下，甲醇、乙醇吸取微量水以后，逐渐酸化成甲酸、乙酸，但是，因为水分数量很少，所以看似酸性很强，实际上酸当量非常小，只需要有很少数量的弱碱性有机物，就可以中和它们的酸性而变成微碱性了。

② **更换不耐腐蚀和溶胀的零部件** 甲醇、乙醇本身对铝、铅以外的金属零部件没有腐蚀作用，许多汽车型号的金属零部件是能够耐受醇类腐蚀的，如果碰到金属零部件不耐腐蚀的汽车型号，例如，无涂层的铝制件，换成**耐醇泵和耐醇喷嘴**就行了。

醇类对于多种橡胶、塑料垫圈儿等并没有溶胀作用，对于某些有溶胀作用的一些橡胶垫圈儿、塑料垫圈儿，换个耐溶胀的垫圈儿就行了。

橡胶制品对醇类耐溶胀的顺序是：聚氯醚（氯醇胶）>氯化聚醚>氟橡胶>**氯丁胶**>丁腈胶>氢化丁腈胶>顺丁胶>**乙丙胶**>丁苯胶>天然胶>硅橡胶。氯丁胶及其以前的品种一般没有问题；乙丙胶及其以后的品种需要更换；其余可以暂时不换，等到有溶胀时再换。如果手头没有备用的耐腐蚀橡胶部件，将有所溶胀的橡胶部件，用细砂纸打磨一下，也可以继续使用一些时间。

塑料制品对于醇类耐溶胀的顺序可参考橡胶制品的情况。

我国推广乙醇汽油时提出的"**注意事项**"中讲："与乙醇汽油不相适应的橡胶、塑料部件要进行更换。……试验表明，绝大多数橡胶件均能适应乙醇汽油，只有少数几种不适应。一些早期生产的机械式汽油泵中的橡胶膜片适应性较差，个别的在使用乙醇汽油后出现溶胀裂纹现象。由于橡胶部件在外观上无法区分材质成分，可由定点汽修厂将购回的部件事先做个车用乙醇汽油浸泡试验，再装车

使用或者简便地更换一下即可。"

乙醇汽油已经在我国 9 个省推广应用多年，乙醇汽油能够解决的防腐蚀、防溶胀问题，甲醇汽油同样能够解决。

另外，乙醇汽油和甲醇汽油的腐蚀性，还与某些添加剂有关。有的配制者为了解决互溶问题，或者为了降低成本，加入丙酮之类的添加剂，或者加入甲缩醛之类的辅料，都会增加腐蚀性和溶胀问题，影响产品质量。

3.5.2.4　关于胶质问题

稳定性比较差的醇基燃料，在储存、运输和使用过程中会发生氧化反应，生成酸性、黏稠的胶状物质及不溶的沉渣，使油品颜色变深，容易堵塞油路。

油品组分中不饱和烃类烯烃等较多时，遭遇光照、受热、空气侵袭时，再遇到金属催化等因素，都会发生氧化使胶质增加。

解决的办法，一是减少油品组分中不饱和烃类的含量，例如，GB 18351《车用乙醇汽油（E10）》即要求烯烃含量不得超过 30%。二是防止光照、受热、空气氧化、金属催化等因素影响。三是加入油品清净剂和抗氧化剂。

GB 18351《车用乙醇汽油（E10）》和 GB/T 23799《车用甲醇汽油（M85）》，都要求加入合格的清净剂，就是这个道理。

油品清净剂和抗氧化剂的选择，本书有关章节另有阐述。

3.5.3　甲醇汽油的发展前景

3.5.3.1　车用甲醇汽油替代汽油份额有多大

目前，我国每年耗用汽油接近 8000 万吨，在石油燃料与甲醇燃料共存期间，不可能全部由甲醇燃料替代石油燃料，因为有一些重要设备仍然是以石油燃料设计的，例如一般飞机用的航空煤油。现有的预定石油期货和耗资巨大的炼油设备，也不可能很快取消。更主要的是相当长时期内，石油燃料还有较强的竞争能力。如果**车用甲醇汽油（M85）**替代 1/4 汽油，约为替代 2000 万吨每年石化汽油，相当于**车用甲醇汽油（M85）**2800 万吨每年，掺配甲醇 2380 万吨每年，已经具有相当大的规模。

在高压缩比纯甲醇汽车或者甲醇燃料电池汽车大规模上市后，因为不再掺配石化汽油，甲醇的燃烧效率可以进一步大幅度提高，有可能进一步提高甲醇的用量。那时，以醇代油的事业可能会有更大的发展。不过，随着科学技术的发展，会出现一些复杂的新情况，例如，电动汽车会参与竞争。但是，会出现什么样的电动汽车呢？锂电池汽车存在废电池处理问题，可能有所局限。如果是甲醇燃料电池电力驱动的电动汽车，使用的仍然是甲醇。

其实，甲醇用作能源燃料，车用甲醇汽油只占不到 1/5 的比例，还有 4/5 用于替代柴油、炊事及取暖民用和工业锅炉、窑炉燃料。这里，我们只是在战略上认识车用石化汽油终将被甲醇汽油或者其他能源取代的必然性，认识发展甲醇燃料的大趋势。

3.5.3.2　车用甲醇汽油延用时间有多长

有关方面预计，醇、油燃料共用的时间会有 **30～50** 年。在此期间，以纯汽油为燃料的汽车和我们所说的大比例甲醇汽油会同时延续使用。

但是，到了后期，石油越来越紧缺，用作燃料烧掉的比例也会越来越少。现在的关键问题是大比例掺醇车用汽油燃料或纯甲醇车用燃料多长时间可以规模化占领市场？

最初，**M3、M5、M15** 的低比例掺醇是主要品种，因为这样的低比例掺醇效益少，M15 还有气阻问题，所以，这个"初期"已经过去。

接着，**M20～M45** 的中比例掺醇是主要品种，目前，实际上就是以中比例掺醇为主要品种的。因为这样的中比例掺醇，不需要对现有车辆做任何改造，非常便利，并且在政策暂时不到位的情况下，适合"隐性"添加，所以是现有掺醇汽油的主要品种。

工信部的试验和示范应用成功以后，就会开始逐渐过渡到以大比例掺醇的车用甲醇汽油 M85 或纯甲醇 M100 车用甲醇燃料为主要品种。再往后，有可能与大比例甲醇汽油竞争的将不是石化汽油，而是高压缩比纯甲醇汽车燃用的纯甲醇燃料和甲醇制备的高档清洁汽油 MTG、MTHF 等，因为它们的环境效益和经济效益将更为显著。

3.5.3.3　车用甲醇汽油的潜在市场在哪里

由于在中比例和大比例掺醇的甲醇汽油燃料示范推广初期，燃料的加注站点还难以一下子社会化，所以，哪些领域、哪些地区最有推广潜在市场的问题，很现实地摆在我们面前。

首选大户是城市的出租车，它相对集中在市区和市郊。在这个领域推广 **M85** 出租车潜力比较大，节省费用，既可以惠及出租车公司，也对汽车司机和乘车顾客有好处，因为甲醇汽油可以显著改善尾气排放，生态环境效益好于石化汽油，是人口集中的城市更加需要的。

第二是有自主使用燃料权力的集体单位，例如，遍布全国各地的驾驶员培训学校和公交公司等。

第三个是广大农村。农村农民相对富裕起来以后，买辆汽车使用，既可以减轻自己的劳动强度，又可以提高效率，因而农户购买汽车越来越普遍。但是，农民毕竟还不太富裕，他们在经济上算账比较仔细和现实，采用甲醇汽油比较省钱。

3.5.3.4　车用甲醇汽油推广应用的效益

目前，我国每年耗用车用汽油接近 8000 万吨，若每年替代汽油 2000 万吨。按照大比例掺醇的 M85 计算，相当于**车用甲醇汽油（M85）2800 万吨每年**，掺配甲醇 2380 万吨每年，国内现有的甲醇产能可以保证供应。经济效益、环境效益和社会效益都很显著。

首先，M85 按照批发价 4000 元/t 出售，相当于石化汽油 6000 元/t，即 4.38元/L，比现有石化汽油廉价，**经济效益显著；**

第二，因为甲醇不含硫，容易达到世界上先进的低硫汽油标准，并且，因为M85 具有 50%×85%=42.5% 的内含氧，有利于燃烧完全，排放尾气中常规有害物质 CO、碳氢化合物、颗粒污染物等可以减少一个数量级，是典型的清洁燃料，**环境效益尤其显著。**

第三，如此大规模地替代汽油，减少对于石油进口的依赖，有助于化解我国面临的石油能源危机，因而**社会效益也很显著。**

3.5.3.5　甲醇汽油推广应用的瓶颈

随着我国经济的快速发展，能源需求量迅速增加，石油的对外依存度越来越大。因此，用甲醇汽油替代一些石化汽油，成了一个新亮点。山西、陕西、浙江、贵州、甘肃等省和许多企业，已颁布了一些甲醇汽油标准，并积极推广使用甲醇汽油。国家标准化管理委员会也于 2009 年颁布了《车用甲醇汽油（M85）》标准。但是，还有人以甲醇及其燃烧后产生甲醛的毒性和甲醇作为车用汽油热值较低、有腐蚀性、对橡胶塑料有溶胀作用等为"**理由**"，阻挠推广使用甲醇汽油，成为甲醇汽油推广应用的"**瓶颈**"。这个"**瓶颈**"究竟是怎么回事？甲醇汽油究竟有何利弊？需要实事求是地加以解析。

甲醇汽油燃烧的排气中，含有 CO、HC、NO_x 等**常规排放物**，还含有被称为**非常规排放物**的未燃烧的甲醇和在燃烧过程中产生的甲醛。但是，这些**常规排放物**和**非常规排放物**有多少呢？是否成为不可逾越的障碍呢？

针对甲醇汽油的常规排放，做过很多试验研究，虽然结果有些差异，但是，试验总体情况表明，燃烧甲醇汽油产生的 CO、HC 在各种试验条件下均低于普通汽油，低 40%到低 90%以上。对 NO_x 的排放，姚春德等人在电喷汽油机上进行了M50 甲醇汽油排放的台架试验，结果表明，在中低负荷和高负荷时，NO_x 排放低于纯汽油，在中高负荷时略高于纯汽油。曹杰等也在电喷汽油机上对 M15、M25甲醇汽油和 93 号汽油进行了对比试验，结果表明，NO_x 排放在中低负荷时有所改善，大负荷时排放略有增加。

从理论上讲，由于甲醇含氧，甲醇汽油可以改变燃料燃烧时的局部富氧和局部缺氧的状况，使燃料燃烧得更加完全，从而减少废气排放。

查阅文献也表明，汽车燃用甲醇汽油的 CO、HC、NO_x 三种排放，都低于燃用纯石化汽油。

国际能源机构(IEA)曾委托芬兰国家试验研究中心对汽油(包括无催化净化和有催化净化两种情况)和 **M85** 车用甲醇汽油在**−7℃**和 **20℃**下的常规排放进行试验

研究，试验采用 FTP 程序(federal test proce-dure，美国联邦实验程序)，结果见表 3-22。

表 3-22　汽车常规排放物最低值/最高值（IEA 报告）　　mg/km

项　　目	CO(20℃)	CO(−7℃)	HC(20℃)	HC(−7℃)	NO$_x$(20℃)	NO$_x$(−7℃)
汽油（无催化净化）	5.32/12.6	10.3/18.1	1.06/1.48	1.43/2.41	1.93/3.36	2.13/2.70
汽油（有催化净化）	0.86/2.08	3.27/6.75	0.08/0.19	0.30/0.50	0.30/0.41	0.09/0.22
M85 甲醇汽油	0.20/1.43	2.56/4.19	0.03/0.06	0.39/0.86	0.04/0.19	0.06/0.07

　　由表 3-22 数据可见，M85 甲醇汽油的常规排放，除了在−7℃时 HC 的排放略高于有催化净化的汽油以外，其余所有的常规废气排放数据均远低于无催化净化的汽油，也低于有催化净化的汽油。这就是说，虽然污染物排放有不同的试验结果，但是，**总的说来，汽车使用甲醇汽油后 CO、HCNO$_x$的排放是降低的**。此表的数据是**国际能源机构(IEA)**委托**芬兰国家试验研究中心**进行试验研究所提供的。

　　燃烧甲醇汽油的**非常规排放**，主要是甲醛和甲醇。要知道，燃烧纯汽油也有甲醛排放。但是，经过**三效催化尾气转换器**之后，甲醛、甲醇基本上都可以实现"**零排放**"。尤其值得提出的是，甲醇不含硫，不会降低**三效催化尾气转换器**的效果。

　　早在 1987 年，中科院生态环境研究中心的赵瑞兰等人，就针对 M15 甲醇汽油对环境的影响进行了试验研究，发现在燃料储罐周围、泵房、驾驶室和修理车间的**甲醇浓度为 0.04～0.55μg/g，甲醛浓度为 0.0039～0.0025μg/g**，均低于我国居民区大气环境允许的日平均浓度(**甲醇 1mg/m³，约为 0.84μg/g；甲醛 0.05mg/m³，约 0.04μg/g**)。该项研究还表明，在市区常速行驶下使用 M15 甲醇汽油，即使距离公路仅 5m 处，甲醇、甲醛的浓度也只有 **0.05μg/g** 和 **0.005μg/g**，远低于居民区的环境卫生标准要求。

　　甲醇的毒性是影响甲醇汽油推广的一个重要因素。甲醇的毒性到底如何？

　　笔者曾于 2004 年亲自进行了近半年的专题调查研究。从世界卫生组织 WHO 的有关标准规定，到我国卫生部门、食品部门、化工部门的有关文献资料和规定，再到北京医科大学做的专题实验研究和数年的跟踪观察，统统都证明甲醇绝非**剧毒物质**，而是像乙醇一样，在物质毒性的"**剧毒、高毒、中等毒、低毒、微毒**"五级分类中，最多只能列入"**中等毒**"的范围。实际上，汽油的组分很复杂，它的毒性和危害是比甲醇更大的。某省在一篇讨伐甲醇燃料的文件中，竟罗列出甲醇对成人的致死剂量为"**72mg**"，把原来的数据"**72mL**"扩大了 **791** 倍，即，错把"**mg**"当作"**mL**"，这就闹出了让国际上耻笑我们的笑话。笔者发表过有关的专题论文，该论文 2005 年 1 月 12 日，在《**中国化工报**》上整版刊登，题目是《**甲醇，后石油时代的希望之星**》。当时，原机械工业部何光远部长，曾经将这个报纸复印了多份，向有关方面作了澄清。北京医科大学在 20 世纪八九十年代做的专题实验研究和连续几年做的跟踪观察，都证明甲醇的毒性不影响它作为燃料使用。

关于说甲醇作为车用汽油热值较低、有腐蚀性、对橡胶塑料有溶胀问题等，或者根本不是问题，或者是容易解决并且已经解决了的问题。

总之，笔者认为，经过多年的创造性研究和技术积累，我国对于甲醇汽油的腐蚀性、毒性、环境影响以及车用甲醇汽油在燃烧中出现的各种技术问题，都已经能够很好地解决，这些都不足以影响甲醇汽油的使用。特别是在环境影响方面，不仅没有负面影响，而且可以显著地控制纯石油燃料对于生态环境造成的严重污染，有利于建设天蓝地绿水净的美丽中国。

我国开发利用甲醇燃料的战略意义，主要有两个方面：

一是一旦石油、天然气进口受到威胁或阻断，可以立即利用甲醇燃料汽车替代补充上去；

二是可以利用甲醇燃料巨大的环保优势，控制生态环境污染，有利于建设天蓝地绿水净的美丽中国。

3.5.3.6　我国在甲醇制汽油方面的技术创新

我国已经拥有多项自主创新的甲醇制汽油 MTG 和 MTHF 新技术。

这类技术，最初称为"煤制油"（CTG）。我国和南非都一度处于世界领先的位置。

我国东北在日本占领时期，曾经开发了"煤制油"技术。解放后我们进行了多次改进。

1952 年，我国"煤制油"年产量 **20 万吨**，占全国石油总产量的 **45%**；

1959 年，我国"煤制油"产量达到 **97 万吨**，处于世界先进地位。

后来，由于大庆油田的发现和成功开采，放弃了"煤制油"生产。

"煤制油"技术，实质上是一种改良的"费托法"。 费托合成(Fischer-Tropsch synthesis)是煤间接液化技术之一，简称为**费托法（FT 法）**，它以合成气(CO 和 H_2)为原料在催化剂和适当反应条件下合成以石蜡质烃类为主的液体燃料。

1923 年由德国化学家 **F.费歇尔和 H.托罗普施** 开发，第二次世界大战期间投入规模化生产。传统费托合成法是以钴为催化剂，所得产品组成复杂，选择性差，轻质液体烃类比较少，重质石蜡质烃类比较多。其主要成分是直链烷烃、烯烃、少量芳烃及副产的水和二氧化碳。

关于改良的"费托法"，20 世纪 50 年代，我国曾开展费托合成技术的改进工作，进行了氮化熔铁催化剂流化床反应器的开发研究，完成了半工业性放大试验，并且取得了工业放大所需的设计参数。

南非萨索尔公司在 1955 年建成 SASOL－I 小型费托合成油工厂，1977 年开

发成功大型流化床 **Synthol** 反应器，并于 **1980** 年和 **1982** 年相继建成两座年产 **160** 万吨的费托合成油工厂（**SASOL-Ⅱ**、**SASOL-Ⅲ**）。这两套装置，都是采用氮化熔铁催化剂和流化床反应器。反应温度为 **320~340℃**，压力为 **2.0~2.2MPa**。产品组成为甲烷 **11%**、乙烷~丁烷 **33%**、C5~C8 烃 **44%**、C9 以上的烃类 **6%**，还有含氧化合物 **6%**。目前，以煤为原料通过改良的费托合成法制取发动机燃料，在经济上尚不能与石油产品相竞争，但是，对于具有丰富廉价的煤炭，而石油资源贫缺的国家或地区，解决发动机燃料的需要，改良的费托合成法可算是一种途径。

20 世纪 80 年代，南非被迫利用改良费托合成法和本国的煤炭资源，制备多种燃料油。就是说，用改良费托合成法进行"**煤制油**"，产品并非都是汽油、煤油、柴油之类，而是从甲烷、乙烷（天然气）和丙烷、丁烷（液化气）及汽油、煤油、柴油、重柴油，一直到沥青，全部都有，需要进行分馏处理。虽然如此，但是，在短缺石油的情况下，它还是可以制备出汽油、煤油、柴油和重质燃料油的。

2008 年以前，我国有关方面，多次与南非萨索尔公司接触商谈，有意向购买他们"**煤制油**"技术的使用权。基本条件是技术使用费 **10 亿美元**。

在这种情况下，国内研发"煤制油"（CTG）和"醇制油"（MTG）的项目风起云涌，并且卓有成效。

例如，全国煤化工设计技术中心李大尚团队开发的国内首套万吨级每年甲醇制汽油（**MTG**）试验装置，采用全国煤化工设计技术中心与山西煤气化天和科技有限公司共同开发的技术，2005 年完成概念设计，2006 年完成基础设计和工程详细设计，2007 年建成并开展试验工作，2008 年通过了山西省科委的验收以及有关专家的鉴定。

又如，由冯保运、冯向法、闫天堂等人与河北省田原化工集团合作完成的甲醇制烃基清洁汽油燃料 **MTHF** 万吨级每年生产试验，2012 年 2 月 23 日，以工程院院士金涌、谢克昌和国家能源专家委员会徐锭明主任为正副主任的鉴定表明，**该技术为国内领先、国际先进水平**。该技术成果，投资和生产费用只有同类 **MTG** 技术的 **1/3**，产品质量好于石化汽油，达到了超低硫、适当含氧以及 **CO、碳氢化合物、NO$_x$、颗粒污染物**等排放的环保标准，有利于化解我国的雾霾天气和环境污染。这种烃基燃料是 C6~C11 的高档清洁汽油，可以大规模产业化生产，当石化汽油不足以供应我国的汽车燃料时，**该技术可以完全摆脱石油，确保我国的车用汽油需求**。

3.6　甲醇的原料来源极其丰富

任何一种可以持续供应的产品，都必须拥有丰富的可以持续供应的原料。按照已经有的工艺技术，甲醇的原料来源极其广泛和丰富，可以保证持续供应。

目前，制取甲醇的原料，最经济和实用的是煤层气、焦炉气、页岩气、偏远地区的天然气和劣质煤。

所有煤矿都有煤层气，原来是危害极大的"**瓦斯**"，曾害死无数的煤矿工人。我国是以煤炭为主要能源的国家，煤层气也很多，现在变害为利，可以用来大规模生产甲醇。河南省义马矿务局用煤层气生产甲醇，已实现了产业化。**我国的煤层气如果用来生产甲醇，每年可以生产数千万吨甲醇。**

焦炉气是炼焦工业的副产品。众所周知，我国的钢产量世界第一，炼钢必需的焦炭产量，我国也是世界第一。**2016 年，我国焦炭产量 47911 万吨，伴生焦炉气 20600 万吨，可以用来生产甲醇超过 1 亿吨。**这是我国发展甲醇燃料的一个独特的优势，如果不加以利用，反而会造成严重的环境污染。

天然气在适当的地理位置，当然可以直接用作能源燃料。但是，偏远地区的天然气和页岩气，当地用量很少，在没有输送管道的情况下，难以以气态的形式储存或运输出去。就地制成甲醇，是一个很好的变换途径。因此，国外的甲醇大多是用天然气生产的。美国开发了页岩气，当地消费量也很有限，制成甲醇也是一个很好的变换途径。某个中美合资企业，计划将美国大量的页岩气合成甲醇，运至我国的日照海港，供应我国的甲醇市场。

劣质煤有高硫的和低热值的，在整个煤炭资源中约占半数，高硫煤不允许直接燃用，开采合格煤炭时，必须把它剥离。如果纳入我国的"**煤净化工程**"，将有害的硫组分提取出来变废为宝，将其中的煤组分制取甲醇，是一个好途径。原来化肥厂合成氨，必须用优质块煤，因而联产甲醇成本较高。但是，这已经是 15 年前的事了。现在，规模不小于 60 万吨每年的煤制甲醇工艺技术，高硫煤、劣质煤均可利用，甲醇生产成本可以大幅度降低。**如果充分利用高硫煤和劣质煤生产甲醇，可以保证我国百年的能源安全。**由于我国初期生产甲醇采用合成氨化肥厂联产甲醇的工艺技术，使得一些人误认为现在还是利用优质块煤生产甲醇，阻挠甲醇燃料产业化的人，也以此作为一种借口，实际上，时过境迁，利用优质块煤生产甲醇的工艺技术，已经成为历史了。

假如多年以后煤层气、焦炉气、页岩气、天然气和劣质煤等资源也短缺了，接着，凡是可以燃烧的有机物或生物质，都可以通过制成合成气来制作甲醇，也可以通过生物发酵法产生沼气，进而制作甲醇。

最后，可以利用太阳能、核能或者其他暂时剩余的能量，分解水产生氢气，与二氧化碳合成甲醇。空气中的二氧化碳，是**温室效应**的元凶之一，倘若作为合成甲醇的资源，就成了宝贝，并且可能是不够用的。不过，这不要紧，因为地球上众多的碳酸盐，也是二氧化碳的来源；海水中溶解的二氧化碳很多，越往深海越多。又因为太阳能及其衍生的风能、水能、生物质能，都是可以再生的，海水是取之不竭的，所以，甲醇是可以永远保证持续供应的。2004 年，美国海军曾传出他们要用海水制造航空煤油，实际上就是用核航母上的核能、风能等分解海水产生氢气，再与海水中和空气中的二氧化碳合成甲醇，然后再由甲醇制作航空煤油。

近几年来，我国在南海开采**甲烷水合物**（$CH_4 \cdot 8H_2O$）——**可燃冰**，取得重大进展。**可燃冰**蕴藏量很大，人们会发问，**可燃冰**的开采利用会不会与甲醇燃料发生矛盾呢？这是不用担心的；因为**可燃冰**开采出来，很快就变成甲烷气体了，也就是变成天然气的主要成分了。在海上，这样的天然气是不便储存和运输出去的，转换成甲醇是个很好的途径。因而可以说，**可燃冰资源**与**甲醇**用作能源燃料是相辅相成的。页岩气的开发利用，与此道理相同，与甲醇用作能源燃料也是相辅相成的。

3.7　甲醇的生产工艺技术成熟

生产甲醇的工艺技术，从利用合成气催化合成算起，已有 100 多年的历史。它与合成氨几乎同时问世。德国人哈伯发明合成氨，被人们誉为**"空气中取氮"**，称赞他是**"用空气制作面包"**的天使。因为占空气近 80%的氮气，不能用作肥料被植物吸收利用，合成氨后，其中的氮元素就可以作为肥料被植物吸收利用了。相比之下，至今人们对合成甲醇的认识远远不如对合成氨的认识。实际上，催化合成甲醇是**"水中取能"**。即把水分子中的氢元素和氧元素取出来与碳合成甲醇CH_3OH，变成了一种储能载体物质。

这个**"水中取能"**的意义，完全可以与**"空气中取氮"**媲美。**"空气中取氮"**解决的是人类必需的粮食问题，**"水中取能"**解决的是人类必需的能源问题。这两者都是人类生活和社会发展最需要的东西。

因为其如此重要，所以 100 多年来人们一直很重视合成甲醇工艺技术的不断改进，从高压法到中低压法，从小规模到大规模，从一种原料到多种原料，从珍贵原料到废物利用，从有限的原料到无限的和可以再生循环的原料，各种工艺技术已经相当成熟，而且还在不断地精益求精。现在世界上已有 18 种以上的合成甲醇的专利技术，各有特点，都相当成熟。

由于我国原来拥有众多的中小型合成氨中小化肥厂，因而合成氨联产甲醇，曾经一度成为我国拥有知识产权的生产甲醇的工艺技术。

合成甲醇技术在我国也是不断发展的，例如，我国杭州林达公司的**低压气冷式均温甲醇合成技术**，就有自己的专用设备和知识产权，2004 年获得了国家技术发明奖，使我国的甲醇生产进入了一个新阶段。

另外，开发新型的催化剂和原料品种，与煤炭、天然气并行，煤层气、焦炉气、高炉气、沼气、页岩气和可燃冰释放的甲烷气体，都可以利用相应的工艺技术制备甲醇。

在海洋上用海水及太阳能及其衍生的风能或核能制备氢气，再与空气中或水中的二氧化碳合成甲醇，进而再用相应的催化剂合成喷气燃料，可以就地补充舰载飞机所需要的喷气燃料。

美国海军曾传出相关信息，他们要用海水制造出喷气燃料。他们设想的正是用航母上的核能、风能等制备氢气，再与海水中或空气中的二氧化碳合成甲醇，进一步再由甲醇制作喷气燃料。

前文说过，我国用甲醇制作高档汽油的 MTHF 技术，是具有世界先进水平的现成技术，只需要将催化剂适当加以改变，即可制出喷气燃料。研制生产相应的催化剂，我国南开大学催化剂厂和其他一些单位，均具有世界先进水平。

第4章 醇基清洁燃料是甲醇燃料的拓展

4.1 醇基清洁燃料的热值和燃烧热效率

4.1.1 关于热值

热值（calorific value），又称发热量。在燃料化学中，**热值**是表示燃料质量的一种重要参数，它指的是单位质量（或体积）的燃料完全燃烧时所放出的热量。有**高热值**（higher calorific value）和**低热值**（lower calorific value）两种。**高热值**是燃料的燃烧热和水蒸气的冷凝热的总和，即燃料燃烧时放出的总热量。**低热值**是燃料的总热量减去冷凝热的差数。通常说的热值指的是**低热值**。

固体燃料和液体燃料通常采用的热值单位为焦耳/千克(J/kg)，气体燃料采用的热值单位为焦耳/立方米(J/m^3)。在食品化学中，热值是表示食物能量的参数，指食物在体内氧化时所放出的热量。一些度量热值的单位，其定义如下：

① **焦耳(Joule)**：相当于 **1N** 的力，使物体在力的作用方向上移动 **1m** 所做的功，也等于 **1W** 的功率在 **1s** 内所做的功（W=j/s）。**焦耳是公用单位。**

② **千瓦小时(kW·h)**：电量单位，也称"度"，气电功率 **kW** 与时间 **h** 的乘积。

③ **卡(cal)**：在标准气压下，**1g** 水升高 **1℃** 所需的热量。

④ **吨油当量(toe)**：相当于 10^7kcal 的**净热值=10000 千卡/千克（kcal/kg）**。

⑤ **吨煤当量(tce)**：标准煤的热值，迄今没有国际公认的统一规定值，1kg 标准煤的热值，在中国、苏联、日本、西欧国家按 **7000kcal** 计算，联合国按 **6850kcal** 计算。

⑥ **英热单位(Btu)**：指在给定温度和压力下，把 **1lb** 水升高 **1℃** 所需的热值。**1 色姆=1×10^6Btu（1Btu=1055.06J）**，为 **1** 个大气压(0.101325MPa)。给定温度：指从 **59℃** 升到 **60℃** 所需要的热量。

热值对于表征燃料质量是很重要的。理论上，甲醇、乙醇等化合物的热值是确定的，柴油、汽油、石油液化气等混合物的热值是不太确定的，一般采用规定值。

表 4-1 是单位换算表。

表 4-1   单位换算表

项目	兆焦 (10^6joule)	兆卡 (10^6cal)	色姆 (therm)	吨油当量 (toe)	千瓦小时 (kW·h)	兆英热单位(MBtu)
1 兆焦 (10^6joule)	1	0.2388	94.78	23.88	0.2778	9.478
1 兆卡 (10^6cal)	4.1868	1	0.03968	0.0001	1.163	0.003968
1 色姆 (therin)	105.506	25.2	1	0.00252	29.32	0.1
1 吨油当量 (toe)	41868	10000	396.8	1	11630	39.68
1 千瓦小时 [kW·h]	3.6	0.8598	0.0341	85.98	1	0.00341
1 兆英热单位（MBtu)	1055.06	252	10	0.0252	293.2	1

甲醇的低热值为：5050kcal/kg=21109kJ/kg×0.791kg/L=16697kJ/L；
乙醇的低热值为：6411kcal/kg=26800kJ/kg×0.791kg/L=21199kJ/L；
柴油的热值为：10167kcal/kg=42500kJ/kg×0.84kg/L=35700kJ/L；
汽油的热值为：10407kcal/kg=43500kJ/kg×0.73kg/L=31755kJ/L；
液化气的热值为：10646kcal/kg=44500kJ/kg×0.63kg/L=28035kJ/L。

具体使用时，例如，汽车加用汽油或柴油，一般都不是论质量，而是论体积的，因而可以根据各自的比重，换算出体积热值（kJ/L）。

进行热值测定时，因为测试仪器状态和环境条件不同，测试数值会与规定值有差别，这时应该矫正仪器，而不能认为所给出的测试值比规定值准确。

多碳醇的低热值随碳原子增加而增加，将在多碳醇章节内具体阐述。

4.1.2   关于燃烧效率

燃烧效率就是通常所说的**效率**或**热效率**，要注意，计算燃料做功的多少，还必须综合评价燃料的**热值与燃烧效率**，而**燃烧效率**与燃料组分、形态及燃烧器等多种因素有关。有人常常只考虑**热值**而忽视**效率**，不能正确评价燃料做功的多少。

例如，天然气、石油液化气、气化状态的甲醇蒸气，在合格的燃气灶中的燃烧效率在50%以上；而柴油在中餐燃气炒菜灶中通过鼓风机雾化的燃烧效率达到25%就算合格。因为气态分子比液态雾粒小得多，表面积大得多，燃烧效率高得多。

又如，液态甲醇的热值不到柴油的一半，但是，1.5kg 的甲醇就能与 1kg 的柴油做同样的功，这是因为甲醇有 50%的助燃内含氧，使得燃烧更加完全，具有

燃烧效率高的优势。甲醇蒸气与石油液化气相比，因为彼此都是气态，所以差别不大，但是，甲醇蒸气的燃烧效率比石油液化气还要高一些，因为甲醇蒸气本身拥有助燃内含氧，燃烧更完全。燃烧完全时**燃烧效率高**，不仅高效节能，而且没有完全燃烧的剩余物 CO、碳氢化合物、碳颗粒污染物少了，所以排放更加清洁。

　　再如，点燃式奥托汽油发动机与**压燃式狄塞尔柴油机**相比，柴油机比汽油机的效率高 30% 以上，因而在柴油和汽油数量和价格相同时，用柴油机比用汽油机节能省钱。欧洲人的某些小轿车也用柴油和柴油机，就是这个道理。奥托汽油机先开发出来，狄塞尔柴油机后开发出来，后来，柴油机越来越多，汽油机越来越少，"汽**改柴**"被认为是一种技术进步。

　　助燃内含氧可以增加**燃烧效率**，也并不总是线性关系，当内含氧达到一定程度后，再增加内含氧数量就没有必要了，所以，《**醇基清洁燃料**》的质量标准规定内含氧不小于 15% 即可。美国《**清洁空气法修正案**》颁布后，出现的新配方汽油，就是一种清洁汽油，它要求其组分中的内含氧数量达到 2% 以上即可。

　　效率之所以重要，还因为燃料转化为功的方式与设备不相同的时候，燃烧效率差别可能很大，许多情况下，燃烧效率是很低的，因而浪费是很大的。因此，人们需要注意改进燃料转化为功的方式与设备，尽可能提高燃烧效率。

　　例如，气化为分子状态的燃烧比雾化为雾粒的燃烧，效率倍增。但是，因为汽油、柴油都是多沸点的混合物，只能是雾化燃烧，不同沸点组分不可能同时气化为分子状态，因而效率很难达到 30%，70% 以上的燃料都浪费了，并且还要污染空气；相比之下，甲醇、乙醇是单沸点的化合物，而且沸点不高，容易气化为分子状态而进行高效燃烧，结果是既节能，又清洁。

　　又如，压缩比为 20 左右的柴油机比压缩比为 10 左右的汽油机，效率高 30% 以上；将来，压缩比达到 30 以上的纯甲醇发动机，效率比柴油机还要高。这个进步过程涉及设备构造问题，柴油机的技术含量比汽油机的技术含量高得多，要求气缸的材质与结构与之相适应，这甚至发展成为一种尖端科学。制造大飞机、大舰船等，都离不开这一门尖端科学。将来的纯甲醇发动机的技术关键也在这个方面。因此，理论上明明知道纯甲醇发动机比柴油机更好，但是，实施起来并不容易，在现有汽车的发动机上，是不可能达到纯甲醇发动机的高效率的。在一级方程式赛车上，已经用上了高压缩比纯甲醇发动机。据说，美国空军试验用纯甲醇发动机开动战斗机，也需要突破这方面的技术关键。

　　再如，通过机械转换的各种发电机，效率也很难达到 30%，70% 以上的燃料都浪费了。而燃料电池没有机械转换损失，效率可以高达 50% 以上，如果再与涡轮机联用，效率可以达到 85% 以上。因此，纯甲醇燃料电池是我们的一个开发方向，是一种顶尖的高新技术，也是我们开发甲醇新能源的一种巨大优势。

4.2 醇基清洁燃料的性能改良剂

4.2.1 概述

燃料的性能改良添加剂，可以分为微量添加剂和常量添加剂两种。常量添加剂也叫辅料。微量添加剂和辅料都是应该特别引起重视的。

微量添加剂的添加量很少，一般为万分之几或十万分之几，但是作用非常显著，例如洁净剂、防腐剂、金属钝化剂、降凝剂、增效剂、抗暴剂、火焰着色剂、特征气味剂等。

常量添加剂添加量一般为燃料的百分之几，或者更多一些，主要用于增加热值和改良性能，例如增热（剂）辅料、增氧（剂）辅料等。

助溶剂既有微量的，也有常量的。

广义的**醇基清洁燃料**包括甲醇汽油、醇醚柴油和以醇类为基础的燃料油。它们对添加剂的要求不尽相同，例如，醇醚柴油的十六烷值增加剂，在醇基清洁燃料中就不需要。这里按照狭义的**醇基清洁燃料**，针对用作民用燃料或工业锅炉、窑炉用的**醇基清洁燃料**，介绍一些性能改良剂，主要是**助溶剂、腐蚀抑制剂、洁净剂、增效剂和增热辅料等。**

降凝剂、抗暴剂、火焰着色剂、特征气味剂和增氧（剂）辅料等，不具有普遍性，或者对于醇基清洁燃料关系不大，因而不作为单独章节详细介绍。

降凝剂：主要是针对柴油的。–10 号、–20 号、–35 号、–50 号柴油，一般需要添加降凝剂；在寒冷条件下使用柴油，一般需要添加降凝剂；醇醚清洁柴油燃料和生物柴油，有凝点比较高的组分，例如脂肪酸甲酯，在 5℃就要凝结，在气温较低的区域使用，通常必须添加降凝剂。

抗暴剂：就是汽油的辛烷值增加剂，因为低碳醇甲醇、乙醇、丙醇、丁醇都有很高的辛烷值，本身就是辛烷值增加剂，所以，**醇基清洁燃料**与汽油掺烧时，不需要再添加抗暴剂。

火焰着色剂：是针对**醇基清洁燃料**的特殊用途的。甲醇本身的微蓝色火焰不容易辨识，用于家用灶、旅游野炊灶时，为了增加火焰亮度，或者为了使火焰呈现美丽的颜色，需要添加火焰着色剂。微量的灯用煤油，就可以增加甲醇火焰的亮度。如果添加微量的金属离子，可以使火焰呈现美丽的颜色，例如，钠离子呈现黄色，钡离子呈现黄绿色，铜离子呈现绿色，钾离子和铷离子呈现紫色，锂离子呈现紫红色，铁离子呈现红色，氢离子呈现蓝色，等等。天然气、液化气、甲醇、乙醇等含有大量氢离子，所以，都呈现蓝色。

特征气味剂：是用来辨别产品的真假和防止误饮误用，特别是甲醇不允许添加到饮用酒之中，可以添加一些臭味剂或具有明显特征的气味剂。例如，微量的异戊醇就可以起到这样的作用。

增氧（剂）辅料：对于**醇基清洁燃料**来说，没有添加的必要，因为**醇基清洁燃料**本身就有丰富的内含氧。

4.2.2　助溶剂

对于**醇基清洁燃料**来说，助溶剂是非常重要的。因为既然以醇类为基础，就会有其他配料加入，它们之间必须完全互溶。例如，要增加热值，可以加入高热值的辅料柴油，但是，柴油是憎水亲油的，而甲醇是憎油亲水的，因而柴油与甲醇是不互溶的。一些既亲油又亲水的物质，就可以成为柴油和甲醇的助溶剂。

其中，最典型的醇油助溶剂是多碳醇。在多碳醇的分子链中，羟基（—OH）一端是亲水的，碳链烃基（—CH₃）一端是亲油的，而且，碳链越长，亲油性越强。按照这个原理，逐个试用了从丁醇到辛醇、壬醇、癸醇的多碳醇，得出的结论是高碳醇比低碳醇助溶效果好！进一步的实践还证明，两种和两种以上的多碳杂醇，助溶效果更好。杂醇原本是不能当作化学纯产品使用的"废品"，因而廉价得多，作为**醇基清洁燃料**的助溶剂，性能却很好。并且，其本身就是醇基的组分，可以避免其他助溶剂的副作用。

另外，某些物质有特别显著的助熔作用，被称为**万能助溶剂**。不过，所谓**万能助溶剂**，大都有负面作用，它们对系统中的某些塑料、橡胶和金属部件也能溶解，会造成泄漏或者引进杂质，选用时要注意。

4.2.3　腐蚀抑制剂

腐蚀抑制剂也叫**防腐剂**，甲醇的腐蚀性是被某些人攻击的一个方面，如果以甲醇为基础再掺入其他物质，产生腐蚀性的因素更多，GB/T 23799—2009《车用**甲醇汽油（M85）**》要求必须添加腐蚀抑制剂。

醇基清洁燃料的腐蚀抑制剂大致有三种：

其一是与金属作用生成螯合物的物质，其使金属离子失去活性，防止铜、铁等金属氧化形成胶质，这类腐蚀抑制剂有 *N,N'*-二亚水杨丙二胺、*N,N'*-二亚水杨乙二胺等；

其二是金属钝化剂，实际上是一种缓蚀剂，例如苯丙三唑（BTA）、***N,N'*-二亚水杨-1,2-丙二胺（T1201）**等；

其三是微碱性有机物，如乙醇胺等，这是从根本上消除"**醇基清洁燃料**"腐蚀性的办法。因为**醇基清洁燃料**之所以有腐蚀性，主要是因为甲醇、乙醇吸潮、吸水后产生甲酸或乙酸而造成的。应该知道，**醇基清洁燃料**本身是没有酸碱性的，甲醇、乙醇吸潮、吸水后产生甲酸或乙酸，使之有了酸性，但是，产生的甲酸或乙酸数量很少，加入微碱性物质，就能防止酸性的产生，或者中和已经产生的酸性，也就起到了防腐的作用。

4.2.4 洁净剂

洁净剂也叫清净分散剂。GB/T 23799—2009《车用甲醇汽油（M85）》要求必须添加。洁净剂的作用是防止产生胶质和改善尾气排放。车用甲醇汽油和"车用乙醇汽油"都严格限制胶质数量，数据为<5%或<2%。改善尾气排放的要求，对于保护生态环境来说，非常迫切。尾气排放还与汽车结构的优劣有关，有些汽车，或者说有些旧汽车，难以达到尾气排放标准，加入微量的尾气清洁剂尤其必要。

洁净剂的主要品种有：聚异丁烯二酰亚胺（PIBSI）、T161A 高分子量聚异丁烯基丁二酰亚胺、聚异丁烯双丁二酰亚胺无灰分散剂 T154 等。

对于改善尾气排放的功能，醇基清洁燃料本身就具备一些。如果哪个以石化汽油为燃料的汽车尾气排放不符合环保要求，改用醇基清洁燃料或者甲醇汽油、乙醇汽油，马上就可以使得它的尾气排放符合环保要求。还有一些含氧的有机化合物，如果能够与汽油很好地互溶，并且辛烷值比较高，毒性比较低，也可以作为汽油洁净剂。

值得注意的是，许多广告材料所说的"洁净剂"，并不是汽油洁净剂，也不是柴油洁净剂，而是润滑油洁净剂。柴油洁净剂也是有的，只是比汽油洁净剂少得多，因为许多含氧的有机化合物难以与柴油互溶，并且，许多含氧的有机化合物的闪点和十六烷值难以达到柴油发动机的要求。

4.2.5 增效剂

增效剂是能够增加燃料燃烧效率的添加剂。

燃料燃烧，是燃料被氧化的一种化学反应，因为燃料组分不同，以及燃烧设备和条件不同，燃烧效率差别很大，从百分之几到百分之百都有。

木材、柴薪和垃圾燃料在没有通风的条件下自然燃烧，燃烧效率不到10%。不仅燃烧效率低，而且燃烧火焰的温度也很低，一般不超过 600℃。有的只冒烟不见明火，燃烧效率可能不到 1%。因此，历史上用于炊事的锅台，有过多次改进，陆续设置过进风洞和排烟口以及各种各样的烟囱，后来有了风箱等鼓风的设备。金属冶炼也随着通风供氧设备的进步，从青铜冶炼到炼铁、炼钢，再到"平炉""高炉"和"富氧""纯氧"等不断加以改进。化工行业的醇基燃料鼓风灶，必须使用中高压鼓风机，也是为了增加燃烧效率。

柴油灶的燃烧效率不到20%，主要原因是柴油作为不同沸点烃类组成的一种混合物，只能实行雾化燃烧，雾粒的表面积有限，难以与空气氧充分结合，使得大部分柴油因为没有充分燃烧而浪费了，浪费的这部分柴油，变成了空气污染源。

即使燃用液化气的**中餐燃气炒菜灶**，原来国家标准 GB 7824—1987，曾经规定**热效率≮20%**，当时国内外有关生产厂家都反映达不到这样高的要求，因而，替代 GB 7824—1987 的国家行业标准 CJ/T 28—1999 及其以后修订的 CJ/T 28—2003，都取消了这项要求。但是。经过多年的技术改进，新标准 CJ/T 28—2013，不仅重新提出了这项要求，而且增加到**热效率≮25%**。即使这样，还有**75%**的燃料浪费掉了！

那么，有没有办法进一步提高热效率呢？有！采取两条措施，即可进一步提高热效率：

一是变"**雾化**"为"**气化**"，因为气体燃料分子的表面积，比"**雾化**"时微小雾粒的表面积大几百万倍，可以更好地与空气氧接触，实现比较完全的氧化燃烧反应。这就是甲醇燃料气化灶热效率比较高的原因之一。因为甲醇是单沸点 64.7℃的化合物，可以在沸点以上变成甲醇蒸气。甲醇蒸气处于分子状态，表面积比微小雾粒的表面积大得多了，因而热效率也提高了。

二是添加**增效剂**。真正有使用价值的增效剂，用量很小，效果却很明显。值得注意的是不可过多使用，过多使用反而会有副作用。增效剂名目繁多，市场上大都用代号表示，对其成分保密，大致分为增氧、改变燃料的结构和状态等类型。

对于常用的石化燃料液化气、汽油、煤油、柴油、燃料油来说，最好的增效剂就是增氧剂。与这些石化燃料互溶的有机含氧化合物，都可以作为它们的增效剂，只要同时满足它们的其他条件就行，例如柴油的闪点和十六烷值等。

对于合格的**醇基清洁燃料**，其本身已经拥有足够的内含氧，所以没有必要再添加增氧剂。并且，某些**增氧剂**安全性比较差，特别是强氧化剂**高锰酸钾、氯酸钾、双氧水**等，绝对禁止加入**醇基清洁燃料**充当增效剂。

硝基甲烷、硝基乙烷等有明显的增效作用，但其安全性很差，并且有致癌毒性，在民用燃料中也是绝对禁止使用的。

有一种所谓"**纳米增效剂**"的，号称可以将燃料结构打碎达到纳米级，增加表面面积，从而提高燃烧效率，虽然道理上说得通，但是，多是冒用其名，真正达到纳米量级的不多，用户必须经过自己检验加以验证。

还有一种称为"**稀土增效剂**"的，只要含有某种稀土元素，可能真的具有增效作用，也要以实践检验决定是否可取。

4.2.6　增热剂

增热剂是增加燃料热值的添加剂，用量较大，有时称为增加热值的**辅料**。

由于甲醇本身热值比较低，只有 5050kcal/kg（21109kJ/kg），原则上，热值大于甲醇热值的其他燃料，都可以作为**醇基清洁燃料**的增热剂。但是，要求它们必须洁净、无害，还必须与甲醇互溶，尽量做到高热值低价位。

对于**车用甲醇汽油**来说，增加低碳烃类组分，就有增加热值的作用。减少甲醇的掺入量，也是一种增加热值的办法，例如，**车用甲醇汽油（M25）**就比车用**甲醇汽油（M85）**的热值高。因为**车用甲醇汽油（M25）**与石化汽油的热值比较接近，其内含氧又增加了燃烧效率，所以，无需改变汽车原来的任何部件，就可以与石化汽油随机进行互相替代。**车用甲醇汽油（M85）**与石化汽油的热值相比，减少的比较多，所以必须改善进料的数量和提前角等条件，才可以与石化汽油互相替代。

对于用作民用炊事和冬季取暖的**醇基清洁燃料**，增加多碳醇比例本身就有很好的**增热作用**。与甲醇互溶的某些高热值的醚类、脂肪酸甲酯也可以作为**醇基清洁燃料**的增热剂。用作锅炉燃料或工业窑炉燃料的**醇基清洁燃料**，必须添加增热**辅料**，要求的热值越高，需要添加的增热**辅料**比例越大。但是，清洁的醇基原料必须占有足够的比例，以便保持足够的助燃内含氧比例。

石化柴油、燃料油等亲油物料用作**醇基清洁燃料**的增热剂时，必须同时加入适当的**助溶剂**，确保与**醇基清洁燃料**互溶。**助溶剂**品种不少，为了保密，好的助溶剂大都用符号表示。

值得提醒的是，闪点低于甲醇闪点 12.2℃的汽油（闪点-35℃）、轻烃（包括 C5、C10、石脑油等，闪点低于-35℃）都不可随意用作**醇基清洁燃料**的增热剂，如果要用，必须注明是低闪点的**醇基清洁燃料**。**醇基清洁燃料**与甲醇闪点 12.2℃一致，属于中闪点液体。闪点低于-18℃的，称为低闪点液体。中闪点液体与低闪点液体相比，安全性好一些。

4.3　固体醇基清洁燃料

多碳醇碳链的碳数超过 11，常温下就是固态多碳醇，例如，十二碳醇（月桂醇）的凝点只有 24℃，因而在 24℃以下就是固态的。三十烷醇也是一种常用的固态多碳醇。以固态多碳醇为基础的**醇基清洁燃料**，是含有羟基、拥有内含氧的燃料，燃烧比较完全，排放比较清洁，也是**固体醇基清洁燃料**的一种类型。目前，这种类型的实际应用还很少。

液态醇类加入适当的固化剂，可以制作成**固体醇基清洁燃料**，这是一种具有实用价值的产品。市场上的**固体酒精**，就属于**固体醇基清洁燃料**。

固体酒精，也称固化酒精、酒精块，因其使用、运输和携带比较方便，燃烧时对环境的污染较少，比液体酒精安全性好，作为一种固体燃料，广泛应用于餐饮业、旅游业和野外作业。使用时用一根火柴或者打火机的明火即可点燃，方便，燃烧时无烟尘，属于自然燃烧，火力约为 600W，最高火焰温度约为 600℃。每200 g 固体酒精块，约可燃烧 100min。

在美国和其他一些国家，甲醇和乙醇都称为**酒精**。初期的固体酒精原料主要是工业乙醇，因为甲醇具有更多的内含氧，**低碳高氢**组分的比例比乙醇更大，清洁环保性能更好，而且廉价易得，所以，符合国家标准 GB 338《**工业用甲醇**》要求的甲醇，现在也被用作固体酒精的基料。

受到石油行业市场竞争的影响，甲醇用作原料生产固体酒精，受到了一些不应有的诋毁。例如，污蔑甲醇"剧毒"，说甲醇燃料排放甲醇、甲醛和其他有害气体，等等。实际上，正如本书有关章节所述，甲醇、乙醇都属于"**中等毒性**"，甲醇比乙醇内含氧更多，燃烧更完全，排放更清洁。乙醇燃烧也会排放微量的乙醇、乙醛，乙醛比甲醛危害更大。排放甲醇、乙醇的问题，只是因为操作不当造成的。只要在**固体酒精**没有燃烧完的情况下，不要开放式熄灭明火，就不会有甲醇、乙醇排放。例如，化学实验室通常使用的酒精灯，灭火时戴上灭火帽，就没有乙醇排放了。

近几年来，出现了多种固体酒精固化方法，主要差别是选择了不同的固化剂和固化工艺。要知道，固体酒精并不是通常的固体状态，而是一种凝胶。常用的固化剂主要有乙酸钙、硝化纤维、羧基纤维素、高级脂肪酸等。以下介绍几种固体酒精的制作方法。

方法一：乙酸钙与酒精形成凝胶。乙酸钙易溶于水而难溶于酒精，当两种溶液混合时，乙酸钙在酒精中成为凝胶析出。液体便逐渐从浑浊到稠厚，最后凝聚为一整块，就得到了固体酒精。

原料：醋精（30%乙酸溶液），工业酒精（95%甲醇溶液），碳酸钙（$CaCO_3$）。

① 将乙酸溶液慢慢加入碳酸钙中，直到不再产生气泡为止，乙酸与碳酸钙反应生成乙酸钙、水、二氧化碳（逸散掉）；

② 将所得溶液蒸发脱水，制成乙酸钙的饱和溶液；

③ 在溶液中慢慢加入工业酒精（开始会剧烈沸腾，需慢慢倒入）；

④ 待溶液冷却后，即得到固体酒精（酒精加量达 70%比较适当）；

⑤ 将所得固体酒精盛放到铁罐中，使用时用明火点燃即可。

方法二：在容器中先装入 75g 水，加热至 60～80℃，加入 125g 工业乙醇或甲醇，再加入 90g 硬脂酸，搅拌均匀。在另一容器中，加入 75g 水和 20g 氢氧化钠，搅拌使之溶解，将配制的氢氧化钠溶液倒入盛有酒精、硬脂酸和少许石蜡混合物的容器中，再加入 125g 酒精，搅匀，趁热灌注到成型的模具中，冷却后即成为固体酒精。

说明：

① 石蜡为黏结剂，可使固体酒精质地更加结实。

② 若加少许硝酸铜，可使火焰颜色发绿。

③ 温度低时硬脂酸不能完全溶解，无法制得固体酒精。在 30℃时，硬脂酸

可以溶解，但需要较长的时间。在 60℃时，两液混合后并不立即固化，因此可以使溶液混合均匀，混合后在自然冷却的过程中，酒精不断固化，最后得到均匀一致的固体酒精，可使固体酒精燃烧时保持固体状态，提高了固体酒精在使用时的安全性，还可以降低包装成本。

在野外作业时，可以直接将固体酒精放在砖块或地面上燃烧而不必盛于铁桶内。适当增加硬脂酸的用量，可使固体酒精燃烧时形成一层不易燃烧的硬膜，阻止液化酒精流淌。

方法三：在常温下将甲醇或乙醇溶入硝化纤维素中，再加入水即可。具体的比例需要自己试验。因为固化剂硝化纤维素也有热值，所以，得到的膏状固体酒精比其他方法制定的固体酒精的热值高，200g 膏状固体酒精可燃烧 100min，保质期长达 2 年，成本较低，实用价值较好。

方法四：粗甲醇或工业乙醇 65%～85%，琼脂粉 1%～3%，水 15%～30%。将配方中的琼脂粉与水加热、而后加入粗甲醇或工业乙醇进行混配，冷却后即成形固体酒精。本工艺技术的优点：① 没有害物质排放，基本无残渣，不污染环境；② 原料组分少，来源广泛，制作工艺简单。

注意事项：

① 含有杂质的**固体酒精**，明火熄灭后，会继续蒸发出现一些乙醇或甲醇，这像蜡烛明火熄灭后继续冒烟一样，属于原料不好或者使用不当。

② 劣质**固体酒精**的安全性和环境效益没有保证。主要是因为其固化剂和液态醇类的质量不合格。

第5章 多碳醇

5.1 多碳醇的品种和性能

5.1.1 多碳醇的品种

烃类物质的氢原子被羟基取代生成的有机化合物，称为**醇类**。取代一个氢原子的叫**一元醇**，例如甲醇、乙醇等。取代多个烃类氢原子的叫**多元醇**，例如乙二醇、丙三醇等。在饱和一元醇中，甲醇的分子式 **CH₃OH** 只有 1 个碳原子，而乙醇和丙醇、丁醇，以及戊醇、己醇、庚醇、辛醇、壬醇、癸醇等，分别有 2～10 个碳原子，相对于甲醇，乙醇及其以后的醇类称为**多碳醇**。从丙醇开始，分子结构可能是多样的，因而又有**正构醇**和**异构醇**之分。**正构醇**和**异构醇**分子量相等，物理化学性质略有区别。常见醇类的理化性质见表 5-1。

表 5-1 常见醇类的理化性质

名称		甲醇	乙醇	丙醇	异丙醇	丁醇	异丁醇
结构式		CH₃OH	CH₃CH₂OH	CH₃(CH₂)₂OH	CH₃(CH₂)₂OH	CH₃(CH₂)₃OH	CH₃(CH₂)₃OH
分子量		32	46	60	60	74	74
内含氧/%		50	34.7	26.7	26.7	21.6	21.6
密度/（kg/L）		0.791	0.791	0.804	0.785	0.810	0.802
沸点/℃		64.7	78.5	97.2	82.5	117.8	107.9
凝点/℃		−98	−114	−126	−88.5	−90	−108
闪点/℃		12	14	15	12	34	28
自燃温度/℃		473	420	392	425	365	427
低热值/（kJ/kg）		21109	26800	29480	30060	32424	32500
理论空燃比		6.5∶1	9.0∶1	略	略	略	略
气化热/（kJ/kg）		1101（高）	930	691	700	—→	680【低】
蒸气压/（kPa/℃）		12.9/20	7.7/25	略	略	略	略
雷德蒸气压（37.8℃）/（kPa）		32	17	6.4	2.53	略	略
爆炸极限（体积分数）/%		6～36.5（宽）	3.3～19.0	2.0～13.7	2.0～12.0	1.45～11.25	1.7～10.6（窄）
辛烷值	RON	117	111	106	118	110	110.7
	MON	96	92	99			

名称	甲醇	乙醇	丙醇	异丙醇	丁醇	异丁醇
十六烷值（CN）	3	8	—	6	23	13
溶解性	与水混溶	同左	同左	同左	7.9%溶于水	10% 溶于水
毒性	中等毒，$LD_{50} < 500$	中等毒，同左	低毒，$LD_{50} < 5000$	低毒，$LD_{50} < 5000$	低毒，$LD_{50} < 5000$	低毒，$LD_{50} < 5000$
主要用途	燃料、化工、食品助剂	燃料、医药、化工食品助剂	燃料、化工、医药、溶剂、食品助剂	燃料、化工、医药、溶剂、食品助剂	燃料、化工、溶剂、食品助剂、香料	燃料、化工、溶剂、食品助剂、香料

注：1．低热值和高热值—燃料燃烧生成水蒸气时释放的热值称为低热值，再凝结成液态水还要释放一些热量，总称高热值。因为水蒸气凝结成液态水释放的一般热不再利用，所以常用低热值表示燃料的热值。

2．气化热—液体燃料燃烧时，首先需要气化，在沸点由液态气化为气态需要的热量称为该液体的气化热。沸点低的醇类，气化热较高，甲醇的气化热最高，为1.1kJ/g。

叔丁醇、戊醇、异戊醇、己醇、庚醇、辛醇的性质见表5-2。

表5-2　叔丁醇、戊醇等的性质

名称	叔丁醇	戊醇	异戊醇	己醇	庚醇	辛醇
分子结构式	$CH_3(CH_2)_3OH$	$CH_3(CH_2)_4OH$	$CH_3(CH_2)_4OH$	$CH_3(CH_2)_5OH$	$CH_3(CH_2)_6OH$	$CH_3(CH_2)_7OH$
分子量	74	88	88	102	116	130
内含氧/%	21.6	18.2	18.2	15.7	13.8	12.3
密度/（kg/L）	0.790	0.817	0.812	0.820	0.822	0.825
沸点/℃	82.5	138.0	131.5	140～155.8	176.0	190
凝点/℃	25.3（高）	−79	−117.2	−52	−34.6	−16.7
闪点/℃	≤19	33	40	58	77	85
自燃温度/℃	470	437	340			270（低）
低热值/（kJ/kg）	33044	32555	32508	33458	34142	34679
气化热/（kJ/kg）	594	427（低）				
饱和蒸气压/（kPa/℃）	5.33/25	1.33/45（很低）	0.27/20（很低）	0.13/15【很低】	—	0.13/54【很低】
雷德蒸气压	2.53RVP/kPa	1.07				
爆炸极限（v)/%	2.3～8.0	1.2～10.0	1.0～5.5			
辛烷值 RON	110					
十六烷值（CN）	待测	∵正丁醇 23，规律是高碳醇 CN 高，正构醇比异构醇高，级差≥7. ∴推论戊醇 CN30，异戊醇 CN20；己醇 CN37；庚醇 CN43；辛醇 CN50；异辛醇 CN34				
溶解性	溶于水、醇、醚等	2.3%溶水溶于有机液	2.0%溶水溶于有机液	0.6%溶水溶于有机液	0.2%溶水溶于有机液	0.05%溶水溶于有机液

续表

名称	叔丁醇	戊醇	异戊醇	己醇	庚醇	辛醇
毒性/ (mg/kg)	低毒，LD_{50} 3500<5000	低毒，LD_{50} 500~5000	低毒，LD_{50} 500~5000	低毒，LD_{50} 500~5000	低毒，LD_{50} 500~5000	微毒，LD_{50} >5000
主要用途 （多碳醇助溶 醇油和减排）	凝点高，需溶 于其他液醇， 樟脑气味	略有气味， 可作汽油或 辅料	有气味，可配 香精，占杂醇 油85%	可作柴油辅 料，可配香 精香料	可作柴油辅 料，可配香 精香料	可作柴油辅 料。大宗工业 品，价优

注：**饱和蒸气压**——在密闭条件中，一定温度下，与液体或固体处于相平衡的蒸气所具有的压力，称为饱和蒸气压，简称蒸气压。同一物质在不同温度下的蒸气压不同，随着温度的升高而增大。不同液体或固体的饱和蒸气压不同。饱和蒸气压是液体或固体的一项重要物理性质，液体的沸点、液体混合物的相对挥发度等，都与其饱和蒸气压有密切的关系。

甲醇的饱和蒸气压与其燃烧性能关系密切，主要数据列于表 5-3：

表 5-3　甲醇的饱和蒸气压

温度/℃	饱和蒸气压	备　注
20	12.8kPa	属于负压（真空）12.8-101=-88.2（kPa）
64.7	101kPa	各种液体沸点时的饱和蒸气压=大气压
70	123.2kPa-101kPa=21.2kPa	减去大气压即为压力表的表压！
80	178.2kPa-101kPa=77.2kPa	178.2kPa<250kPa，属于常压范围
89	246.6kPa-101kPa=145.6kPa	246.6kPa<250kPa，属于常压范围
90	252.1kPa-101kPa=151.1kPa	接近常压范围
100	348.3kPa-101kPa=247.3kPa	
120	637.7kPa-101kPa=536.7kPa	属次高压 B 400~800kPa
160	1751kPa-101kPa=1650kPa	>1.6MPa 属高压，液化气钢瓶耐压 1.6 MPa
180	2707kPa-101kPa=2606kPa	>1.6MPa，超过了液化气钢瓶的高压极限

注：**雷德蒸气压(Reid vapor pressure)**——汽油挥发性指标，为 100℉(37.8℃)的饱和蒸气压。炼油工业调节其低沸点成分戊烷等与高沸点成分比例来修正其 RVP。冬天提高 RVP 改善冷起动性能；夏天降低 RVP 防止产生气阻。我国的车用汽油标准 GB 17930—2006，规定冬季 RVP≤88kPa，夏季 RVP≤74kPa，没下限。GB 17930—2016 规定下限≥55 kPa。

月桂醇、环己醇、乙二醇、丙二醇、苯甲醇、壬醇、癸醇的性质见表 5-4。

表 5-4　月桂醇、环己醇等的性质

名称	月桂醇	环己醇	乙二醇	丙二醇	苯甲醇	壬醇	癸醇
分子 结构式	$CH_3(CH_2)_{11}OH$	$C_6H_{11}OH$	$CH(CH_2)_2OH$	$C_3H_6(OH)_2$	$C_6H_5CH_2OH$	$C_9H_{19}OH$	$C_{10}H_{21}OH$
分子量	186	100	62	76	108	144	158
内含氧/%	8.6	16	25.8	42.1	14.8	11.1	10.1
密度 /(kg/L)	0.828	0.962	1.113	1.045	1.046	0.828	0.829
沸点/℃	255~259	161.5	197.8	188~214	205.7	215	233
凝点/℃	24	25.2	-16	-59~-27	-15.3	-5	6

名称	月桂醇	环己醇	乙二醇	丙二醇	苯甲醇	壬醇	癸醇
闪点/℃	126.7	67	111	99~80	100	80	82
自燃温度/℃	275	300	118?	421	436		
低热值/(kJ/kg)	36016	38280	24484	28368	34630	41556	41911
十六 CN	实测	实测	可↑CN	实测	实测	实测	实测
溶解性	水不溶，溶于液醇、乙醚、苯等	水微溶，溶于醇、醚、酯等	水混溶，溶于醇、醚，不溶于烃	溶于水、醇和多种有机溶剂	部分溶于水，溶于醇、醚等	溶于醇、醚、酯，水难溶	溶于醇、醚、酯，水难溶
毒性，LD_{50}/（mg/kg）	微毒，LD_{50}>5000	微毒，同左	微毒，同左	微毒，同左	微毒，同左	微毒，同左	微毒，同左
备注：用作柴油或甲醇辅料的优缺点	凝点偏高，含氧减排	凝点偏高，含氧减排	可助调-10#柴油。含氧减排	可助调-20#柴油。含氧减排	可助调-10#柴油。含氧减排	含氧减排	凝点偏高，含氧减排

注：癸醇以后的多碳醇在常温下单独存在时是固态，除了十二碳醇（月桂醇）以外，不再列入表中。但因为它们同是醇类，所以在液态醇中可以溶解。当多碳杂醇作为燃料醇时，含有溶解的固态醇者，热值更高，质量更好。单独的固态醇价高，固态杂醇价低。

5.1.2 醇类燃料的理论空燃比

理论空燃比是表征空气与燃料理论质量比值的参数。燃料与空气混合后，理论上燃料全部燃烧时所需空气与燃料的质量比值，称为**理论空燃比**。实际上，空气的比例宜略高于理论空燃比，即比例系数 a 宜略大于 1，目的是促使燃料燃烧完全，a=1.1 时比较合适。空气比例也不能过多，空气过多时会出现熄燃或者断焰、灭火等问题。

空气与汽油的理论空燃比为 **15.6∶1**，即 **1kg** 的汽油需要 **15.6kg** 的空气。空气与甲醇的理论空燃比为 **5.6∶1**，即 **1kg** 甲醇只需要 **5.6kg** 的空气，因为甲醇本身有 **50%**的内含氧。**这个特点非常重要**：一是因为甲醇消耗空气少，所以有利于在空气稀薄的高原或高空实现良好的燃烧应用；二是因为消耗空气少，所以车辆在风沙地区行驶时可以减少吸进空气中所含沙粒的磨损；三是因为消耗空气少，所以燃烧时产生氮氧化物就少。氮氧化物主要是由空气中的氮气氧化产生的，因而即使燃料中不含氮元素，仍然要产生氮氧化物。甲醇耗用空气的数量接近汽油、天然气、液化气耗用空气的数量的 1/3，相当于耗用 **1.5** 倍的甲醇，就可以与汽油、天然气、液化气等效。综合结果就是说，燃烧甲醇时排放的氮氧化物与燃烧汽油、天然气、液化气相比，可以减少一半。还有别的因素产生氮氧化物，例如，高温燃烧时产生的氮氧化物多。甲醇燃烧温度比较低，生成和排放的氮氧化物也比汽油、天然气、液化气燃烧时排放的氮氧化物少。

5.1.3　醇类的溶解特性

醇类溶解性的特点和规律很明显。低碳醇比较亲水，高碳醇比较亲油，中碳醇既亲水又亲油，是优良的油水助溶剂。这个规律是由醇类的分子结构 CH_3—R_nOH 决定的；R_n 中的 $n=0$，就是甲醇，亲水端—OH 作用最显著，所以，甲醇亲水性最强，与水混溶，不溶于油。$n=1$，即 $R_n=CH_2$，就是乙醇；$R_n=CH_2CH_2$，就是丙醇。乙醇、丙醇也与水混溶，但是，亲油性逐渐增强。如果 R_n 的 n 是 8 或 9，就是 9 碳醇壬醇或 10 碳醇癸醇，壬醇、癸醇的烃基一端作用显著，溶于柴油而难溶于水。

高碳醇是甲醇与柴油的良好的助溶剂，或者称为油水助溶剂，因为它们的分子链一端亲水，另一端亲油。

低碳醇、中碳醇、高碳醇没有绝对界限。一般，甲醇、乙醇、丙醇等与水混溶的，属于低碳醇；壬醇、癸醇及其以后的醇类，溶于油而不溶于水，属于高碳醇；低碳醇和高碳醇之间的醇类，可以称为中碳醇。

每一种中碳醇不仅本身是油水助溶剂，而且相互混合起来助溶效果更好。多碳杂醇的助溶能力更好。

同系化的醇类之间容易互溶，因而癸醇以后的固态醇可以溶解在癸醇以前的液态醇之中。多碳醇的碳数越多，热值越高，将碳 11 以后的固态多碳醇溶解在碳 11 以前的液态多碳醇之中，就会达到更高一些的热值。

5.1.4　醇类的毒性

各种物质都有一定的毒性，通常分为**剧毒、高毒、中等毒、低毒、微毒**五个级别，**中国石化出版社**出版的《**有害物质及其检测**》一书，就是这样将毒性分级的，以大白鼠一次口服半致死量 **$LD_{50}(mg/kg)$** 为分级标准，推论出对于平均 60kg 体重成年人的半致死量。

醇类的毒性都比较低。以甲醇、乙醇为例，大都在 **500～5000mg/kg** 的**低毒**范围内，也有少数实例达到**中等毒 50～500mg/kg** 的，为了确保安全，甲醇、乙醇都定为**中等毒**性。最低级别的毒性就是微毒，不存在**无毒**的级别。有时把**微毒**也称为"**无毒**"。

丙醇及其以后的多碳醇，都属于低毒、微毒物料，可以配制香精香料和作为食品助剂、添加剂。因为我国曾经出过假酒大量添加甲醇引起致盲致死的事件，使得对于甲醇的毒性是高度重视的。

2004 年 6 月，笔者奉命组织了近半年的调研和实际考察，从世界卫生组织（**WHO**）到我国的食品添加剂标准 **GB 2760**，参考了**中国石化出版社**新版《**有害物质及其检测**》和化学工业出版社出版的《**化工急性中毒诊疗手册**》等多种相关资料，以及"六五"期间北京医科大学做的**甲醇中毒机理、甲醇对人体健康的影响**等研究报告，于 **2005 年 1 月 12 日**，在《中国化工报》整版发表了专业论文《**甲醇，后石油时代的希望之星**》，其中，详细论述了甲醇的毒性问题，现将有关内容摘录于下：

甲醇有毒，但绝非"**剧毒**"。它非常单纯质朴，完全不含石油中必含的那些致癌物质；它可以作为食品加工助剂，它的"毒性"问题绝不是用作燃料的障碍。

在酒类生产中绝不能人为地添加甲醇，在使用或接触甲醇和含甲醇的物料时，要严防进入口中或溅入眼中，手或皮肤接触甲醇，要立即用清水洗掉。如果不遵守这些使用规范，可能中毒致盲甚至致命。这种严重后果虽然在生产和使用甲醇的行业中从未见到，但在假酒事件中却不幸地发生了，依法严惩这种假酒制造商是非常必要的。不幸中的又一个不幸是，有人在 2004 年 9 月 10 日介绍"修改《车用无铅汽油》国家标准严禁人为加入甲醇"的一些文章中，错误地称甲醇是一种"**剧毒**"化工产品，"人体中毒量仅为 **5～15mg**，致死剂量为 **30mg**"。

究其错误的原因，是弄错了一个单位，把"mL"缩小 791 倍，变成了"mg"。如果真是这样，那么每天成年人从水果，蔬菜和含酒精的饮料中摄入 21～77mg甲醇，都应该"致命"了！

科学必须是实事求是的，科学的东西必须是经得起验证的，任何"权威"也不能以讹传讹。因为在另一些文献中都明确地讲，甲醇可以作为食品加工助剂不受限制地使用，所以，它绝不可能是"剧毒"的。为了捍卫科学的尊严，也为了科学地对待即将成为后石油时代希望之星的甲醇，甲醇的"**毒性**"问题，**到了必须彻底澄清以正视听的时候了**！

在此，引用五个方面的文献数据和观点，加以客观的评述。

（1）按照最新出版的《有害物质及其检测》一书中引用化工、环保等方面的观点和数据，列出的"毒物毒性分级"见表 5-5。

表 5-5　毒物毒性分级表

毒性分级	大白鼠一次口服半致死量 LD_{50}/(mg/kg)	对人一次口服致死量 /(g/kg 体重)	对成年人一次口服致死量 /(g/60kg 体重)
剧毒	<1	<0.05	0.1～3.0
高毒	1～50	0.05～0.5	3.0～30.0
中等毒	0～500	0.5～5.0	30.0～250
低毒	500～5000	5.0～15	250～1000
微毒	>5000	>15	>1000

表中所列甲醇的致死量为 **75mL**，乘以甲醇密度 **0.7915g/mL=59.36g**，在"**中等毒**" **30.0～250.0g** 的范围内。

原书中的"常见有害物质的中毒量和致死量"表中，共列了 106 种物品的毒性，常见的四氯化碳、二硫化碳、三酸两碱、浓磷酸、乙酸、草酸、水杨酸、苯酚、酚、草酸盐、硝酸盐、亚硝酸盐、硫酸铜等，都比甲醇的毒性高得多。由此表明，**甲醇绝非"剧毒"**。

（2）按照**化学工业出版社 1993 年 6 月再版的《食品添加剂手册》19318 条**，**"甲醇可以作为食品的萃取溶剂"**。同时，**"GB 2760 将甲醇列为食品加工助剂"**，其**"LD_{50} 为 5628mg/kg（大鼠，经口）"**，在>5000mg/kg 的**"微毒"**范围内。在国际上，1994 年 FAO/WHO 规定，甲醇的 ADI 以 GMP 为限，即，1994 年联合国粮农组织 FAO 和世界卫生组织规定，甲醇作为食品加工助剂，可按正常生产需要使用。对乙醇也是这样规定的。

（3）史志澄主编的《化工急性中毒诊疗手册》（化学工业出版社，1995）中，规定了 60 种**"空气中有害物质的最高允许浓度"**。其中，甲醇为 **50mg/m³**（美国和我国现行标准中为 **200mg/m³**），只有环己烷（100mg/m³）、乙酸戊酯（100mg/m³）、乙酸甲酯（100mg/m³）、乙酸乙酯（300mg/m³）和丁醇（200mg/m³）等 **5 种香料**制剂，比甲醇的允许浓度高，其余 **55 种**均比甲醇的允许浓度低。原来"含铅汽油"中添加的四乙基铅，最高允许浓度只有甲醇的万分之一（0.01%），丁烯是甲醇的万分之二（0.02%）、丙酮为甲醇的千分之六（0.6%）、乙醚为甲醇的 6%。列出以上数据，是因为有人认为甲醇燃料排放的甲醇比汽油多，但是多多少呢？是否在允许范围内呢？就此我们要向人们说清楚。据山西省试点单位的多次测量，在甲醇汽油储罐附近（15~1.5m），甲醇为 0.04~0.11μL/L；在驾驶室为 0.13~0.14μL/L；在维修间维修时距车 8m 以内为 0.25~0.55μL/L。即在这些甲醇可能多的地方，实测量只有 0.04~0.55μL/L，最大的只有允许浓度的 1%（现行标准的 0.2%）。即使车况很坏的其他测量，也远远少于允许浓度。况且，甲醇在常温下很快变成水溶性液体，不可能在空气中久留。

有人又提出了甲醇燃料排放甲醛的问题。甲醛是甲醇的衍生物，毒性比甲醇大。但是，实测情况是在上述场合，空气中甲醛含量仅为 3.9~25μL/m³，是最大允许浓度 10μL/L 的万分之几，比房屋装修时的甲醛浓度更是低得多。

（4）目前借口**"毒性"**危害攻击甲醇燃料的，以乙醇汽油推广者最为凶狠，但是甲醇和乙醇毒性谁的危害大呢？

① 首先不可否认的是乙醇也有毒，在**"常见有害物质的中毒量和致死量"**表中，乙醇也在**"中等毒"**范围之内。虽然乙醇的毒性比甲醇稍微低些，但它的用量很大，因而危害是非常惊人的：据世界卫生组织统计，由乙醇（酒精）引起的死亡率和发病率，是麻疹和疟疾的总和，也高于吸烟引起的死亡率和发病率。在中国，每年有 **114100 人死于乙醇（酒精）中毒**，占总死亡率的 **1.3%**；致残 **2737000 人**，占总致残率的 **3.0%**。

② 甲醇燃料排放中有很微量的甲醛，具体排放量上文已述，只有允许浓度的万分之几。况且，甲醛是人们在房屋装修、空气消毒和农药使用中最常碰到的物质，因而人们知道它不太可怕。乙醇怎样呢？有点化学常识的人都知道，它在燃烧时也要产生微量的**乙醛**。据美国阿贡国家实验室的科学家研究证明，虽然乙醇作为汽车燃料减少了 HC 和 CO 的排放（甲醇燃料在这方面更好），但同时增加了其他污染物质，例如，乙醛和硝酸过氧化酰（PAN）等。乙醛在大气中的毒性远高于乙醇，它与大气中的其他物质反应生成 PAN。这种有毒的 PAN 一旦产生，能在空气中持续许多天，不仅对人的眼睛有强烈的刺激性，而且对植物也有害。因此，科学家们认为，在解决代用燃料对空气质量的影响时，乙醛和 PAN 对人类健康的影响，应该引起足够的重视。

（5）目前借口"毒性"危害攻击甲醇燃料的，还有汽油、柴油生产和经销商，但是，甲醇和汽油、柴油谁的毒性危害更大呢？众所周知，由 300 多种组分组成的汽油、柴油，含有多种致癌的有毒成分，例如苯、其他芳烃和烯烃等，这就是继"无铅汽油"之后，世界新配方清洁汽油严格限制苯、芳烃和烯烃含量的根本原因。而甲醇是最简单纯朴的一种化学物质，根本不含汽油、柴油中必含的那些致癌物质，常规毒性也并不高，因而还可以作为食品加工助剂。美国国家工程院院士、福特公司的 Roberta Nichols 博士应我国潘奎润研究员的要求，专门为我国写了一篇文章，阐明福特公司在 **1983 年生产第一辆甲醇汽车前，就对甲醇的毒性影响进行了详细研究。结论是：**"**如果对甲醇正确对待，是不会有健康问题的。总的来说，甲醇是比汽油更安全的燃料**"。信中还表明了美国许多科学家的一种观点，即，"**如果现在再来审查汽油的市场准入问题，那么无论如何是通不过的**"。

毒性和安全性问题，涉及接触人群的生命安全，是人们非常关心的一个敏感问题，世界各国，尤其是美国能源部和福特汽车公司等，都注意到了这个问题，在他们开发甲醇燃料之前，就严格地做了有关的实验研究。我国也是这样，在"六五"期间，原国家科委委托北京医科大学，就**甲醇中毒机理、甲醇中毒解毒药和甲醇对人体健康的影响**等课题，做了三年的甲醇毒性跟踪实验研究，并和不接触甲醇的人群进行了严格的对比，我国得出的结论与美国能源部及福特公司的结论是完全一致的，即：**"只要遵守操作规程（不要用嘴吸甲醇、防止甲醇溅入眼中等），没有发现人体健康有异常**"。

上述引用的文章内容，确认甲醇与乙醇同属于**中等毒性**，比汽油的毒性低，与丁烯、丙酮、甲苯、甲醛、乙醚等相比，毒性更是低得多。不应该因此妨害它作为燃料使用。汽油、煤油、柴油的毒性都高于甲醇，都没有影响它们成为燃料的主要品种。

5.1.5　醇类的内含氧

醇类是拥有内含氧的有机化合物，饱和一元醇随着碳数的增加，内含氧比例逐渐降低，其中，甲醇的内含氧为 50%、乙醇的内含氧为 34.7%……癸醇的内含氧为 10.1%，即液态饱和一元醇的内含氧比例，均大于 10%。二元醇的内含氧更多。前文 **5-1 甲醇和常见多碳醇的理化性质**之中，有各个醇的内含氧比例数据。

因为内含氧具有很好的助燃作用，可以促使燃料燃烧完全，高效节能，排放清洁，所以，**醇类属于清洁燃料**。将醇类掺到汽油、柴油、燃料油中，也可以使它们燃烧比较完全，高效节能，排放清洁。美国的《**清洁空气法修正案**》中**新配方汽油**规定，这种汽油中必须拥有 2%以上的内含氧，以便减少对于空气的污染。我国从 M5 到 M85 的甲醇汽油和 E10 乙醇汽油，都符合含氧 2%以上要求的清洁汽油标准。

欧盟通常在汽油中加入 **3%～5%**的甲醇，以增加汽油的氧含量和清洁属性。目前，由甲醇制备甲基叔丁基醚（methyl tert butyl ether，MTBE）的工艺技术成熟，其分子式为 $CH_3—O—C(CH_3)_3$，氧含量为 **18.2%**，与汽油互溶性好，比粮制乙醇热值高，因而甲基叔丁基醚多用于汽油增加辛烷值的抗暴剂，兼作增氧剂，添加 11%，即可满足汽油氧含量不小于 2%的要求。当然，甲醇、乙醇、丙醇等醇类也可以作为汽油的增氧剂。甲醇的添加量不小于 4%、乙醇的添加量不小于 6%，也可满足汽油氧含量不小于 2%的要求。为了保护生态环境，国内外对于汽车排放 CO、碳氢化合物、NO_x、颗粒污染物等有害气体的量，也提出了严格的要求。大城市普遍进行了汽车排放监测，有些旧汽车因为汽车本身性能不佳，达不到环保要求的排放标准，如果改用甲醇汽油或者乙醇汽油，立刻就可以达到环保要求的排放标准。

值得提醒的是，国际上通用的**新配方汽油**规定，这种汽油中必须拥有 2%以上的内含氧，以便减少对于空气的污染。我国的一些车用汽油标准中却规定氧含量不得超过 2.7%，按照这样的限制数量，我国的 GB 18351《**车用乙醇汽油（E10）**》和低比例掺醇的 M15 甲醇汽油，就都不合格了。因为《车用乙醇汽油（E10）》的氧含量已经达到 3.47%，M15 甲醇汽油的氧含量已经达到 7.5%。国际上通用的**新配方汽油**有时也成为不合格的产品了，因为它只要求氧含量在 2%以上，并没有上限 2.7%。因此，这个 "**氧含量不得超过 2.7%**" 的规定，是值得商榷的。如果单就我国调配车用汽油添加**甲基叔丁基醚**来说，规定 "**氧含量不得超过 2.7%**"，就是说**甲基叔丁基醚**的添加量不要超过 **15%**，因为超过 **15%**以后，汽油的热值降低过多。这只是针对所述车用汽油本身质量要求的一种特例，不宜作为普遍的 "限制" 数量，其他车用汽油更不宜生搬硬套加以模仿。笔者曾经参加过某某石化集团公司的**车用甲醇汽油 M50** 的质量标准评审论证，他们起草的稿件中规定 "**氧**

含量不得超过 **2.7%**"。我告诉他们，这个"限制"等于说将来他们就不可能有合格的**车用甲醇汽油 M50** 产品了，因为的 **M50** 氧含量为 **25%**，远远大于 **2.7%** 了。

我国汽车拥有量越来越多，世界第一，对于生态环境污染严重，雾霾天气经常出现，适当添加有内含氧的醇类，达到清洁汽油的标准，是一种非常容易、非常有效的办法。

迄今为止，甲醇、乙醇与汽油掺烧的技术问题，在我国已经全部可以解决。但是，柴油很难与甲醇、乙醇等含氧有机物互溶，更主要的问题是这些低碳醇的闪点都很低，达不到柴油对于闪点的要求，而闪点是柴油最重要的安全性指标，闪点不合格，就注定所配制的柴油不合格。因此，所谓的**甲醇柴油**，即使能把柴油车驱动开跑，也不能以柴油的名义上市。这就需要闪点高的多碳醇提供所需的内含氧，实践证明，己醇以后的多碳醇，可以满足为柴油增加内含氧的要求。

5.2 几种常用的多碳醇

5.2.1 乙醇

乙醇是人类应用历史最悠久、与人类关系最密切的一种二碳醇。

乙醇的分子式是 CH_3CH_2OH，常温下是一种无色透明、易燃的液体。其理化性质见表 5-1：常见醇类的理化性质。

因为乙醇是饮料酒的主要成分，所以，也称为**酒精**。相应的产品有**无水乙醇**、**工业乙醇**、**医用酒精**和**饮料酒**等品种。万千年以前，古人就从发酵品中获得了酒类，并且用作饮料、祭祀用品、医药用品和燃料等。

医用酒精含乙醇 75%，多用作消毒剂，这个比例杀菌效果最好。

工业乙醇也叫**工业酒精**，是含乙醇 95% 的品种。因为乙醇特有的亲水性以及与水形成共沸点等特性，完全脱水需要采取特殊的脱水工艺。所以，**工业乙醇**是工农业生产中普遍使用的乙醇品种。因为工业乙醇含有少量甲醇和其他杂醇、醛类、有机酸等杂质，增加了乙醇的毒性，饮用工业酒精调配的酒类，更容易引起中毒，甚至死亡，所以，我国明令禁止将工业酒精加入各种酒类。

无水乙醇是采用特殊的脱水工艺完全脱出水分后的纯乙醇，国家质量标准为 GB/T 678—2002，主要指标为：

密度(d_4^{20})0.789~0.791g/mL；

水分：优级纯≤0.2%、分析纯≤0.3%、化学纯≤0.5%；

甲醇：优级纯≤0.02%、分析纯≤0.05%、化学纯≤0.2%；

异丙醇：优级纯≤0.003%、分析纯≤0.01%、化学纯≤0.05%；

酸度（以 H^+ 计/mmol/100g):优级纯≤0.02%、分析纯≤0.04%、化学纯≤0.1%。

乙醇是一种基本化工原料，可以用来制备乙醛、乙醚、乙酸、乙胺、丁二烯、乙二醇醚等，还常用作溶剂。

乙醇的生产方法有粮食原料发酵法和化学合成法两种，直到目前，仍然是以粮食原料发酵法为主。关于制备乙醇的工艺技术，本书不多涉及。

笔者不赞成在当前情况下我国倡导发展的**粮制乙醇燃料**，因为它大量消耗宝贵的粮食资源。3t 多粮食加 3t 多煤炭燃料生产 1t 燃料乙醇，经济上也很不划算，并且，在汽油中添加 10%乙醇调配成**车用乙醇汽油 E10**，对于替代汽油贡献不大。

笔者并不否认诸如我国 **GB 18351—2011**《车用乙醇汽油 E10》的清洁环保性能，因为乙醇与其他醇类有同样的羟基，助燃内含氧高达 **34.7%**，能够促使燃烧完全，高效节能，排放清洁。实际上，"二战"期间，在缺少汽油的情况下，就有用乙醇作为替代燃料的应用。但是，在并非战争时期缺乏汽油的今天，与成本只有乙醇 1/3，而且不消耗粮食的燃料甲醇相比，粮制乙醇用作燃料的实用价值不大。

美国拥有大量的转基因玉米，用来生产粮制乙醇燃料，同时为了照顾农场主的利益，有一定的可行性。巴西用其丰富的甘蔗资源生产乙醇燃料，也有一定的可行性。我国作为拥有 13 亿多人口的粮食消费大国，借口学习美国和巴西，搞粮制乙醇汽油是不符合当前国情的。

将来科学技术进一步发展以后，由合成气或者其他廉价的物料催化合成乙醇燃料或者含有较多乙醇的混合醇燃料，却是很有意义的，也是本书积极追求的目标之一。后文在利用合成气催化合成混合醇燃料的章节中，将有专门阐述。

我国最近修订的 **GB 18351—2017**《车用乙醇汽油 E10》质量标准，有其参考价值，因为它同时为甲醇汽油做了注释。

例如，在叙述其优点时，提到增氧、降低尾气有害物排放、减少积炭、对油箱、油路的清洁作用等，甲醇汽油具有同样的作用，甚至更好。

又如，因为乙醇汽油"对油箱、油路的清洁作用"和"亲水特性"，所以，要求初次改用乙醇汽油的车辆，必须清洗油箱、油路，防止原来积存的脏物和积水危害乙醇汽油。甲醇汽油同样需要这样做，并且，乙醇汽油和甲醇汽油都是需要严格防潮吸水的。

再如，对于某些种类橡胶、塑料等零部件的溶胀作用，乙醇汽油和甲醇汽油是相似的，主要是由于它们的羟基逐渐演变成酸根引起的，以这种同样的缺点"**褒乙贬甲**"是无道理的。

总而言之，乙醇和甲醇是紧邻的同胞兄弟，其性能基本相同。凡是乙醇燃料的优点，甲醇燃料同样拥有；凡是甲醇燃料具有的缺点，乙醇燃料也同样具有。乙醇燃料与甲醇燃料是可以密切配合的，这在笔者 2004 年向河南省提出的《**关于大力发展我省醇类替代能源的建议**》中，已经明确提出来了，当时就认为，乙醇和其他多碳醇一起可以作为添加剂，促进甲醇与汽油互溶。

后来在实践中还发展了采用同系化办法将甲醇转化为乙醇的工艺技术。因此，甲醇和乙醇是密不可分的。实际上，用合成气催化合成甲醇的时候，再向前走一步，采用将甲醇转化为乙醇的同系化工艺技术，其终产品就是乙醇了。为什么不再走这一步呢？因为再走这一步要增加不少花费，更主要的因素是甲醇还具有乙醇不具备的优点，例如，作为有机化学合成的甲基化、羰基化基料，甲醇就比乙醇合适得多。**乙醇面世的历史比甲醇早几千年，为什么没有成为与石油竞争的主导性能源呢？就是因为它在生产成本和功能方面，是比不过甲醇的。**

5.2.2　丁辛醇

丁醇和辛醇（异辛醇俗称辛醇，2-乙基己醇）由于可以在**同一套**装置中用**羟基合成的方法生产**，故习惯将其合称为丁辛醇。

丁醇、辛醇都是重要的有机化工原料，在医药工业、塑料工业、有机工业、印染工业等方面都有广泛的应用。

丁醇可用作溶剂、生产邻苯二甲酸二丁酯(DBP)、邻苯二甲酸丁苄酯(BBP)等增塑剂及乙酸丁酯、甲基丙烯酸丁酯等化学品。

辛醇主要用于生产邻苯二甲酸二辛酯**(DOP)**、己二酸二酯**(DOA)**等增塑剂及**丙烯酸辛酯**，也可用于**石油添加剂、表面活性剂和溶剂**等。本书最感兴趣的是**辛醇**用于石油添加剂。

现代丁辛醇工业生产始于 1938 年羰基合成反应的发现，近年来，聚氯乙烯材料工业的发展，推动了世界丁辛醇工业生产的发展。

我国丁辛醇自产率不足，是世界上最大的丁辛醇进口国。

丁醇就是正丁醇，分子式 C_4H_9OH，分子量为 74.12。

丁醇有三个同分异构体，结构式分别如下：

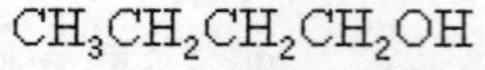

$$CH_3CH_2CH_2CH_2OH$$

正丁醇

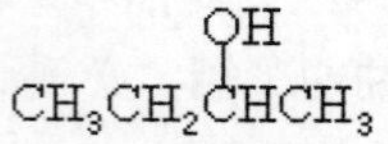

二级丁醇

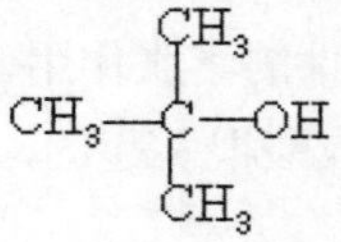

三级丁醇

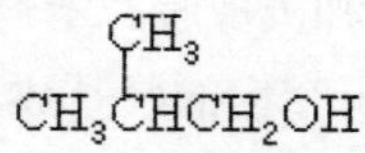

异丁醇

丁辛醇是在丙烯衍生物中仅次于聚丙烯、丙烯腈的第三大衍生物。全球大部分丁辛醇装置采用羰基合成法工艺，可根据市场需求调整**丁醇**或**辛醇**的产量比例。

丁醇、辛醇的理化性质，见前文表 **5-1** 常见醇类的理化性质。

丁辛醇生产方法：主要有乙醛缩合法、发酵法、齐格勒法和羰基合成法等。乙醛缩合法是"二战"期间德国开发的。

发酵法是用粮食或其他淀粉质农副产品，经水解得到发酵液，然后在丙酮-丁醇菌作用下，经发酵制得丁醇、丙酮及乙醇的混合物。

齐格勒法是以乙烯为原料生产高级脂肪醇，副产丁醇的方法。

羰基合成法后来居上，工艺路线是：丙烯羰基合成混合丁醛，再加氢制得混合丁醇。丁醛异构物分离，正丁醛经缩合、脱水，生成 2-乙基己烯醛，再加氢得 **2-乙基己醇**，就是辛醇。

正丁醇执行标准 **GB/T 6027—1998**，适用于合成法与发酵法生产的正丁醇。

辛醇执行标准 **GB/T 6818—1993**，适用于由丙烯羰基合成法及乙醛缩合法制得的工业辛醇。辛醇的异构体有正辛醇、异辛醇、仲辛醇、2-乙基己醇、2.2.4-三甲基戊醇等，商业上的工业辛醇指的主要是 **2-乙基己醇**。

国外丁醇生产状况：1998 年全球丁醇产能为 **215 万吨每年**，2002 年达到 **249 万吨每年**，年均增长 4% 左右。全球丁醇生产能力超过 20 万吨每年的有 5 家，超过 10 万吨每年的生产厂有 13 家，陶氏化学位于美国路易斯安那州的生产厂产能最大，为 27.2 万吨每年。

国外辛醇生产状况：2003 年，国外辛醇总生产能力为 **314.2 万吨每年**。国外辛醇生产较为分散，共有 19 个国家的 26 家公司生产辛醇。生产能力超过 10 万吨每年的生产公司有 17 家，分布于亚洲、西欧、美国和东欧。

国内丁辛醇生产状况：1980 年以前，我国丁辛醇生产技术主要采用粮食发酵法制丁醇、采用乙醛缩合法制辛醇。目前，主要也是采用**羰基合成法**。在 1998～2003 年间，我国丁辛醇消费呈现快速增长趋势，丁醇表观消费量从 21.7 万吨增加到 50.0 万吨，增长 2.30 倍；**辛醇表观消费量从 21.7 万吨增加到 57.2 万吨，增长 2.6 倍**。

丁辛醇的应用领域：丁醇和辛醇（2-乙基己醇）是重要的精细化工原料，用途十分广泛。

丁醇主要用于制备邻苯二甲酸二丁酯和脂肪族二元酸酯类增塑剂，还可以生产丁醛、丁酸、丁胺和乙酸丁酯等产品。本书将丁醇和含有丁醇的混合醇用作**醇基清洁燃料**的添加剂和助溶剂。

辛醇主要用于生产邻苯二甲酸二辛酯（DOP）、己二酸二辛酯（DOA）等增塑剂及丙烯酸辛酯（2-乙基己基丙烯酸酯）、表面活性剂等。本书着重于将工业辛醇用作**醇基清洁燃料**的添加剂和助溶剂，因为辛醇的**闪点高达 85℃**，又有 **12.3%** 的助燃内含氧，所以工业辛醇有一种重大用途，就是可以用作**柴油和润滑油的添加剂和清洁剂**。

国内丁辛醇消费概况：近年来，通过对引进装置技术改造，我国丙烯羰基合成丁辛醇生产能力增加迅速，消费也呈快速增长趋势。由于国内丁辛醇产能不能满足需求，进口量逐年增加，近年进口量占消费量的 50% 以上。因为下游产品需求随季节变化，所以价格波动较大。在春秋季，广东、福建、浙江等南方地区 PVC 软制品，如鞋料、软板、人造革等对增塑剂需求量增加，丁辛醇价格上涨，夏季/冬季价格下跌。

笔者对于工业辛醇的生产和应用非常重视，因为这种工艺技术比较成熟，产品工业辛醇在**醇基清洁燃料**的调配生产中，具有广泛的应用，既是优良的醇油助溶剂，又是优良的**醇基清洁燃料**辅料。因此，工业辛醇是比己醇、庚醇、壬醇、癸醇应用更为广泛的多碳醇。特别是含有丁醇和其他多碳醇的辛杂醇，在"**醇基清洁燃料**"的调配生产中，有越来越多的应用。

工业辛醇的价格，与其生产规模相关，大规模生产成本就会降低，生产厂家应该注重发展规模化生产。同时，辛杂醇完全适于用作**醇基清洁燃料**辅料，生产成本和销售价格比单质辛醇低得多。

5.3   合成混合醇

合成气在催化剂作用下合成低碳混合醇，可以直接掺入汽油作为发动机燃料，还可以分离出单独的醇类。以甲醇为原料同系化反应可以生产乙醇、丙醇、丁醇等；以甲醇、甲醛为原料可以合成乙二醇。笔者认为，合成气在催化剂作用下合成低碳混合醇，是一个前景非常好的项目，2006 年前，已经开拓了这方面的市场。

5.3.1   低碳混合醇

低碳混合醇一般指 $C_1 \sim C_5$ 醇类的混合物，其主要用途是直接加入汽油作为点燃式发动机的燃料，也可以分离出单独的醇类。

1935 年，德国发现在合成甲醇的 $ZnO\text{-}CrO_2$ 催化剂中加入碱性助催化剂时，产品中异丁醇大量增加，由此，德国首先建立了催化合成异丁醇的工厂。但是，后来由于羰基合成与烯烃水合工艺的发展，直接合成多碳醇的工艺未能得到发展。20 世纪 70 年代，由于石油危机，不少国家把醇类作为燃料的研究重新提上议事日程，我国是特别重视的国家之一。我们研究发现，**低碳混合醇**不仅燃料特性比甲醇好，而且还是甲醇和汽油的助溶剂，可以分离出乙醇、丙醇、丁醇等单体醇，因而合成气制低碳混合醇再次引起了我们的高度重视，2006 年，作为**新型醇基液体燃料**，通过了国家鉴定。

5.3.1.1   **甲基燃料和乙基燃料**

（1）**甲基燃料**，是以甲醇为基础的混合醇燃料。

意大利 Snam 公司通过改进合成甲醇催化剂及工艺条件，生产出了以甲醇为主的**甲基燃料**。

法国 IFP 采用两集反应也由合成气制得了**甲基燃料**。

中国众多的合成氨化肥厂联产甲醇，有的联产产品在多碳醇含量较多，其精馏前的粗甲醇，实际上就是甲基燃料。

（2）**乙基燃料**，是以乙醇为基础的混合醇燃料。

1976 年，法国 IFP 首先提出合成乙基燃料的方法，所用催化剂由含铜、钴氧化物、碱金属及添加 Cr、V、Fe、Mn 的任何一种氧化物组成，有时还有 Zn。当合成气组成为 CO19%、$H_2$66%、$CO_2$13%、$N_2$2%时，反应温度 250℃，压力 6.0MPa，空速 4000h^{-1}，CO 单程转化率 35%，对醇类的选择性大于 95%，乙醇以上多碳醇的选择性大于 70%。

中国生产乙醇主要采用以粮食为原料的生物发酵法，产品中含有多碳杂醇。作为化学醇产品使用时，必须把多碳杂醇分离去掉；作为燃料使用时，不必把多碳杂醇分离去掉，其就是乙基燃料。

5.3.1.2　合成低碳混合醇的催化剂

这里主要阐述用合成气合成低碳混合醇的催化剂。

（1）**发展概况**　催化剂是合成低碳混合醇的关键。最初沿用甲醇合成时的催化剂，以 Zn-Cr 催化剂为主，加入一些碱金属，有利于生成高级醇。但是，这种催化剂操作温度较高（300～400℃），压力较大（26MPa）。后来开发的 Cu-Co-Cr-K 催化剂，温度降到 250～300℃，压力降到 5～10MPa，合成条件大为改善。

美国 DOW 化学公司开发的耐硫催化剂，适用于合成气中硫含量较高的生产路线，是个具有实用价值的途径。这种硫化物催化剂的主要成分是 MoS_2-M-K。其中，M 为 Cr、Fe、V、Mn 或 Al。这种耐硫催化剂生产路线的特点：一是抗硫性强；二是适合于固定床反应器；三是生成产品的水数量很少（<0.2%）。

（2）**甲基燃料催化剂**　Zn-Cr-K 型：Snam 公司开发了低压合成甲基燃料的催化剂，压力由 26MPa 降到 5MPa，所产混合醇可以直接加入汽油。催化剂的组成为 ZnO 77.3%-Cr_2O_3 19%-K_2O2.4%。当合成气组成为 H_2 61.0%、CO 30.5%时，在温度 390～420℃、压力 5MPa 时反应，产品的 Mol 组成为**甲醇 43%、乙醇 3.7%、丙醇 9.1%、异丁醇 23.2%、高级醇 21.0%**，这是一种非常适合用作甲基燃料的产品。

Cu-Co-Cr-K 型：法国 IFP 公司开发的甲基燃料，采用 Cu-Co-M-A(有时还有 Zn)催化剂（M 为 Cr、Fe、V、Mn 或稀土金属；A 为碱金属）。压力降低至 5～10MPa。

Cu-Th-M-Na 型：美国研制的甲基燃料催化剂（M 为 Cr、Zn、Ti、La、V 或 Pd）。当压力为 5.2～6.9MPa、温度 280～330℃时，甲醇含量 85%、C2 以上的醇为 15%。

Cu-Zn-Al-K 型：德国采用 Cu-Zn-Al 为主的甲基燃料催化剂，添加 K、Cr、Mn、Th、Ce、La 的氧化物，在 350℃、10MPa 和 2000h^{-1} 空速的条件下，产物中甲醇含量 45%～50%、C2 以上的醇为 15%～20%。

Cu-Ni-M-Na 型：日本研制的甲基燃料催化剂（M 为 Zn、Al、Ga、Si、Zr、Ti、Cr、La 或 Mg），特点是压力低；混合醇选择性高；既可生产甲基燃料，也可生产乙基燃料。

Rh-K 型：日本研制的能抑制烃类生成的甲基燃料催化剂，原料为三氯化铑和碳酸钾。

（3）乙基燃料催化剂。

Cu-Co-M-K 型：法国 IFP 公司首先提出。通式为 Cu-Co-M-A（M 为 Cr、Fe、V、Mn 或 Al）或 Cu-Co-M-A-Zn（A 为碱金属或碱土金属），在 250℃、6MPa 和 4000h^{-1} 空速的条件下，产物中甲醇含量 20%～30%，乙醇含量 40%～50%，丙醇含量 20%。

Rh$_6$（CO)16-ThO$_2$-CeO$_2$ 型：法国采用。产物组成：甲醇 37.16，乙醇 61.95，丙醇 0.89。

Rh-Mo/SiO$_2$ 型：美国联碳公司采用。当 H$_2$/CO 摩尔比为 1：1 时，在含铑 2.5%、钼 2.3%、以 SiO$_2$ 为载体的催化剂时，产品中烃类占 55%，甲醇 21.5%，乙醇 15%，丙醇 5.9%，丁醇 1.84%。

5.3.1.3　合成低碳混合醇的技术状况

（1）技术状况。

MAS 工艺：由 Snam 与 Dopse 公司开发，采用 Zn-Cr 催化体系，1982 年建成 15kt/a 示范装置，**是实现了工业化生产的工艺**。我国山西煤化所研究了此工艺，1986 年通过 1000h 小试鉴定。

IFP 工艺：由法国开发，采用 Cu-Co 催化体系，1984 年在日本建成 7000 桶每年中试装置，我国山西煤化所研究了此工艺，1986 年通过小试鉴定，1988 年通过 1000h 模试鉴定。

Sygmol 工艺：由美国 Dow 化学公司和联碳公司开发，采用 MoS$_2$ 催化体系，1985 年通过中试。我国北京大学、华东理工大学进行了小试。

Octamix 工艺：由德国 Lurgi 公司开发，采用 Cu-Zn 催化体系，我国清华大学和南京化学工业公司进行了小试和模试。

列举上述状况，说明国内外在 20 世纪 80 年代对于开发混合醇替代部分汽油非常重视。后来由于石油竞争和有人试图进行能源垄断等原因，冷落了一些时间，但是，笔者认为，这是解决油气能源替代问题的一个重要途径。

（2）工艺条件　合成气催化合成低碳杂醇的主要化学反应为：

$$(2n-1)CO + (n+1) H_2 \longrightarrow C_nH_{2n+1}OH + (n-1) CO_2$$

反应温度：一般都在 300℃以内。

反应压力：加压对于提高产率有利，但是，还取决于催化剂性能和所用化工设备。

5.3.1.4　合成低碳混合醇的效益分析

意大利曾广泛采用 MAS 工艺生产含甲醇 70%、多碳杂醇 30%的产品，直接用于与汽油掺烧。美国 ARCO 公司的 Oxinol 工艺，产品中甲醇、丁醇各半，可以在汽油中添加 6%投入使用。但是，因为美国有大量廉价的叔丁醇和乙醇，所以，由合成气催化合成低碳杂醇在美国没有竞争力。1986 年，美国叔丁醇价格 254 美元/t，比合成气催化合成的产品还廉价。而我国叔丁醇价格高得多，甲醇中含有叔丁醇的低碳混合醇热值提高，还有较好的助溶功能，是有开发前途的。

5.3.1.5　开发低碳混合醇的建议

（1）符合我国的能源发展战略　由合成气催化合成低碳混合醇，对于我国来说，是一项非常重要的工艺技术。这是由我国油气资源相对短缺而能源消耗数量巨大和环境污染比较严重的国情决定的。低碳混合醇的生产成本比甲醇略高一些，但是作为燃料按照热值计算，比甲醇成本低，也比单个多碳醇成本低。更重要的是低碳混合醇不仅可以直接与汽油掺烧，还能促进其他油品与甲醇互溶。

（2）优选符合国情和开发拥有自主知识产权的工艺技术　采用耐硫催化剂的 Sygmol 工艺，允许原料有较多的硫含量，可以省去耗资巨大的脱硫工序，产品中多碳醇比例较多，水分较少，有利于用作燃料，适合我国优选采用。

开发拥有自主知识产权的工艺技术，是我国建设创新型国家国策所决定的。如前所述，许多国家都开发了自己拥有知识产权的工艺技术，我们国家能源需求量巨大，更应该拥有自己开发的拥有自主知识产权的工艺技术。

实际上，我们不仅有这种需要，也有这种能力。我国南开大学催化剂厂和河南省科学院，已经开展了有关工作，主要目标是增加多碳醇的**产率，特别是增加 6 碳醇以上的多碳醇的产率，提高混合醇的应用范围**。

关于多碳醇如何获得，已有一些发明专利和专有技术。专利之一是从醇类生产厂的下脚料中回收多碳杂醇，其缺点是数量有限，难以满足市场的大规模需要；专有技术是用合成气直接催化合成混合杂醇，特别是碳 6 及其以后的液态多碳杂醇。碳 6 及其以后的液态多碳杂醇，可以进一步实现**"清洁柴油燃料"**和较高热值的**"清洁燃料油"**的创新。

5.3.2　多碳混合醇用作柴油辅料

5.3.2.1　背景

因为狄塞尔发明的压燃式柴油发动机比奥托发明的汽油发动机效率高 30%以上，节能效果显著，加之表征柴油安全性的**"闪点"**（55℃以上）比汽油的**"闪**

点"（-35℃）高得多，安全性好得多，所以在大动力设备、农用设备和军用设备中广泛应用。

据说在第一次世界大战的后期，采用狄塞尔柴油发动机的坦克，与采用奥托汽油发动机的坦克，进行了战场较量。采用汽油发动机的坦克遭到轰击后，自身的油箱立即爆炸。而采用柴油发动机的坦克遭到轰击后，自身的油箱并不跟随着爆炸。

这样的安全方面的优势，已被人们充分认识和利用。

如果柴油能够充足供应，汽油机更加普遍地改为柴油机，将是一种高效节能的技术进步。但是，在石油炼制时，柴油的产出比例是有限的。在我国的柴油市场上，即使还没有实行"**汽改柴**"，普通柴油也是长期处于供不应求的状态。显著的标志是自 20 世纪 80 年代开始，每年到了夏收、秋收季节，国家都要发布文件，要求保证农用柴油供应，以便农民不误农时把成熟的粮食收获到家，同时，把下一个季节的庄稼播种下去。

在 2008 年**中国农村能源行业协会**的年会上，农业部的与会领导向协会提出了一个希望，说是如果能够通过开发研究，为农村农民提供更多的农用柴油，缓解夏收、秋收季节农用柴油的供应紧张局面，将是支农的一大贡献。

中国农村能源行业协会及其**新型液体燃料燃具专业委员会**，随即进行了研究和组织动员，一个"**农用醇醚柴油燃料**"开发研究项目，便应运而生了。

5.3.2.2 农用醇醚柴油燃料的技术突破

2008 年，在中国农村能源行业协会支持下，河南超燃清洁能源科技有限公司的一个技术团队，在以前多年开发研究的基础上，组织了对"**农用醇醚柴油燃料**"项目的技术开发研究攻关。

经过多次试验改进、示范应用和质量指标检测，到 2011 年，终于研制出一种**农用醇醚柴油燃料**新产品。

经**中国农村能源行业协会**向农村能源行业标准化技术委员会提出申请，国家能源局**国能科技〔2011〕252 号**文件批准，《农用醇醚柴油燃料》标准列入国家能源局 2011 年第二批能源领域行业标准制(修)订计划，项目编号：能源 20110093。

2011 年 11 月 30 日，全体《农用醇醚柴油燃料》标准的参编人员开会讨论了拟定的产品质量标准初稿，并且进一步向有关专家和示范用户征求意见。

在《农用醇醚柴油燃料》标准初稿的"编制说明"中，是这样叙述的：

"近些年来，随着我国经济的迅速发展，农用机械、农用车辆和相应的农用柴油耗量也大量增加。统计部门的数据表明，农用柴油占我国柴油总耗量的 1/3 以上，每年超过 5000 万吨。进入 21 世纪以来，石油能源危机越来越迫近，农用柴油紧缺的问题长期未能解决，燃用石油燃料造成的环境污染也越来越严重，研究开发替代石化柴油的清洁柴油成了各个国家共同的迫切任务。相应的乳化柴油、生物柴油、二甲醚和甲醇柴油等纷纷亮相。但是，乳化柴油因为可能破乳变质无法成为商业化产品；生物柴油数量极其有限；二甲醚和甲醇柴油解决不了闪点安全问题。**农用醇醚柴油燃料**以拥有内含氧、高闪点和来源比较广泛的多碳杂醇、醚类及脂肪酸甲酯等有机含氧化合物与柴油调配的醇醚柴油燃料，却可以克服乳化柴油、生物柴油、二甲醚和甲醇柴油的缺点，尤其适合用作中、低转速农用柴油机械和农用车辆。因此，**本标准产品有利于替代部分石化柴油、支农惠农和减轻环境污染。**"

这个"编制说明"，同时提出了两个方面的任务，即，"**农用柴油紧缺的问题长期未能解决，燃用石油燃料造成的环境污染也越来越严重，研究开发替代石化柴油的清洁柴油成了各个国家共同的迫切任务**"。

农用醇醚柴油燃料尤其适于农业机械、水利排灌和建筑机械安全使用。

这个**农用醇醚柴油燃料**新产品，是利用非石化的醇、醚、酯等含氧有机化合物组分替代石化柴油组分的**重大技术突破**，其闪点和其他各项指标都符合国家标准柴油 GB 252《**普通柴油**》的要求，尾气排放却比《**普通柴油**》清洁。

如果进一步实现产业化，我国每年需要的 15000 万吨柴油，即可保证供应。并且可以摆脱对石油的依赖和填补"**清洁柴油**"新产品的空白，达到低硫、拥有助燃内含氧和符合 CO、碳氢化合物、颗粒污染物的排放标准，特别有利于化解我国的雾霾天气和环境污染问题。

2012 年 3 月 15 日召开了《**农用醇醚柴油燃料**》标准讨论会议，特邀国家能源行业农村能源标准化技术委员会秘书长陈晓夫研究员和全国醇醚燃料标准化委员会副秘书长降连保教授级高工、农业部农机鉴定总站张金魁研究员、科技部中国民营科技促进会秘书长刘振堂授级高工等专家，听取和审查了该标准编写人员的汇报，进行了充分的讨论和评议。

会后，《**农用醇醚柴油燃料**》标准编写人员，迅速组织落实专家们的评议意见，由有资质的**西安汽车产品质量监督检验站**，进行**台架试验**。试验结果表明，在 4100QBZL 柴油发动机燃用**农用醇醚柴油燃料**，与车用柴油（**0#**）相比，有效燃油消耗率略有增大，效率有所提高，自由加速烟度有所下降，证实该产品具有一定的节能减排效果。

经国家能源局进一步组织专家审核，于 **2013 年 11 月 28 日**批准颁布了国家能源行业标准 **NB/T 34013—2013《农用醇醚柴油燃料》**，于 **2014 年 4 月 1 日实施。**

5.3.2.3 几种柴油替代燃料的利弊分析

为了补充和替代比较短缺的石化柴油，国内外投入了大量的研发精力，曾经推出了"乳化柴油""甲醇柴油""二甲醚柴油""生物柴油"等替代品种。这些所谓的替代品种的利弊如何？下文逐个加以简要分析。

（1）**乳化柴油**　乳化柴油的开发研究时间最长，投入的人力物力很多，从乳化柴油到微乳化柴油，不断有所进步，申报专利多达数百项以上，但是，至今根本问题是质量还难以保证，一旦条件变化而破乳变质，可能造成巨大的经济损失或者车辆事故，因而国内外至今还没有乳化柴油的产品标准和商业化上市产品。

（2）**甲醇柴油**　甲醇柴油的开发研究，促进因素是甲醇的成本低、可以大量供应，如果能够利用甲醇内含氧多的优点，还有利于节制环保污染。至今，甲醇和柴油掺烧的互溶难题已经可以解决，动力问题也不大，尾气排放可以显著改善，但是，根本问题是甲醇的安全指标闪点只有13℃，不可能达到现行柴油要求**≥45℃和≥55℃**的标准，一旦出现火灾事故，谁也承担不起责任。这就是市场上有"**甲醇汽油**"而没有"**甲醇柴油**"的根本原因。如果将来颁布了柴油机可以使用低闪点燃料的新标准，**甲醇柴油**或许还是有可能商品化的，但是，目前还不可能允许低闪点的所谓"**甲醇柴油**"上市。

（3）**二甲醚用作柴油机燃料**　二甲醚用作柴油机燃料，其十六烷值足够高，**有34.7%**的助燃内含氧，动力性能没有问题，尾气排放清洁程度也比石化柴油显著有所改善，被国内外称为可能替代柴油的**清洁燃料**，但是，其安全指标闪点只有**−41℃**，与现行柴油标准要求闪点**≥45℃和55℃**相差更远。尽管国家质检总局、国家标准化管理委员会已批准颁布了**《车用燃料用二甲醚》GB/T 26605—2011国家推荐标准**，但是，常温下二甲醚是气态，相关的二甲醚气瓶、二甲醚加气站等条件还不完善，气态的二甲醚不能直接用在现有的柴油车上，而专用的气态二甲醚燃料发动机汽车还没有上市，因此，二甲醚替代石化柴油还不能成为现实。

（4）**生物柴油**　生物柴油的研究应用，包括植物油的直接应用，是和狄塞尔发明柴油机同龄的，后来因为石化柴油的大量廉价供应而被迫退出了竞争。1973年出现世界性石油危机后，生物柴油的研究应用又出现了新高潮，特别是动植物油脂经过甲醇醇解甲酯化技术完善以来，使得生物柴油的主要性能与石化柴油非常接近，并且，因为有内含氧，所以，燃烧比较完全，排放比较清洁，被誉为**可以再生的绿色清洁新能源**。但是，现有的**生物柴油**都是以动植物油脂为原料的，目前，在国内外动植物油脂原料数量都还是很有限的，特别是在我国国内，一旦开发过度，就会出现与人争用食油和与粮食争用土地的问题，因此，虽然**生物柴油**可用，但是成本较高，数量还非常有限。

第6章 醇基清洁燃料燃具有关产品标准

6.1 概述

与**醇基清洁燃料**及其燃具有关的、已经颁布实施的产品标准和使用规范，凡是涉及权益保护范畴的，本书不录用其原件。本书的任务是提出自己的解说、评价和修改及增订新产品标准的建议，供有关方面参考。有几个按照法定程序，已经在国家技术质量监督管理部门正式备案的企业标准和社会团体标准(以下称"团体标准")，本书征求标准编制和发布单位的意见，经其允许后，以录用原文为主，评述从简。

甲醇燃料及其燃具在我国面世以来，从 1996 年颁布 **GB 16663—1996《醇基液体燃料》**算起，已经超过 21 年了，可是，至今必需的许多产品标准和使用规范，仍然有些缺失。

产品标准和使用规范是有关产品生产和经营、使用的法律依据，是服务产业发展的重要手段。缺少产品标准和使用规范，必然造成相关产品生产和市场混乱，影响有关技术产品的产业化发展。特别是在当前，我国的生态环境污染和雾霾天气问题亟待解决，例如，京津冀和整个北方农村炊事和冬季取暖大量燃用散煤，是造成生态环境污染和雾霾天气的重要原因，**醇基清洁燃料**及其燃具是解决这个问题的有效选择。除了燃料燃具本身，还有相应的储存、包装、运输等，都需要有相应的产品标准和使用规范作为依据。例如，居民使用的石油液化气钢瓶，就有15 种型号，相比之下，对于**醇基清洁燃料及其燃具**，最少也需要增订几十个产品标准和使用规范。

笔者曾经多次向有关方面反映这些情况。2017 年初，笔者又曾以**"北京超燃索阳清洁能源研发中心"**的名义，向**国家标准委**写信反映，并且提出了相关的一些建议。**国家标准委**随即于 4 月 28 日复函我，表示**"高度重视"**，复函还讲：**"认真梳理了目前甲醇燃料标准相关工作开展情况和下一步措施"**。这是非常认真负责的回应，有关工作将会出现新进展。

我国质检总局、国家标准委"国质检标联（2016）109 号"文件，发出了《关于培育和发展团体标准的指导意见》的通知（以下简称《指导意见》）。《指导意见》，是根据国务院《深化标准化工作改革方案》（国发〔2015〕17号）制定的，非常重要，确实适时应势，具有指导意义。

《指导意见》的指导思想是"按照党中央、国务院决策部署，以服务创新驱动发展和满足市场需求为出发点，以'放、管、服'为主线，激发社会团体制定标准、运用标准的活力，规范团体标准化工作，增加标准有效供给，推动大众创业、万众创新，支撑经济社会可持续发展。"

《指导意见》提出，团体标准由市场自主制定、自由选择、自愿采用。在政府引导下，加快法律法规和制度建设，营造团体标准发展的良好政策环境，引导团体标准规范有序发展。鼓励团体标准及时吸纳科技创新成果，促进科技成果产业化，提升产业、企业和产品核心竞争力。

这些意见，激活了往日关于新产品的质量标准制定中的一潭死水，将我国的标准化工作推进到了一个新阶段。

与原有的**国家标准、国家行业标准、地方标准、企业标准**等并行，新设置了这样的**团体标准**，并且**全国团体标准信息平台**已经公布了一些社团标准。其中，在**醇基清洁燃料及其燃具行业**领域，有安徽省甲醇燃料行业协会2017-11-29发布的**T34/AHJC 0004—2017《醇基清洁燃料安全操作规范》**和**T34/AHJC 0004—2017《醇基清洁燃料》**，以及福建省甲醇清洁燃料燃具行业协会2018-03-15发布的**T/FJCX 0001—2018《商用餐饮行业醇基液体燃料燃具安全使用技术规范》**和**T/FJCX 0002—2018《行业自律公约》**。

制定**团体标准**有一定的程序和要求，《关于培育和发展团体标准的指导意见》中，有以下一些内容**必须明确**：

① **明确制定主体**。具有法人资格和相应专业技术能力的学会、协会、商会、联合会以及产业技术联盟等社会团体可协调相关市场主体自主制定发布团体标准，**供社会自愿采用**。社会团体应组建或依托相关技术机构，负责团体标准制定工作。

② **明晰制定范围**。社会团体可**在没有国家标准、行业标准和地方标准的情况下，制定团体标准**，快速响应创新和市场对标准的需求，填补现有标准空白。鼓励社会团体制定严于国家标准和行业标准的团体标准，引领产业和企业的发展，提升产品和服务的市场竞争力。

③ **鼓励充分竞争**。在合法、公正、公开的前提下，鼓励团体标准按照市场机制公平竞争，通过市场竞争优胜劣汰，激发社会团体内生动力，提高团体标准的质量，促进团体标准推广应用。

④ **促进创新技术转化应用**。在不妨碍公平竞争和协调一致的前提下，支持专利和科技成果融入团体标准，促进创新技术产业化、市场化。社会团体应按照

相关法律法规和国家标准，制定团体标准涉及专利的处置规则。对于团体标准中的必要专利，应及时披露并获得专利权人的许可。

⑤ **规范团体标准化工作**。国家建立团体标准信息公开和监督管理制度。团体标准应符合法律法规和强制性标准要求，**不得损害人身健康和生命财产安全、国家安全、生态环境安全**。社会团体应遵循开放、公平、透明和协商一致的原则，**吸纳利益相关方广泛参与**，遵守 WTO/TBT 协定中关于制定、采用和实施标准的良好行为规范，制定团体标准化工作相关的管理办法，严格团体标准制修订程序。

⑥ **建立基本信息公开制度**。国务院标准化行政主管部门组织**建立全国团体标准信息平台**，加强信息公开和社会监督。各省级标准化行政主管部门可根据自身需要组织建立团体标准**信息平台**，并与全国团体标准信息平台相衔接。社会团体可在平台上公开本团体基本信息及标准制定程序等文件，接受社会公众提出的意见和评议。三十日内没有收到异议或经协商无异议的，**社会团体可在平台上公布其标准的名称、编号、范围、专利信息、主要技术内容等信息**。经协商未达成一致的，可由争议双方认可的第三方进行评估后，再确定是否可在平台上公开标准相关信息。社会团体应当加强诚信自律建设，对所公开的基本信息真实性负责。

⑦ **统一编号规则**。团体标准编号依次由团体标准代号（**T**）、社会团体代号、团体标准顺序号和年代号组成。团体标准编号中的社会团体代号应合法且唯一，不应与现有标准代号相重复，且不应与全国团体标准信息平台上已有的社会团体代号相重复。

⑧ **开展良好行为评价**。制定团体标准化良好行为系列国家标准，明确团体标准制定程序和良好行为评价准则。**开展第三方评价**，向社会公开通过良好行为评价的社会团体名单，激励社会团体以高标准、严要求开展标准化工作。探索建立社会团体标准化良好行为规范信用记录制度。

⑨ **加强评价监督**。建立第三方评估、社会公众监督和政府事中、事后监管相结合的评价监督机制。通过第三方专业机构对团体标准内容的合法性、先进性和适用性开展评估。鼓励社会公众特别是团体标准使用者对不符合法律法规和强制性标准要求的团体标准进行投诉和举报，建立有关投诉和举报的处理机制，畅通社会公众监督反馈的渠道。**省级以上政府标准化行政主管部门依据职责权限可对团体标准内容的合法性进行随机抽查**。对违反法律法规和强制性标准的团体标准，省级以上政府标准化行政主管部门应督促相关社会团体限期改正或废止，拒不执行的，在团体标准信息平台上予以披露，并将有关情况通报社会团体登记管理部门。

明确《**指导意见**》的上述内容，即可尽快组织制定急需的一些产品质量团体标准。

目前，对于学会、协会、商会、联合会以及产业技术联盟等作为制定**团体标**

准的社会团体，各地还有不同的理解。有的地方要求这些社会团体必须在当地有30个以上的独立法人，辖区以外的独立法人还不算数，这就影响了一些**团体标准**的制订。关于"开展第三方评价"，也有不同的理解。这些问题，都会逐步得到解决。本书介绍的四个**团体标准**，实际上酝酿筹备了很长时间，最后，在安徽省甲醇燃料行业协会和福建省甲醇清洁燃料燃具行业协会得到落实。有了这些经验，更多的适应迫切需要的**团体标准**，将会比较快地制定出来。

6.2　关于《醇基液体燃料》的产品标准

GB 16663—1996《醇基液体燃料》，是第一个民用甲醇燃料的国家级标准。在国际上也有影响，对于我国甲醇燃料的开发，起到了重大的促进作用。只要严格地以这个标准作为法律依据，进行生产、营销和应用，作为炊事燃料和冬季采暖的燃料，这是**醇基液体燃料**完全可以胜任的。

第一，当年制定这个标准，主要是为了弥补石油液化气供不应求的市场急需，以便在炊事领域更多地替代煤炭、柴油、柴薪等燃料。当时所指的醇类原料，主要是合成氨化肥厂联产甲醇的半成品粗甲醇。后来，相关厂家都增加了精馏塔设备，粗甲醇都精馏成为精甲醇了，因而有关指标应该加以修订。

第二，有关企业和炊事领域的用户，依据这个标准，开发了相应的灶具，在全国范围内推广应用**醇基液体燃料**，取得了显著的成绩。据《甲醇时代》统计，截至2015年年底，全国已经在饭店和集体食堂推广应用大型的**醇基液体燃料**灶具**100.3**万套，深受用户欢迎，每年使用**醇基液体燃料**近千万吨，为替代紧缺的石油燃料和节制环境污染做出了重大贡献。但是，某些以**醇基液体燃料**为名称的产品，没有法定部门的检测，不知道是否真正符合 GB 16663—1996《醇基液体燃料》规定的质量要求，亟待规范 GB 16663—1996《醇基液体燃料》标准的检测和监督。

第三，《醇基液体燃料》标准，主要是针对炊事领域的，对于热值要求不高。原有的"一级、二级"两个等级，低热值分别为 21000kJ/kg、16750kJ/kg，即5000kcal/kg、4000kcal/kg，如果用于替代燃煤的蒸汽锅炉或工业窑炉燃料，这两个级别产品的热值是不足的，需要增加更高热值的级别。

第四，《醇基液体燃料》标准，主要是为了弥补石油液化气的不足，即为了替代一些石油燃料。实际上，**醇基液体燃料**的另一个重要功能是可以燃烧完全，高效节能、排放清洁，具有很好的生态环保效益，在我国亟须解决环境污染和雾霾天气问题的情况下，还应该宣示其清洁环保效益，新标准名称宜改为"**醇基清洁燃料**"，增加清洁环保方面的质量指标，其中包括与国家行业标准 NY 312—1997《民用醇基燃料灶具》的要求一致，增加清洁环保方面的废气排放质量指标要求。

第五，一个产品质量标准，随着科学技术进步、原料变化、应用市场变化，是需要不断进行修订的。但是，这个标准已经是二十多年以前的版本了，而且，在这二十多期间，科学技术有所进步，原料和应用市场的确也有所变化，因而，需要进行适当的修订了。

综上所述，建议尽快修订 GB 16663—1996《醇基液体燃料》标准。

6.3　关于《醇基清洁燃料》的产品标准

如上所述，**GB 16663—1996《醇基液体燃料》**，需要尽快修订。但是，按照规定，原来发布该标准的部门才有权修订。为了应对急需，北京超燃索阳清洁能源研发中心联合多家企业，先行制定了企业标准 **Q/CPCSN 0001—2017《醇基清洁燃料》**，已经通过专家论证，在北京市技术监督部门备案。

本标准将**"液体"**改为**"清洁"**二字，以便更加真实地体现这种燃料的内涵，更好地适应当前强调生态环保效益的新形势。在具体的质量指标中，要求必须有一定数量的内含氧，以便保证燃烧完全，高效节能，排放清洁。它与 GB 16663—1996《醇基液体燃料》的其他区别，在其"前言"中有具体说明。

这个企业标准，是经过 19 个企业的标准制订者一起讨论制订的，参加制订的相关企业，都可以参考执行本标准。参加制订的相关企业及其参加人员如下：

北京超燃索阳新能源研发中心冯向法、韩培学；安徽省甲醇燃料行业协会钱奕舟；上海超燃能源科技开发公司陈华云；河南新乡跨越新能源科技公司冯涛波；北京国泰民昌石油化工公司陈民；福建合米投资管理有限公司冯涛；山东临沂宸燃新能源科技有限公司陈书任；新疆奥威能源科技开发有限公司谭峰；河北坤圻恒醇科技有限公司陈彦芹；河北廊坊新亿昌环保科技有限公司孔立成；新疆阿克苏合米新能源有限公司赵彩霞；福建三明鼎沸有限公司陈玮；山东凯利迪能源科技有限公司王东；辽宁未来生物能源科技有限公司吴阳；宁夏隆和佳厨有限公司朱英俊；成都合米三和清洁汽车有限公司向劲忠；泸州超燃能源科技开发有限公司张海波；贵州安顺鼎极能源有限公司汪红。

因为企业标准缺乏公认的通用性，所以在本行业内部，应该努力将其升级为地方标准、行业标准、国家标准。但是，这样做的程序非常繁杂，根据以往经验，需要很长的时间，还需要比较多的费用。

好在我国质检总局、国家标准委"国质检标联〔2016〕109 号"文件，发出了《关于培育和发展团体标准的指导意见》的通知。按照这个通知和《指导意见》的要求，**全国团体标准信息平台**已经公布了一些**团体标准**。其中，在**醇基清洁燃料**及其燃具行业领域，有**安徽省甲醇燃料行业协会** 2017-11-29 发布的"**T34/AHJC 0004—2017《醇基清洁燃料安全操作规范》**和 **T34/AHJC 0005—2017《醇基清洁燃料》**"，以及**福建省甲醇清洁燃料燃具行业协会** 2018-03-15 发布的 **T/FJCX 0001—2018《商**

用餐饮行业醇基液体燃料燃具安全使用技术规范》和 T/FJCX 0002—2018《行业自律公约》。

笔者征得**安徽省甲醇燃料行业协会**和**福建省甲醇清洁燃料燃具行业协会**的同意和支持，将这四个**团体标准**加以全文引用和介绍，供本行业同仁参考，并且欢迎参加讨论，提出改进意见，也希望对于本行业制订更多更好的**团体标准**，起到示范的作用。

"**安徽省甲醇燃料行业协会** 2017-11-29 发布的两个团体标准"**T34/AHJC 0004—2017《醇基清洁燃料安全操作规范》**和 **T34/AHJC 0005—2017《醇基清洁燃料》**"，直接与本节相关，详见附录。

6.4　关于《醇基民用燃料灶具》的产品标准

6.4.1　概述

中华人民共和国农业行业标准 **NY 312—1997《醇基民用燃料灶具》**，是 20 年为了替代当时农村农户替代柴灶、煤炉等污染性灶具而制定的。如其前言所述："**主要参考了 CJ 4—83《家用煤气灶》的标准**"，"**对厨房中甲醇、一氧化碳等有害气体的允许浓度、燃料罐及管路的泄漏等安全的问题作了严格的规定**"。这段"**前言**"，说明是一个针对**家用灶**的产品质量标准，而且，明确提出了一些关于环保和安全方面的要求，非常可贵。

在此还需要说明，居民用的**家用灶**与饭店用的**商用灶**是有原则区别的。饭店的**商用灶**由专业的炊事人员操作使用，使用者必须具有专业知识和操作技能，承担着确保安全的责任。而**家用灶**的操作使用者，可能千差万别，特别是包括一些健忘的老人，其安全性必须充分保证。因为安全性还未能充分保证，所以，至今还没有真正符合 **NY 312—1997《醇基民用燃料灶具》**产品标准的居民**家用灶**。

二十多年来，按照 **NY 312—1997《醇基民用燃料灶具》**产品标准要求开发研制的居民**家用灶**，经历了**充气灶、自增压灶、加液灶**和**电热气化灶**等几个阶段，但是，都还没有彻底解决**家用灶**的安全问题。

充气灶是向密闭的醇基燃料容器中充入空气，形成一定压力的混合燃气，接入灶头燃用。它有**两个问题**：一是必须频繁充气，有时做饭中途就需要充气；二是充入的空气与甲醇形成了爆炸性的燃气混合物，一旦压力下降产生回火，就可能造成爆炸事故。这在气焊操作中有过教训，因此，**充气灶**第一个被否定了。

自增压灶是采用酒精喷灯原理，经过预热点火启动后，让火力反馈到液醇罐一些，随着液醇罐温度升高，液醇产生蒸气压供燃用。短时间还可以，时间长了，就会产生**正反馈**，即火力越大反馈越多，反馈越多火力越大，直到失控。这在酒精喷灯使用的过程中是经常遇到的不安全因素，因而**自增压灶**也被否定了。

加液灶已经作为营业饭店、集体食堂的**商用灶**使用了。但是，如果用于**家用灶**，仍然是有安全隐患的。**为什么呢？** 如果是气体燃料，泄漏后可以逸散掉，不在灶头积聚。如果是液体燃料，一旦阀门关闭不严，或者意外泄漏，就可能积聚在灶头，再次点火启用时就可能引起火灾事故。特别是对于某些健忘的老人，关错阀门是难免的。在试用的过程中，曾经出现过事故。因此，凡是**加液灶**，只能在营业饭店或集体食堂作为**商用灶**使用，不能用作**家用灶**。

有一种**智能型电热气化灶**，通过有控制的电加热，先在**甲醇气化箱**或**甲醇气化罐**中把液态甲醇变成甲醇蒸气，然后将甲醇蒸气作为**燃气**使用。这种**电热气化灶**，现在也还不是**家用灶**的合格产品。其中一个原因，是为了防止甲醇蒸气返回液态，气化温度高达 **180℃**，相应的甲醇蒸气压为 **2.7MPa**，超过了小型液化气钢瓶耐压 **1.6MPa** 的额定值，具有潜在危险。如果用减压阀减压，等于降低了甲醇蒸气温度，又可能产生返液现象。**另一个原因**，是完全依赖市电加热，既浪费又有潜在危险，在市电不能正常供应的地方无法使用。另外，还有一些难以达到 **NY 312—1997《醇基民用燃料灶具》** 标准要求的地方，详见下节关于**《醇基民用燃料灶具》**产品标准的解说。

6.4.2　NY 312—1997《醇基民用燃料灶具》产品标准的解读

NY 312—1997《醇基民用燃料灶具》，提供了生产、经营和使用醇基燃料家用灶的法律依据，在确保"安全"和防止污染环境等方面，都有具体的规定，是一个很好的家用灶产品质量标准，特别是在防止污染环境等方面的具体规定，与当前的环保要求一致，非常难能可贵。有关的具体规定，应该严格执行。

（1）**《醇基民用燃料灶具》**"3.2　基本参数"规定：

① 额定压力：不大于 **0.2MPa**。

解读：这样的压力还在不大于 **0.25MPa** 的"常压"范围之内，相应的甲醇气化温度不大于 **89℃** 即可。如果将甲醇气化温度定为 **180℃**，相应的压力 **2.7MPa**，远远大于 **0.25MPa**。也就是说，只要甲醇气化温度大于 **89℃**，相应的压力就不再是常压了。而当甲醇气化温度不大于 **89℃** 时，相应的压力都在不大于 **0.25MPa** 的常压范围之内，安全性比较有保证。值得注意的是，这时甲醇蒸气比较容易返回液态，需要采取相应的措施，解决这个问题。

② **燃烧器热负荷**：大于 **10500kJ/h**，小于 **16700kJ/h**。

解读：热负荷就是热功率，热负荷"大于 **10500kJ/h**，小于 **16700kJ/h**"这个规定，相当于 **2.92～4.64kW** 的热功率，如果热功率不在这个范围内，就不能称其为家用灶。

换算的方法是将 **kJ/h** 变成 **kJ/s**，**kJ/s** 就是 **kW**。

（2）《醇基民用燃料灶具》"4.2 燃烧稳定性"规定：

① 燃烧器的火焰应均匀，点燃一火孔后，火焰应在 4s 内传遍所有火孔。

② 在 **0.5～1.5 倍**燃料箱额定压力波动范围内，火焰燃烧应稳定，不得产生黄焰、回火、脱火及离焰。

解读：一些试验产品或者自称为**家用灶**的产品，多呈现**黄焰，甚至红焰**。这样，不仅稳定性不合格，热效率和排放的 **CO** 指标也不会合格。这是因为燃料与空气的比例不合格，燃料过剩而空气过少，就不可能燃烧完全。正常的火焰应该是微蓝色的。

③ 小火燃烧稳定性：**3min** 内无断焰、回火。

④ 在额定热负荷下使用时，**热效率对一级品应不小于 55%，对二级品应不小于 50%**。

解读：一些试验品达不到这样的热效率。如果火焰是又高又长的黄焰或红焰的，则一定达不到**热效率不小于 50%** 的二级品最低要求。一些产品说明书的图片，火焰就是长黄焰，等于自己坦白承认"**本产品热效率不合格**"。

⑤ 燃烧废气中，（过剩空气系数 a=1 时）一氧化碳含量：一级品应不大于 0.05%，二级品应不大于 0.1%。

解读：④、⑤两条，是必须达到的要求，火焰长的、黄色的，一氧化碳含量肯定不合格。这是因为燃料气与空气配比过剩，需要到较远的地方找空气氧进行氧化燃烧反应，所以，难以完全燃烧，火焰就变长、变黄。

⑥ 在 **0.5 倍**燃料箱压力下，燃烧器的火焰与灶面平行的流速为 **1m/s** 的风力影响下，不得产生回火或熄火。

⑦ 在灶具正面水平距离 0.5m 处，燃烧器噪声应小于 **65dB**。

解读：现有试制品多数不合格，特别是气化温度达到 **180℃**时，噪声必然超标。

⑧ 灶具各部位表面温度应小于表 6-1 的数值。

表 6-1 醇基民用燃料灶具各部位表面的最高允许温度

部 位	温度/℃
操作时手必须接触的部位	室温+30
操作时手可能接触的部位	室温+70
操作时手不易接触的部位	室温+110
阀门壳体	室温+130

⑨ 在 **0.5～1.5 倍**燃料箱额定压力下应能正常点燃燃烧器。

⑩ 燃料箱、液路至燃料阀全系统应严密不漏液、气。用 0.3MPa 试验压力稳压 **1min**，不得有压降现象。

（3）《醇基民用燃料灶具》"4.3　燃烧废气"规定：

使用醇基民用燃料灶具时厨房空气中有害气体的最高允许浓度见表 6-2。

表 6-2　使用醇基民用燃料灶具时厨房空气中有害气体的最高允许浓度

项目	NY 312 最高允许浓度/（mg/m³）	与 NY 312 比较的一些参考值	
		GB 16297（大气污染物）最高允许浓度/（mg/m³）	《锅炉大气污染排放标准》GB 13271—2014 规定值/（mg/m³）
甲醇	≤5	190（12）	
甲醛	≤0.13	25（0.20）	
氮氧化合物	≤0.5	240（30～50）	**2017 年开始，原有的 50；新建的 30**
一氧化碳	≤25	30～50	
二氧化碳	≤1	（缺）	

解读：这是一项非常重要的规定！特别是当前强调生态环保要求的情况下，这种指标尤其具有现实意义。凡是不符合这种规定的，必须改进为符合这种规定。表 6-2 中增加了"**与 NY 312 比较的一些参考值**"，由此可见，NY 312 最高允许浓度之中，甲醇、甲醛、氮氧化合物、一氧化碳，都比最严格的参考值还要严格，这对于炊事人员接触的厨房小环境尤其重要。

（4）《醇基民用燃料灶具》"4.5.5　电点火"规定：

① 应安全可靠，在启动 10 次中，其点燃次数不得少于 8 次，且不得连续 2 次不着火。

② 电点火安全电压应不大于 **36V**。

③ 点火电极点火处，应不接触火焰。

④ 点火装置带电部分的绝缘体与不带电的金属部分，绝缘电阻不小于 1MΩ。

⑤ 点火装置的两个电极之间的缝隙、电极与点火燃烧器之间、点火燃烧器与燃烧器火孔之间的位置应准确、固定。

⑥ 电点火的零部件应设置在不易损坏的部位，零部件应坚固耐用。点火燃烧器的火焰不得导致其他部位过热。

解读：这是确保质量和安全的规定，不可忽视。

（5）《醇基民用燃料灶具》"4.5.6　燃料箱"规定：

燃料箱为压力容器，要求试水压 **0.6MPa**，试验合格后再组装。

解读：这里说的燃料箱指自增压灶的燃料箱，**电加热气化灶**需要类似的燃料箱，要比照执行。目前，某些电加热 180℃的试验品，"试水压 **0.6MPa**"是没有意义的。

（6）《醇基民用燃料灶具》"6　安全事项"规定：

① 全系统管路及接头、填料均应在 **0.3MPa** 压力下及 **150℃**下无液、气泄漏。

② 燃料的预热温度应在 100～120℃间，燃料箱中燃料温度不得高于燃料的沸点。

解读：**电热气化灶**预热气化温度 180℃是超标的，预热气化温度小于 89℃可以控制甲醇蒸气压在不大于 **250kPa** 的常压范围。

③ 油阀的开度要有限量装置，最高流量不得超过 **1kg/h**。

解读：**1kg/h=16.7g/min**，燃烧后产生的火力为 **4.64kW**，这是家用灶的火力上限，没有这个上限限制，就不能称其为**家用灶**。

④ 对自升压式灶具，其燃料箱应有超压（大于 **0.3MPa**）时的保险或自动卸压装置，泄出的燃料蒸气应导致燃烧器火孔上烧掉，而不允许排入大气。

解读：自升压式灶具已被淘汰，但是，**电加热气化灶**有类似的问题，要比照执行。

⑤ 点火预热时间不得超过 **3min**。

解读：**3min** 时间仍然有些过长，宜控制在 **1min** 之内。

NY 312—1997《醇基民用燃料灶具》解读小结：灶具是炊事必不可少的设备，如果没有好的灶具，好的燃料也不能发挥好的作用。从柴薪灶（锅台）设置适当的烟囱或附加风箱等鼓风设备，并且经历了一再地改进和优选。煤炉的品种更是多种多样，从煤泥炉、碳块炉、煤球炉到蜂窝煤炉，也在不断改进。因此，凡是研发醇基清洁燃料的，必须同时研制先进的醇基清洁燃料燃具。我国的专利产品**醇燃料自动气化灶、自动吸醇气化灶和光醇互补气化灶**，均是按照**《醇基民用燃料灶具》**产品标准要求制作的。

国家农业行业标准 **NY 312—1997《醇基民用燃料灶具》**，虽然还没有合格产品正式上市，但是，它是一个非常重要的产品质量标准。特别有利于解决广大农村炊事大量燃用散煤造成雾霾天气的问题。同时，"全球清洁炉灶联盟"与我国有关方面约定，2020 年底以前，我国的广大农村和牧区，要有 4000 户居民告别燃用煤炭、柴薪和垃圾粪便等肮脏燃料的炉灶，改为燃用清洁燃料的清洁炉灶，**醇基民用燃料灶具**将是比较好的选择。因此，我们不仅要特别重视执行国家行业标准 **NY 312—1997《醇基民用燃料灶具》**，而且要根据燃料变化，进一步研制出符合对 **NY 312—1997《醇基民用燃料灶具》**要求的新灶具。

6.5　关于《中餐燃气炒菜灶》的产品标准

6.5.1　概述

中华人民共和国城镇建设行业标准 **CJ/T 28—2013《中餐燃气炒菜灶》**，是我国炊事领域一个重要的产品质量标准。它起源于原来的国家标准 **GB 7824—1987《中餐燃气炒菜灶》**，后为 **CJ/T 28—1999《中餐燃气炒菜灶》**修订替代。2003 年又修订为 **CJ/T 28—2003《中餐燃气炒菜灶》**。2013 年再次修订为 **CJ/T 28—2013**

《中餐燃气炒菜灶》，这次修订了多项重要内容：

　　① 增加了材料要求。特别值得注意的是：

　　"炒菜灶的隔热、密封应使用**不含石棉成分的材料**。"

　　"与食品直接接触的部件及有可能接触的部件，应使用耐腐蚀、不污染食物、对人体无害的材料。"

　　这两项说明修订的新标准对于安全性更加重视了。

　　② 增加了热效率要求和试验方法（见 6.9、7.10）。

　　最初标准 GB 7824—1987 本来是有这项要求的，数据是"**热效率不小于 20%**"，当时许多产品达不到这个要求，国外进口商也提出了这个问题，因而后来取消了。

　　新修订的标准 **CJ/T 28—2013**，不仅恢复了这项要求，而且，提高为"**热效率不小于 25%**"。这说明我国产品的热效率提高了，产品质量更好了。

　　请注意，火力越大，损失越多，对于火力上限为 **60kW** 的大型**中餐燃气炒菜灶**，达到"**热效率不小于 25%**"的要求，的确是不容易的，但是不是不可能的。

　　如果效率提高5%，对于节能减排将是一个重大贡献。以燃用**醇基清洁燃料**为例，因为甲醇有 50%的助燃内含氧，所以，有利于做到高效、节能、减排。例如，2015 年底以前，我国饭店、集体食堂使用**醇基清洁燃料**的**中餐燃气炒菜灶**达到 **100.3 万套**，每年使用醇基清洁燃料约为 **1000 万吨**，如果热效率提高 **5%**，每年就可以节约 **50 万吨**燃料，同时减少了这 **50 万吨**燃料的尾气排放。

　　可惜的是，目前市场上一些使用**醇基清洁燃料**的**中餐燃气炒菜灶**，并没有达到"**热效率不应小于 25%**"的要求。为什么呢？因为空气与醇蒸气的比例不合适，**过剩空气系数** $a<1$，出现了过高过长的黄焰，说明燃烧不充分。

　　过剩空气系数 a 是实际所用空气数量与理论上使燃料氧化反应完全所需要的空气数量的比值，当 $a<1$ 时，提供的空气数量不足，氧化反应不充分，就使得燃烧不完全。改进的办法是调整空气与醇蒸气的比例，使得**过剩空气系数** a 略大于 **1**。一般情况下，$a=1.1$ 到 $a=1.2$ 时，比较合适。怎样调整空气与醇蒸气的比例呢？带鼓风机的灶具，要加大鼓风量，这也就是必须配用中高压鼓风机的道理。不带鼓风机的灶具，要调节文丘里吸气管的结构，就是增加吸气空的孔径或者孔数。但是要注意，**过剩空气系数** a 也不能过大，过大时就会空气过量，出现火焰**稀燃**，甚至**离焰**或者被吹灭的**断焰**等不正常的燃烧。

　　③ 补充了电气性能要求。

　　④ 修改了燃气系统密封性要求和试验方法。

　　⑤ 修改了噪声要求。

　　原来非鼓风式**要求噪声≤65dB(A)**；鼓风式要求**噪声≤85dB(A)**。熄火噪声均为 **≤85dB(A)**。新标准不再分鼓风式或非鼓风式，而是将**运行噪声分为三级**：一级

≤65dB(A)；二级≤70dB(A)；三级≤80dB(A)。熄火噪声≤85dB(A)。

可惜的是，目前上市的产品噪声大多数都超过了这些标准。这也是用户不够满意的一个方面。

噪声超标的主要原因有两个：一是燃气压力过高；二是灶壳结构和材料不合适。

解决办法：一是降低燃气压力，当甲醇气化温度超过100℃时，甲醇蒸气压力就开始超过高压低端的250kPa，会产生不安全因素，并且招致要求设备必须耐高压的麻烦。如果甲醇气化温度再增高，噪声就会跟着增加，不安全因素更多；二是改善灶壳结构或材料，对于一般不锈钢材料来说，增加厚度或者适当加一些皱褶或筋条即可。

⑥ 修改了熄火保护装置耐久性要求。

⑦ 删除了原标准中的"标准必要性评定"章节。结合当前形势，笔者觉得删除这个章节似乎有些可惜，因为有些人会忽视某些标准的要求。

2003版的原文"标准必要性评定"有哪些内容呢？其中："4.1 标准化项目的目的和用途"讲道：①促进贸易；②保护环境；③改善安全和健康；④实施标准可促进新技术的发展；⑤实施标准可改善安全性并降低成本。

如果单就标准格式而言，这些内容可以删除，但是，如果讲究现实意义，这些内容对于 CJ/T 28《中餐燃气炒菜灶》的确仍然是非常重要的，例如：

关于**促进贸易**：就是促进市场活跃，因为没有产品标准，就没有进入市场的法律依据，就进不了市场。**醇基清洁燃料**气化后，依据 CJ/T 28《中餐燃气炒菜灶》进入市场，就是取得了一个"准生证"。

关于**保护环境**：这一点现实意义尤其重大。目前京津冀地区的环境污染和雾霾天气，与炊事燃用散煤有直接的关系。用什么燃料燃具替代炊事燃料燃用散煤呢？燃用**气化醇基清洁燃料**的中餐燃气炒菜灶，是个上佳选择。如果大力推广应用，将对于节制京津冀地区的环境污染和雾霾天气有重大贡献。

再看关于**改善安全和健康**：数千年来，对于人类生存发展不可缺少的**炊事**，一直摆脱不了"烟熏火燎"的毒害，不仅污染和毒害炊事人员，中国农民敬奉的"灶神"，也被烟熏成灰头灰脸的"皂神"。即使改用了**煤气、天然气、液化石油气**，仍然有**煤气中毒**和**燃气爆炸**的危害。为了消除这些实实在在的危害，我们为什么不改为燃用气化醇基清洁燃料的中餐燃气炒菜灶呢？

关于**实施标准可促进新技术的发展**：这是我们建设**创新型国家**的关键举措。在**醇基清洁燃料**研发方面，我国确实有许多创新进步。有了创新进步，就需要制订或修订相应的产品标准。有关产品标准的缺失，严重影响了这些创新的产品化和商品化。

因此，我们建议再次修订这个标准时，恢复原标准中的**"标准必要性评定"**内容。

6.5.2　关于醇基燃料中餐炒菜灶的产品标准

2006 年鉴定**新型醇基液体燃料及其自动气化灶**时，灶具质量测试就出现了执行什么标准的问题。当时，与国家授权的**河南省节能及燃气具产品质量监督检验站**商定，执行**《中餐燃气炒菜灶》**的标准，产品名称定为**醇基燃料中餐炒菜灶**。

在**"检验依据"**栏目内，填写的是**"参照 CJ/T 28—2003《中餐燃气炒菜灶》"**。检验结果全部合格，其中，**"烟气中一氧化碳含量"**特别低，**CJ/T 28** 标准要求**"≤0.1%"**，实测结果是**"≤0.001%"**。长期应用的实践表明，燃用醇基燃料的**中餐气化炒菜灶**，非常受用户欢迎。

CJ/T 28—2003 的分类栏目 **4.1.1** 中，规定**"按使用燃气种类：人工煤气炒菜灶，代号 R；天然气炒菜灶，代号 T；液化石油气炒菜灶，代号 Y"**。参照这样的分类规则，建议再次修订这个标准时，加上**"醇基燃料燃气中餐炒菜灶，代号 C"**，以便使得**醇基燃料气化灶**正式执行 **CJ/T 28《中餐燃气炒菜灶》**的产品质量标准。

按照 **CJ/T 28—2003《中餐燃气炒菜灶》**的**"型号编制"**规定，主火额定热负荷 **21kW**，总额定热负荷 **42kW**，企业自编序号为 **A** 型的双眼醇基燃料鼓风中餐炒菜灶的型号表示为：**ZCCG2-21/42A**。

国家授权的**河南省节能及燃气具产品质量监督检验站**的检验报告如图 6-1 所示。

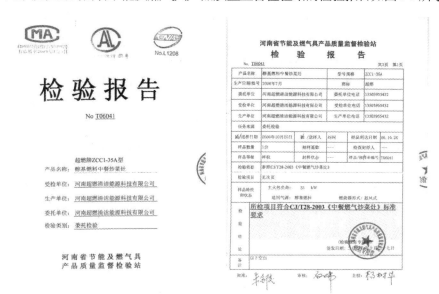

图 6-1　有关醇基燃料中餐炒菜灶的检验报告

在 CJ/T 28—2013《中餐燃气炒菜灶》再次修订前，如果哪个地方的技术监督部门还没有认可"参照执行"，就先制订企业标准或团体标准，全部引用 CJ/T 28—2013《中餐燃气炒菜灶》的内容，只在"4.1　分类"的栏目内，加上一句话"醇基燃料燃气炒菜灶，代号 C"。

6.6　关于醇燃料自动气化灶的产品标准

这是一个需要新制订的产品质量标准，须遵照制订标准的规则 GB/T 1.1—2009。原则上，醇燃料自动气化灶的大灶参考 CJ/T 28—2013《中餐燃气炒菜灶》，醇燃料自动气化灶的家用灶参考 NY 312—1997《民用醇基燃料灶具》，同时，需要加上醇燃料自动气化的相关内容。

首先，要弄清楚气化灶与雾化灶的区别。

初期的雾化灶，是借用柴油灶的结构。因为柴油是多沸点的混合物，并且沸点高达 180~325℃，所以，只能采用雾化的办法。雾化灶采用中、高压风机，风压越高，雾化效果越好，燃烧效率越高。

气化灶利用了单沸点化合物甲醇、乙醇的低沸点，在 64.7℃以上就可以使液态甲醇气化为甲醇蒸气，在 78.5℃以上就可以使液态乙醇气化为乙醇蒸气。

气化与雾化的最大区别是气化后达到分子状态，分子是很小的，一个很小的雾粒尺寸就比分子的尺寸大几百万倍，因而雾粒的表面积就比分子的表面积小几百万倍，这就使得气化为分子状态的甲醇、乙醇蒸气，燃烧效率比雾化成雾粒的燃烧效率高得多。

鼓风雾化的中餐燃气炒菜灶燃烧效率，要求"不小于 25%"，就不容易达到。而气化的民用醇基燃料灶具燃烧效率。二级灶要求"不小于 50%"，一级灶具要求"不小于 55%"，是可以达到的。即使按照二级灶要求"不小于 50%"计算，也二倍于中餐燃气炒菜灶"不小于 25%"的燃烧效率。

笔者研制成功的新型醇基液体燃料及其自动气化灶，2006 年进行评审鉴定时，鉴定意见特别指出："以使液体燃料气化替代雾化为主要特征，……高效节能、清洁环保，有重大创新"。"高效节能"到什么程度呢？就是把燃烧效率要求"不小于 25%"提高到"不小于 50%"！燃烧效率提高了一倍，相应的就是高效节能、清洁环保，因为节省的一半燃料就不再有尾气排放了。自此以后，我国出现了一系列替代雾化灶的气化灶。制订醇燃料自动气化灶的产品质量标准，要把这个技术创新体现出来。

第二，要明白电加热气化灶与自动气化灶的区别。

电加热气化灶是依靠市电提供热能，将甲醇或乙醇从室温加热到它们的沸点以上，再气化成为醇蒸气供燃用的。这样，一是必须拥有市电条件；二是必须耗费市电；三是目前的**电加热气化灶**加热温度太高，多数高达 **180℃**，不仅浪费能量，而且对于甲醇来说，造成 **2.7MPa** 的高压，具有安全隐患。

　　自动气化灶是利用灶火余热，使得**局部**液醇达到沸点以上变成醇蒸气供燃用的。因为只是**局部**液醇气化，所以耗费能量很少。这样，就可以不用市电，用一个充电式锂电池启动后，就可以持续自动气化了。从室温到沸点以上并且再进行气化所需要的热能，都可以节省下来。设定余热利用气化的温度，对于甲醇来说，设定温度不超过 89℃，即可使得产生的甲醇蒸气压力在不大于 **250kPa** 的常压范围内，安全性比较好。

　　本节所述**醇燃料自动气化**的产品标准，首先要符合 **NY 312—1997**《民用醇基燃料灶具》的要求，同时，要加上**醇燃料自动气化**相关的内容：

　　① 铜质燃烧头和挡火圈的强化吸热装置，要与自动加热气化需要吸热的数量相匹配。强化吸热装置采用相关专利（ZL200620030191）的原理，要给出翅片受热面积范围。

　　② 导热系统要设置智能控制部件，确保恰好提供醇燃料气化所需温度，相应的热量既不能多，也不能少。

　　③ **大型的醇燃料自动气化**，建议采用**液体燃料半气化灶头**（ZL200720092263）的专利技术，可以省略预热装置和预热时间。其原理是开始输入液醇，点燃后加热铜质灶头，铜质灶头很快升温达到可以气化液醇的温度，使之随后持续加入的液醇，自动气化为醇蒸气供给燃用。

6.7　关于自动吸醇气化灶的产品标准

　　自动吸醇气化灶是一种专利新产品，专利号 ZL201621131410。

　　原有专利产品**醇燃料自动气化灶**，在替代煤炉、柴灶、燃气灶、燃油炉的应用中，变自然燃烧和雾化燃烧为气化燃烧，提高了热效率，在燃烧完全和不用鼓风机而能持续自动气化燃烧等方面，比较清洁、方便、可以不用市电，在商业饭店和集体食堂等炊事领域，取得了良好的效果。但是，这种**醇燃料自动气化灶**如果在家庭中使用，仍然存在一些安全隐患。因为**家用灶**操作使用者千差万别，特别是一些健忘的老人，一旦操作不妥或者阀门关闭不严，就会造成液醇泄漏积聚于灶头，再次点火启动时就可能造成火灾事故。如果借用**煤油炉**吸取液料燃烧的原理，制成燃烧灯芯的**吸醇炉灶**，问题是灯芯经常被烧得焦化，需要频繁地调整，非常麻烦。

　　为了解决上述问题，通过大量实验和示范应用，研制成功了**自动吸醇气化灶**。它的特点：一是用灯芯自动吸醇，而不是向灶头注入液醇；二是火焰是由气化了的甲醇蒸气产生的，而不是从吸取液醇的灯芯上燃烧产生的，这样，既能排除外加液醇燃料泄漏积聚灶头的安全隐患，又能防止吸取液醇的灯芯被烧得焦化。

自动吸醇气化灶的缺点是火力比较有限，难以制成营业饭店或集体食堂使用的大型**中餐燃气炒菜灶**，主要用于**家用灶**，以及火力较小的可以用于**野炊灶**或者**火锅灶**。本文仅以**自动吸醇气化家用灶**作为示例说明。

自动吸醇气化家用灶的主要技术质量要求，是满足 **NY 312—1997《醇基民用燃料灶具》**的要求，加上**自动吸醇部件**和**自动气化部件**两项技术要求。**自动吸醇部件**要有符合要求的快速吸醇**芯料**及其相应的尺寸。**自动气化部件**要有符合要求的预热部件和火焰余热反馈系统。预热部件采用可以充电的锂电池和控温加热套。火焰余热反馈系统分为两部分：①铜质燃烧头和挡火圈的强化吸热装置要与其加热气化需要的热力相匹配，参照相关专利的原理，设计出强化吸热翅片的受热面积。②导热系统要设置智能控制部件，确保提供**灯芯**所吸取液醇气化所需要的热量，既不能多，也不能少。

制定标准的规则，按照 GB/T 1.1—2009 要求执行。

NY 312—1997《醇基民用燃料灶具》的要求，不再重复列举，**自动吸醇部件**和**自动气化部件**的技术要求见表 6-3。

表 6-3   自动吸醇气化家用灶附加技术要求

项　　目		技　术　要　求
自动吸醇部件	芯料选择	优质亲水吸醇物料
	灯芯尺寸	长短≥10cm、内径≥2.5cm
	吸醇能力	吸取液态甲醇≥10g/min
自动气化部件	锂电池	参考：9.6V（1.5Ah）
	加热套控温范围	76～89℃（76℃以前的热源来自火焰余热反馈系统）
	火焰余热反馈系统	翅片面积和热传导系统，由试验确定，以达到加热套控温下限76℃为准

6.8   关于固体酒精的产品标准

第 4.3 节"**固体醇基清洁燃料**"一节中提到，液态醇类加入适当的固化剂，可以制作**固体醇基清洁燃料**，就是市场上的**固体酒精**。

固体酒精比液体酒精安全性好一些，通常应用于餐饮业、旅游业和野外作业。合格的固体酒精燃烧时无烟尘，自然燃烧的火焰温度约为 600℃。2g 固体酒精约可燃烧 1min。

在我国，一般称乙醇为酒精，在美国和其他一些国家，甲醇和乙醇统称酒精。因为甲醇比乙醇具有更多的助燃内含氧，清洁环保性能更好，而且廉价易得，所以，符合国家标准 GB 338 要求的工业用甲醇，也被用作固体酒精的原料。

固体酒精有不同的固化剂和固化工艺。常用的固化剂主要有：乙酸钙、硝化纤维、羧基纤维素、高级脂肪酸硬脂酸等。

固体酒精的产品标准，首先要规定低热值的下限值，参照《**醇基液体燃料**》的二级品低热值>16750kJ/kg（4000kcal/kg）。这样就控制了不产生热值的固化剂用量。如果所用原料是**工业乙醇**（乙醇含量 95%），用量>70%即可。如果所用原料全是**工业用甲醇**，需要用量不小于 80%才可以保证达到所要求的热值。如果原料是**混合醇**，或者所用固化剂也有热值，则另行具体计算，以达到热值要求为准。

固体酒精的产品标准，还要对其形态有所要求，建议参考沥青标准，规定适当的**软化点**和**针入度**。**软化点**表征的是在这个温度，固体酒精开始软化变形。**软化点**适当高一些有好处。**针入度**表征的是固体酒精结实程度，**针入度**应该适当地小一些，这样固体酒精比较结实，有利于存放和运输。

固体酒精的产品标准，还应该设定环保和安全指标，例如，燃烧时不得冒烟，不得产生异味，不得含有氧化剂使得燃烧时噼啪作响，等等。

制订标准的规则，应该按照 GB/T 1.1—2009 要求。

6.9 醇基清洁燃料容器急待实现标准化

醇基清洁燃料推广应用中的乱象之一就是没有标准化的容器。常见的是采用材质、结构和尺寸大小不同的料箱、料罐，五花八门。

作为基本的参考，GB 338—2011《工业用甲醇》6.2 规定："工业用甲醇应用清洁干燥容器包装，包装容器应严加密封"，如果包装容器不严加密封，不仅会损失一些液醇，还会污染空气。GB 16663—1996《醇基液体燃料》6.2 规定："包装桶外应有下列标签、标志；商标、产品名称和产品标准的编号、总质量、生产厂名称和地址、严禁烟火、切勿倒置等字样或标志。"

醇基清洁燃料在室温下是液态，即使在天气最热的夏季气温（太阳直接照射除外），相应的蒸气压也在常压范围内，不需要高压容器，这是与液化气钢瓶最大的区别，也是突出的优点。但是，随着气温升高产生的饱和蒸气压，仍然会使得醇蒸气逸散损失和污染空气。

以液化石油气钢瓶为例，仅结构和尺寸大小不同，就有 15 个不同的型号。表 6-4 是液化石油气钢瓶常用的几个规格型号，供制订醇基清洁燃料容器标准时参考。

表 6-4 常用液化石油气钢瓶规格型号

型号	钢瓶内径/mm	公称容积/L	主体材质牌号	设计壁厚/mm	名义壁厚/mm	最大充装量/kg	钢瓶重量/kg	钢瓶高度/mm	备注
YSP4.7	200	4.7	HP295	1.6	2	≤1.9	3.4	305	耐压≥1.6MPa

续表

型号	钢瓶内径/mm	公称容积/L	主体材质牌号	设计壁厚/mm	名义壁厚/mm	最大充装量/kg	钢瓶重量/kg	钢瓶高度/mm	备注
YSP12	244	12	HP295	2.0	2.5	≤5	7	430	耐压≥1.6MPa
YSP23.5	314	23.5	HP295	2.5	3	≤9.8	13	526	耐压≥1.6MPa
YSP35.5	314	35.5	HP295	2.5	3	≤14.9	16.5	680	耐压≥1.6MPa
YSP118	400	118	HP325	2.9	3.5	≤49.5	47	1200	气相和液相

醇基清洁燃料在常温下是液态，相应的饱和蒸气压也在常压范围内，不需要高压容器。这是与液化气高压钢瓶容器的最大区别和优点。但是，随着气温升高，饱和蒸气压也升高，需要防止醇蒸气逸散损失和污染空气。

比较理想的醇基清洁燃料储罐可以有两种选择：

① 能够耐受 50℃气温时相应的甲醇饱和蒸气压 55.5kPa（<250kPa，仍为常压）。

② 采用**浮顶罐**，即在醇基清洁燃料储罐的上部附加一个能够上下浮动的浮顶。当气温上升时，甲醇饱和蒸气压随着上升，浮顶也随着向上移动；当气温下降时，浮顶随着甲醇饱和蒸气压下降，浮顶也随着向下移动。这样，随着甲醇饱和蒸气压上升，排出的气体是浮顶上面的空气，不是甲醇的饱和蒸气，不会造成甲醇燃料损失，也不会污染环境的空气；随着甲醇饱和蒸气压下降，浮顶上面的空间吸进的空气不进入甲醇料罐，不会在甲醇料罐内形成爆炸性的混合气，也不会吸进潮湿空气中的水分，这是非常重要的。

安徽圣宝新能源科技有限公司设计的醇基清洁燃料金属储罐（图6-2），可供本行业同仁参考。

图 6-2   一种醇基清洁燃料金属储罐

这种标准化设计制作的醇基清洁燃料金属储罐的特点之一，是可以实现智能化灌装、监控和定量输出液醇，为醇基清洁燃料经销商和用户提供方便。

醇基清洁燃料的储罐，不必是笨重的厚实钢瓶，比较薄的不锈钢或者具有阻燃性能的塑料也是可行的。可以参考石油液化气钢瓶，设计几种尺寸大小不同的型号。

使用醇基清洁燃料的储罐时，应该注意以下的一些事项：

① 搬运储罐时应该轻拿轻放，禁止摔碰和滚动。

② 储罐不得在烈日下暴晒。

③ 储罐附近不得有其他火源、热源，不得存放易燃易爆物料。

④ 储罐必须竖立放置。

⑤ 储罐须放置在干燥、通风、无腐蚀的环境中，电气不得有电火花发生。

⑥ 分装储罐中的醇基清洁燃料时，必须谨慎操作，应该杜绝火源，并且严防醇基清洁燃料溅洒。

在国家还没有统一规格的醇基清洁燃料储存容器的情况下，业内同仁可以发挥各自的聪明才智，设计出安全、方便、有特色的示范性样品，为醇基清洁燃料储存容器标准化，做出贡献。

6.10　醇基清洁燃料锅炉燃烧器急待实现标准化

燃烧器也叫**燃烧机**。它是一种将燃料通过燃烧转化为热能的设备。理论上，它包括打火机、喷灯、炊事炉灶、取暖炉具、蒸汽锅炉燃烧器、工业窑炉燃烧器等。

按照**发热功率**划分，**家用灶规定为 2.33~4.64kW，中餐燃气炒菜灶通常为 21~42kW**。蒸汽锅炉和工业窑炉燃烧器的功率要大得多。例如，**1t/h** 蒸汽锅炉的功率是 **690kW**。锅炉的效率一般按 **90%计算**，燃烧机至少要匹配功率能够达到 **690/0.9=767kW**。如果燃烧器实际的热效率低于 **90%，就**需要进一步修正。

按照**所用燃料**划分，有燃油燃烧机（柴油燃烧机、重油燃烧机）和燃气燃烧机（天然气燃烧机、煤气燃烧机等）。醇基清洁燃料可以归入燃油燃烧机之类，也可以归入燃气燃烧机之类。

燃油燃烧机是进行雾化燃烧的，适于高沸点和多沸点混合物燃料，醇基清洁燃料添加增热辅料较多时，作为燃油燃烧机进行雾化燃烧是比较合适的。

如果醇基清洁燃料中以甲醇为主，首先将液态甲醇气化为甲醇蒸气，就可以作为燃气燃烧机燃料。因为甲醇的沸点只有 **64.7℃**，所以是很容易气化为甲醇蒸气的。这是甲醇作为燃料的优点之一。为了便于储存运输，让它以液态的形式出现；为了便于高效燃烧，又可以让它以气态的形式出现。

相对于柴油、重油、天然气、液化气等，甲醇的热值较低，吸潮或者调配时含有水分的甲醇燃料，还有一些腐蚀性，因此，甲醇燃烧机或者醇基燃料燃烧机有自己的特点，需要制订自己的产品质量标准。

特别是在当前的形势下，由于蒸汽锅炉大量燃煤对于环境污染和雾霾天气影响较大，急待将燃煤的蒸汽锅炉改为燃用清洁燃料的蒸汽锅炉，醇基清洁燃料就是一种比较理想的选择，所以，制订醇基燃料燃烧机产品标准尤为迫切。

目前，因为醇基燃料燃烧机的产品质量标准尚且缺失，自制的醇基燃料燃烧机设备质量参差不齐，造成了市场比较混乱。在 2018 年 4 月 12～13 日的任丘展览会上，仅任丘本市的燃烧机厂家就超过 15 家，产品没有标准依据，有的做工粗糙，品质低劣，使用中造成事故在所难免。醇基燃料行业也因此面临着困境。

本节说的燃烧器主要指醇基清洁燃料蒸汽锅炉和工业窑炉的燃烧机。

好在燃用柴油、重油、天然气、液化气的燃烧机已经有现成的质量标准，将其加上醇基清洁燃料的特殊要求，就可以制订出醇基清洁燃料燃烧机的质量标准。

为了适应生态环境保护的迫切需要，本身清洁、尾气排放符合环境保护要求的醇基清洁燃料蒸汽锅炉和工业窑炉，已经开始普遍出现。这些醇基清洁燃料蒸汽锅炉的尾气排放执行什么标准，环保部在给河北省环保厅的复函中已经明确表明，并且要求其他省、市、自治区的环保部门遵照执行。因为这个复函对于指导当前推广应用醇基清洁燃料蒸汽锅炉非常重要，现将它的主要内容介绍如下：

文件编号为"环函〔2015〕319 号"。文件名称为《关于醇基燃料锅炉执行标准有关问题的复函》。复函针对"河北省环境保护厅"。复函内容为："你厅《醇基燃料锅炉执行标准有关问题的请示》（冀环科〔2015〕178 号）收悉。经研究，现复函如下：醇基燃料是一种以甲醇为主，混合有乙醇、丙醇等多元醇类和烷烃的低热值液体燃料。充分燃烧后会排放一氧化碳、烃类物质、二氧化碳、氮氧化物和颗粒物。欧盟、德国等国外锅炉排放标准中，均将甲醇、乙醇、沥青、燃料油归类为液体燃料类，执行统一的标准限值，建议醇基燃料的锅炉参照《锅炉大气污染物排放标准》（GB 13271--2014）中燃油锅炉的排放控制要求执行。"

在具体划分醇基清洁燃料燃烧机的品种档次时，常常采用市场习惯采用的单位，蒸汽锅炉与热水锅炉的功率是这样定义和换算的：

① 锅炉是一种能量转换设备，向锅炉输入的能量有燃料中的化学能，有电能，还有高温烟气的热能等形式，而经过锅炉转换，向外输出的是具有一定热能的蒸汽、高温水或有机热载体。

② 按介质来分，锅炉可以分为：蒸汽锅炉、热水锅炉、汽水两用锅炉、有机热载体锅炉。热水锅炉是锅炉的一种。 按燃料来分还可以分为：燃煤锅炉、

燃油锅炉、燃气锅炉、生物质锅炉和醇基燃料锅炉等种类。

③ 蒸汽锅炉一般用额定的蒸汽蒸发量"**蒸吨（t/h）**"来表示，1 蒸吨（**1t/h**）的蒸汽锅炉就是 1h 蒸发 1t 蒸汽。热水锅炉一般用额定热功率（MW）来表示。导热油炉也是用额定热功率（kW）来表示的。

1t/h（蒸汽锅炉）=0.7MW（热水锅炉）=700kW（导热油炉）

甲醇燃烧机耗用甲醇燃料数量和产业热功率的关系，见表 6-5。

表 6-5　甲醇燃烧机耗用甲醇燃料数量和产生热功率的关系

型号	甲醇耗料量/(kg/h)	产生的热功率/kW	电源/V	备　　注
SRB10C	10～20	2.78～5.56	220	
SRB10CD	10～20	同上	220	
SRB10KD	10～20	同上	220	
SRB10G	10～20	同上	220	
SRB10GD	20～40	5.56～11.12	220/24	
SRB20KD	20～40	同上	220	
SRB20GD	20～40	同上	220/24	
SRB10A	10～20	2.78～5.56	220	
SRB20A	20～40	5.56～11.12	220	
SRB20AD	20～40	同上	220	饭店炒菜灶和取暖炉、沸水炉及小型蒸汽锅炉使用
SRB30AD	30～60	8.34～16.68	220	
SRB40AD	40～80	11.12～22.24	220	
SRB50AD	50～100	13.90～27.80	380	取暖炉、沸水炉及小型蒸汽锅炉使用
SRB60AD	60～150	16.68～41.70	380	
SRB80AD	80～200	22.24～55.60	380	小型蒸汽锅炉使用
SRB100AD	100～200	27.80～55.60	380	小型蒸汽锅炉使用
SRB120AD	120～240	33.36～66.72	380	
SRB180AD	180～360	50.04～100.08	380	
SRB200AD	200～400	55.60～111.20	380	
SRB250AD	250～500	69.50～139.00	380	
SRB300AD	300～600	83.40～166.80	380	
SRB400AD	400～800	111.2～222.4	380	
SRB500AD	500～1000	139.0～278.0	380	
SRB650AD	700～1300	194.6～361.4	380	
SRB800AD	900～1650	250.2～458.7	380	
SRB1000AD	1000～2200	278.0～611.7	380	

注：以上功率的燃烧机是以甲醇热值 5000kcal/kg 计算的；如果醇基燃料的热值超过 5000kcal/kg，则需要另行计算。

进口燃烧机价格偏高，但一般具有一些特殊性能。国产燃烧机进步很快，具有价格低廉、维修简便等特点。醇基燃料燃烧机质量标准的规范化，将有利这个行业的健康发展。

6.11　关于车用醇基清洁燃料的产品标准

6.11.1　概述

车用乙醇汽油和车用甲醇汽油是最先开发的醇基清洁燃料品种。因为少量的甲醇、乙醇比较容易与汽油互溶，特别是芳烃组分较多的汽油，不需要助溶剂就可以将少量的甲醇或乙醇掺入汽油。甲醇或乙醇掺入后使得抗暴性（辛烷值）改善，燃烧完全，高效节能，尾气排放比较清洁，所以，早期在汽油中添加 3%～5%的甲醇或乙醇，成为告别加铅车用汽油和改善车用汽油品质的一种重要措施。

美国颁布《清洁空气法修正案》后，出现的新配方汽油，要求车用汽油中必须拥有 2%以上的内含氧，使得有关的含氧有机化合物派上了用场。

用于增加辛烷值的抗暴剂甲基叔丁基醚（MTBE），与汽油的互溶性很好，成为首选。MTBE 是甲醇的衍生物。后来，美国有人发现以 MTBE 作为抗暴剂的汽油如果渗漏，可能污染地下水，提出要限制 MTBE 的使用，促使乙醇、甲醇直接用作汽油抗暴剂，也成为一种实用途径。

MTBE 分子式是 $CH_3OC_4H_9$，氧含量为 18.2%，要使汽油中的氧含量不小于 2%，需要添加 11%以上。乙醇（CH_3CH_2OH），氧含量为 34.7%，要使汽油中的氧含量不小于 2%，添加 6%就够了。甲醇（CH_3OH）氧含量为 50%，要使汽油中的氧含量不小于 2%，添加不小于 4%就够了。乙醇、甲醇与汽油的互溶性不如 MTBE，中比例添加时，通常需要再加一些助溶剂。优越的助溶剂开发成功后，使乙醇、甲醇与汽油互溶的添加量可以不受限制。

添加了助溶剂、洁净剂、腐蚀抑制剂和特征制剂的乙醇、甲醇，称为变性醇，可以直接加入汽油，同时可以防止它们被误饮误用。为此，制定了相应的变性醇国家标准 GB 18350—2001《变形燃料乙醇》和 GB/T 23510—2009《车用燃料甲醇》等。有了变性醇，可以比较方便地配制掺醇车用醇基清洁汽油，这是我国特有的一种产品。

在实际应用中，添加 3%～5%的甲醇或者乙醇的汽油，一般不必命名为甲醇汽油或乙醇汽油。

在我国，正式颁布的车用乙醇汽油或甲醇汽油的国家标准或地方标准有：国家标准 GB 18351—2001《车用乙醇汽油（E10）》、GB/T 23799—2009《车用甲醇汽油（M85）》；陕西省地方标准 DB 61/T 353—2004《车用 M25 甲醇汽油》、浙江省地方标准 DB33/T 756.2—201X《M30 车用甲醇汽油》、山西省地方标准 DB14/T 614—2011《M30 车用甲醇汽油》、甘肃省地方标准 DB62/T 2484—2014《M20 车用甲醇汽油》等。另外，国家行业标准 NB/T 34013—2013《农用醇醚柴油燃料》适用于农用的醇基清洁燃料。

2015 年 10 月 13 日工业和信息化部办公厅"工信厅节〔**2015**〕**129 号**"《关于印发〈**车用甲醇燃料加注站建设规范**〉和〈**车用甲醇燃料作业安全规范**〉的通知》表明："为推动甲醇燃料加注站规范化建设，指导和规范甲醇燃料加注作业安全操作，保证甲醇汽车试点工作顺利进行，我部组织编制了《**车用甲醇燃料加注站建设规范**》和《**车用甲醇燃料作业安全规范**》"，印发给组织实施甲醇汽车试点工作的山西省、上海市、贵州省、陕西省、甘肃省工业和信息化主管部门。这个重大举措，将车用甲醇燃料的试点工作，推向了一个新阶段。

为什么这样说呢？国内外在推广应用车用甲醇汽油的过程中，普遍遇到了加注站缺失的障碍和操作作业方面的问题，因此，建设规范的车用甲醇燃料加注站和制订"**车用甲醇燃料作业安全规范**"，是一个不可缺少的前提条件。现在工信部带了这个头，全国范围内的行业、地方、团体和企业必然跟着重视起来，相关的产品标准和操作规范，必将得到加速发展。

最近，我国又发布了国家标准 GB/T 34548—2017《**车用甲醇汽油添加剂**》，决定自 2018 年 5 月 1 日起实施。该项标准对添加剂中的硫含量、馏程、氮含量、有机氯含量、金属腐蚀等技术指标进行了规范，使车用甲醇汽油添加剂在调配、检测、消费过程中有法可依。添加剂的技术水平对甲醇汽油的品质有重要影响，因此，该标准的实施将对我国车用甲醇汽油产业的发展，也将起到重要的支撑作用和促进作用。

以下就已有的和尚待制订的一些相关标准和使用规范，分别进行分析讨论。

6.11.2　关于《车用乙醇汽油（E10）》的产品标准

GB 18351—2001《车用乙醇汽油（E10）》，是我国制订的第一个国家级醇基清洁燃料的产品质量标准。它是适应我国发展粮制乙醇汽油的形势而制订的。当时的起因主要有三个：一是为我国当时认为过剩的陈化粮找出路；二是协助化解我国石油短缺的问题；三是学习美国、巴西的经验。对于这三个起因，一直有一些不同意见，在此不多讲了。但是，这个乙醇汽油产品标准的确有其积极意义。

第一，它开创了我国用非石化原料替代石油原料制定国家车用汽油标准的先例。

实际上，在第二次世界大战期间，在没有石化汽油可用的紧急情况下，就有用乙醇替代汽油的先例，不过，那时候谈不上制订相应的产品质量标准。

第二，它的确有利于改善车用汽油的尾气排放，有利于减轻石化燃料造成的生态环境污染。

如前所述，乙醇有 34.7% 的内含氧，在汽油中添加 10%，使这种车用乙醇汽油拥有了 3.47% 的内含氧，符合国际上的**新配方汽油**须有 2% 以上内含氧的要求，具备了**新配方汽油**的清洁环保功能。根据张以祥、曹湘洪等人编著的《**燃料乙醇与车用乙醇汽油**》一书引用的检测数据表明,尾气中燃烧不完全的一氧化碳和烃类物质的数量,减少了**33%**左右。我们的**车用乙醇汽油(E10)**,就相当于国际上的**新配方汽油**。国际上的**新配方汽油**为了达到须有 2%以上内含氧的要求,添加了 11%以上的甲基叔丁基醚(MTBE),比添加 10%乙醇的比例还大,并没有命名为**甲基叔丁基醚汽油**。因此,我国的**车用乙醇汽油(E10)**,就是我国的一种**新配方汽油**,这样,也就与国际上的清洁汽油燃料接轨了。实际上,包括笔者在内,对于粮制乙醇汽油燃料有不同意见,但并没有否认它有利于清洁环保的作用,只是认为现阶段利用粮食资源制备乙醇燃料,不符合我国的国情。它的过高成本使得经济上不划算,远远比不上性能相似但是成本却低得多的化工甲醇。

第三,它积累了一些宝贵的实践经验。

在 2004 年、2010 年、2015 年、2017 年进行了四次频繁的修订表明,它的确积累了一些宝贵的实践经验。

例如,证实了乙醇汽油的清洗特性,有利于保持汽车油路畅通。但是,因此也有值得注意的地方,即初次使用乙醇汽油时,原来油箱、油路积存的脏物集中被清洗下来,有可能堵塞油路。因此,初次使用乙醇汽油时,要求专门清洗一下,并且要将清洗下来的脏物排除掉。

又如,证实了乙醇汽油的亲水特性,这种特性带来两个问题:一是原来的汽油憎水,如果有水混入汽油,就沉积在油箱底部,由于乙醇亲水,就会将积存在底部的水分溶解在乙醇汽油之中,影响乙醇汽油的质量;二是乙醇汽油必须严格密封,防止吸进空气中的潮气,同时,乙醇汽油要严格限制水分含量,标准中要求水含量不得大于 0.2%,但是,在存放的过程中,由于吸潮特性,使得水分含量容易超过 0.2%。

再如,证实了乙醇汽油的腐蚀特性。乙醇汽油对未加处理的金属铝制品有些腐蚀作用;对于某些橡胶、塑料垫圈部件有溶胀作用。因此,需要采取防范措施:第一,加入微量的腐蚀抑制剂。第二,对于橡胶、塑料的溶胀作用是有选择性的,多数橡胶、塑料品种是并不受腐蚀的,如果发现有溶胀现象,可以更换为耐醇类腐蚀的橡胶、塑料品种。第三,深入研究表明,腐蚀性主要是由于乙醇吸进少量水分后,逐步转变成了乙酸。乙醇本身是没有酸碱性的,很少量的乙酸就会表现出显著的酸性,产生腐蚀作用,如果加进微量的弱碱性有机化合物,就会中和产生的酸性,从而防止产生腐蚀作用。

《车用乙醇汽油(E10)》的实践经验,对于制定**车用甲醇汽油**标准,也可以作为很好的借鉴。因为甲醇和乙醇是性能非常相似的"同胞兄弟"。乙醇燃料的优点,甲醇燃料同样具备;甲醇燃料的缺欠,乙醇燃料同样具有。

现有的《车用乙醇汽油(E10)》,掺入的乙醇比例只有 10%,主要是起到增氧、抗暴和有益于环保的作用。但是，从化解石油危机角度讲，替代汽油的比例还很有限。如果将来能够摆脱消耗现有粮食资源和成本过高的缺点，应该开发出掺醇比例更多的**乙醇汽油**。产量特别高的转基因玉米或其他富含淀粉的转基因农作物，以及由合成气直接合成乙醇，有可能为乙醇汽油开创一种大有希望的新前景。

6.11.3　关于《车用甲醇汽油（M85）》的产品标准

GB/T 23799—2009《车用甲醇汽油（M85）》产品质量标准的制订，参考了美国 ASTM 国际协会标准 ASTM D 5797—1996《点燃式发动机用甲醇燃料 M70～M85》。这个 GB/T 23799 标准，对于制订车用醇基清洁燃料产品质量标准来说，是一个重大突破。因为此前国家标准委虽然下达了低比例甲醇汽油（M15）作为车用替代燃料的国家标准制订计划，但是，以"低比例甲醇的加入对油品蒸气压、腐蚀性能和车辆发动机具有一些负面影响，并存在甲醛等非常规排放物增加的问题"。美国 ASTM 国际协会标准 ASTM D 5797—1996《点燃式发动机用甲醇燃料 M70～M85》表明，他们已经将大比例掺入甲醇作为车用替代燃料了。

另一个方面，我国虽然参考美国 ASTM 国际协会标准制订了 GB/T 23799—2009《车用甲醇汽油（M85）》产品质量标准，但是只规定了 84%～86% 的掺醇比例，70%～84% 的掺醇比例被删掉了。这样，就容易出现冬季气温低时汽车冷启动困难的问题。甲醇的雷德蒸气压只有 32kPa，虽然符合 GB/T 23799—2009《车用甲醇汽油（M85）》规定的冬季不大于 78kPa、夏季不大于 68kPa 的要求，但是，没有下限是不行的。车用汽油标准 GB 17930—2011《车用汽油》标准，已有将雷德蒸气压改为冬季 45～85kPa，就是设置了不小于 45kPa 的下限。这样，甲醇的雷德蒸气压只有 32kPa，就是不合格的了。我国也曾有企业标准 Q/HNCR 02—2008，也是将掺醇数量规定为 70%～85%。因为季节不同、地域不同，气温是不同的，气温低时，必须减少掺醇比例。希望再次修订 GB/T 23799—2009《车用甲醇汽油（M85）》产品标准时，解决这个掺醇比例的问题，并且，规定出雷德蒸气压的下限。

第三个值得考究的地方是，除了甲醇以外的 15% 组分，或者 15%～30% 的组分，是没有内含氧的纯石化汽油，进口汽油一般已经含有 11% 的甲基叔丁基醚，国产乙醇汽油已经含有 10% 的乙醇，都不适合再掺入 85% 的甲醇，或者说不适合再掺入 70%～85% 的甲醇。因此，除了甲醇以外的 15% 组分，或者 15%～30% 的组分，应该标明是纯石化汽油，或者说不含 MTBE 或乙醇的烃基燃料。

6.11.4　关于低比例车用甲醇汽油的产品标准

低比例**车用甲醇汽油（M15）**，是国家标准委已经立项准备制订的一个产品质量标准，本书前文已经谈到过，在此综合对它分析一下。

第一，它不够符合科学和实际情况。

说它不太符合科学，是因为一些人以为掺入甲醇的数量少一些，性能就会比较接近汽油。实际上，当甲醇的掺入比例为15%时，出现了异常偏高的饱和蒸气压。掺入甲醇比例为10%以前或20%以后，对汽油的饱和蒸气压影响不大。而掺入比例为15%时，饱和蒸气压出现了异常增高的现象。如果再遇到气温30℃以上的炎热天气，M15的饱和蒸气压可能超过85kPa，就可能产生气阻现象，使得汽车发动机不能正常运转，甚至造成事故风险。

说它不太符合实际情况，是因为试点单位生产的**车用甲醇汽油（M15）**，每到夏天就停止上市出售，以防出现**气阻**问题。而该公司本身在夏季仍然使用**车用甲醇汽油（M30）**。如果一定要坚持生产车用甲醇汽油（M15），就应该同时设法降低它在气温偏高时的饱和蒸气压，防止出现高温气阻现象。

第二，说它"对油品的腐蚀性能和车辆发动机具有一些负面影响，并存在甲醛等非常规排放物增加的问题"。那么，参考美国ASTM国际协会标准制订并发布的《车用甲醇汽油（M85）》产品标准GB/T 23799—2009，以及**GB 18351《车用乙醇汽油（E10）》**也有类似的问题。关于"甲醛等非常规排放物增加的问题"，**车用乙醇汽油（E10）**同样发生，乙醛同样具有毒性，但它们的排放量都在允许范围之内。如前所述，国家标准规定：人居环境甲醇的允许浓度为$1mg/m^3$，近似于$0.84\mu g/g$；甲醛的允许浓度为$0.05mg/m^3$，近似于$0.04\mu g/g$。1987年，中科院生态环境研究中心赵瑞兰等对M15的环境影响研究表明，在市区常速行驶的M15汽车，相距5m处的甲醇和甲醛浓度只有$0.05\mu g/g$和$0.005\mu g/g$，**远远低于允许浓度**。

第三，以此为**理由**，其他比例的甲醇汽油和甲醇燃料，长期受到牵连，使得我国出现了一种特殊情况，即中比例掺醇的车用甲醇汽油M20、M25、M30等，颁布了许多省级地方标准和企业标准，却没有国家标准。希望尽快综合众多的地方标准和企业标准，制订中比例掺醇的车用甲醇汽油标准。

不要因为**车用甲醇汽油（M15）**的产品标准的复杂性，而影响其他掺醇比例甲醇汽油的质量标准制订。

6.11.5　关于中比例车用甲醇汽油的产品标准

中比例车用甲醇汽油，一般指在汽油中掺入20%～45%甲醇的**车用甲醇汽油**，即**M20～M45**的某一个型号，**M25**和**M30**居多。

中比例车用甲醇汽油的特点是：与低比例车用甲醇汽油相比，掺入甲醇比例较大；与高比例车用甲醇汽油M70～M85相比，它无需改变原来汽油车辆的任何部件，即可随机替代纯石化汽油。

中比例车用甲醇汽油是非常实用的产品品种，主要是由我国开发出来的一些甲醇与汽油掺烧的新产品。它需要添加醇油助溶剂，确保醇油互溶。它还需要添加一些微量的洁净剂、腐蚀抑制剂等，用以防范产生胶质和腐蚀性。我国有关方面，研发出来了一些很好的醇油助溶剂和洁净剂、腐蚀抑制剂等性能改良剂。

已经颁布的中比例**车用甲醇汽油**产品标准，主要是一些地方标准和企业标准。例如陕西省地方标准 **DB61/T 353—2004**《车用 **M25** 甲醇汽油》、浙江省地方标准 **DB33/T 756.2—2009**《**M30** 车用甲醇汽油》、山西省地方标准 **DB14/T 614—2011**《**M30** 车用甲醇汽油》、河北省地方标准 **DB13/T 1480—2011**《**M30** 车用甲醇汽油》、甘肃省地方标准 **DB62/T 2484—2014**《**M20** 车用甲醇汽油》等。企业标准就更多了，例如，**Q/TR 001—2006**《车用 **M25** 甲醇汽油》、**Q/HNCR 01—2008**《**Me20～Me45** 车用醇醚汽油燃料》等。这些中比例**车用甲醇汽油**产品标准，为我国甲醇汽油的推广应用做出了巨大贡献。

第 **7** 章 醇基清洁燃料及其燃具的推广应用

7.1 概述

醇基清洁燃料在我国推广应用，已经发展到替代汽油、柴油和燃料油的各个领域。因为醇基清洁燃料的基料甲醇，低碳高氢，拥有助燃内含氧，高效节能，清洁环保，原料丰富，技术成熟。

联合国开发计划署在其 2000 年世界能源评估中指出："历史证明，当新的替代产品出现并且可以承受时，消费者就会选择更为现代的能源载体。当收入增加而又有更好的技术可用时，消费者便会选择更高效、更清洁、更方便的能源系统。"这个世界能源评估，非常符合醇基清洁燃料在我国推广应用的实际情况。

20 世纪 80 年代，我国与联邦德国及美国有关方面合作，依据我国的国情，致力于利用煤制甲醇燃料替代一定比例的车用汽油。因为初创阶段技术还不够完善，又因为触动了传统油、气行业的利益，所以醇基清洁燃料替代车用汽油阻力重重。然而，开发改善民生的民用炊事燃料，有望弥补石油液化气的短缺和尽快替代煤炭、柴薪和牛粪等肮脏的炊事燃料。

1992 年，我国在中国农村能源行业协会设立新型液体燃料燃具专业委员会，其主攻项目之一就是致力于发展醇基液体燃料。随即国家标准 **GB 16663—1996** 《醇基液体燃料》和国家行业标准 **NY 312—1997**《醇基民用燃料灶具》组织制订和发布。

但是，事实并不完全符合人们原来的愿望，因为醇基民用燃料灶具用作家用灶时，安全问题长期未能彻底解决。新型液体燃料燃具专业委员会只好将醇基液体燃料作为商用灶，放在有专职炊事员操作的营业饭店和集体食堂。

这些年来，醇基液体燃料在营业饭店和集体食堂的应用，已经蔚然成风，其规模和效益，均超过了在车用甲醇汽油领域的应用。

近几年来，由于国际油价暴跌，替代车用汽油的呼声有所减弱，但是，燃煤、燃油造成的环境污染越来越严重，特别是在我国京津冀和北方地区，农村炊事和冬季取暖大量燃用散煤，成了引发雾霾天气的一个重要原因。针对这种情况，研发**醇基清洁燃料**的科技人员，迅速开拓了**醇基清洁燃料**在分散农户炊事和冬季取暖等方面的应用，"**以醇代煤**"的技术和新产品取得了长足发展，并且，在市场经营人员的积极配合下，迅速将**醇基清洁燃料**的应用，拓展到了热水锅炉、蒸汽锅炉和工业窑炉领域，开辟了一条锅炉燃料"**煤改醇**"的新途径。与有关方面提出的"**煤改电**""**煤改气**"相比，"**煤改醇**"更有优势。

醇基清洁燃料的应用，必须有相应的燃具配合。如果没有性能优越的燃具，**醇基清洁燃料**就不能发挥优越的作用。因此，内行人都非常重视醇基清洁燃料燃具的开发应用。

实践已经证明，用"**煤改醇**"抑制生态环境污染，是利用科学技术造福人类的一个**壮举**。人们应该善待以甲醇为基础的**醇基清洁燃料及其燃具**，满腔热情地支持和完善它们，积极进行推广应用，让它们为我国的国计民生做出更多的贡献。

7.2 在炊事领域的推广应用

7.2.1 相关灶具的研制生产

20 世纪 80 年代开始，我国城镇居民的炊事燃料及其燃具发生了重大变革，液化石油气及其灶具开始替代煤炉，比较清洁便捷，受到欢迎。为了使更多的居民用上清洁便捷的炊事燃料及其燃具，**1992 年**，我国在**中国农村能源行业协会**设置了**新型液体燃料燃具专业委员会**，以甲醇为基础的**醇基液体燃料**成为重要选择。

推广应用**醇基清洁燃料**，必须有相应的燃具。1997 年，我国颁布了国家行业标准 **NY 312—1997**《醇基民用燃料灶具》。这个标准是针对居民**家用灶**的。关于营业饭店和集体食堂的醇基燃料**商用灶具**，初期只是借用了柴油雾化灶的形式。

这种醇基燃料灶具通常是借助高位槽或者微型输液泵，将液态醇基燃料输送到灶头供燃用的，有三种形式：

一是借鉴柴油灶，用鼓风机产生的高速空气流产生的文丘里效应吸取液醇使其雾化成为雾粒，与空气混合成为燃气供燃用。

二是不用鼓风机，将液态甲醇预热到其沸点 64.7℃以上，变成甲醇蒸气供燃用。因为气态分子的总表面积比液态雾粒的总表面积大得多，所以，气化灶比雾化灶的效率高得多。这是**醇燃料自动气化灶**专利做出的一个重大贡献。

三是**液体燃料半气化灶**。因为不用鼓风机的醇基液体燃料气化必须"**预热**"，启动比较麻烦，因而开发了**液体燃料半气化灶**，即初始加入液态醇基燃料进行自然燃烧（自然燃烧火力小，火焰温度只有 600℃左右），待到将灶头加热到液醇的沸点以上时，就变成了气化燃烧。这种"**半气化灶**"开始时也可以通过鼓风机进行雾化燃烧，随后变成气化燃烧。这就是说，它既可以不用鼓风机，也可以用鼓风机。用鼓风机的雾化燃烧，比自然燃烧火力大，转变为气化燃烧的时间短，对于燃料质量要求比较宽松，更适合使用组分比较复杂的**醇基液体燃料**，燃料喷嘴也不容易堵塞，实用价值更高。

以上三种情况的**醇基清洁燃料**炉灶，在营业饭店和公共食堂迅速传播开来。因为在这里灶具是由专业炊事员操作的，所以安全性可以有保证。但是，这种灶具不能用作居民的**家用灶**，因为**家用灶**的使用者千差万别，特别是一些健忘的老人，一旦阀门关闭不严或者其他原因造成液醇泄漏，积聚于灶头，下次点火启动时就会出现安全事故。

在四川省和海南省的两个地方，因为操作不当出了两次安全事故，于是，**新型液体燃料燃具专委会**一再劝诫，这种尚有安全隐患的灶具，不要用作居民**家用灶**。同时，号召积极研发能够确保安全的**醇基液体燃料家用灶**。

为了彻底解决**醇基液体燃料**灶具的安全问题和开发出更加实用的醇基燃料清洁炉灶，笔者组织**开发了 7 项相关灶具的专利**：醇燃料自动气化灶（ZL200520031176）、醇燃料自动气化灶气化室强化加热装置（ZL200620030191）、醇燃料自动气化灶控火保安装置（ZL200720004261）、醇燃料自动气化灶灭火保安装置（ZL200820070154）、液体燃料半气化灶头（ZL200720092263）、自动吸**醇气化家用灶（ZL201621131410）、光醇互补气化家用灶（ZL201711345529）**。并于 2005 年制成了系列产品：醇基液体燃料全气化大灶、醇基液体燃料半气化大灶、醇基液体燃料小灶、醇基液体燃料火锅灶等，并且，在河南省新乡市、焦作市、开封市、鹤壁市、安阳市和河北省的石家庄市、邯郸市及福建省的沙县、泉州市等地投入了示范应用，普遍获得了用户的好评。以下是有关灶具（图 7-1～图 7-3）。

图 7-1　醇基液体燃料全气化大灶和醇基液体燃料半气化大灶

图7-2　醇基液体燃料火锅灶　　　　图7-3　醇基液体燃料简易小灶（替代农村煤炉）

经过一年多的示范应用，**新型醇基液体燃料及其自动气化灶**作为一项重要的科技成果，于 2006 年通过了国家评审鉴定。来自国家能源领导小组办公室、发改委、科技部、农业部、中科院和河南省的 16 位专家，组成评审鉴定委员会，由中国科学院院士肖纪美任主任，科技部原副部长韩德乾教授和国家能源领导小组办公室副主任徐锭明高工任副主任。通过现场考察和会议讨论评审，高度评价了这项科技成果。鉴定意见如图 7-4 所示。

在一定意义上，这个高规格的评审鉴定，不只是对这一个项目的，也是对醇基燃料燃具行业的。在此之前，相关的三个产品标准 **GB 16663—1996《醇基液体燃料》、NY 312—1997《醇基民用燃料灶具》、CJ/T 28—2003《中餐燃气炒菜灶》**，很多人还不知道，更谈不上按照这些标准进行产品质量检测监督。另一方面，甲醇燃料的应用范围，主要在**车用甲醇汽油**领域，更大范围地在民用炊事、取暖和蒸汽锅炉、工业窑炉领域的应用，被轻视和忽略了。这次评审鉴定，将我国"**醇基液体燃料及其燃具**"的发展，推向了一个新阶段。

图 7-4 为鉴定证书及鉴定意见。

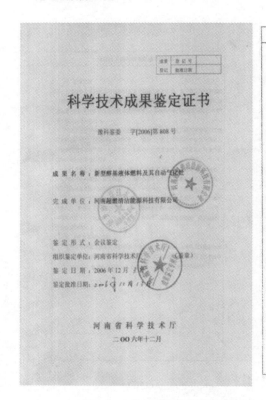

图7-4　有关新型醇基液体燃料及其自动气化灶的鉴定证书及鉴定意见

　　这次鉴定会以后，"**新型醇基液体燃料**""**自动气化灶**"和变"**雾化**"为"**气化**"等术语和关键词，成为当时相关领域的热门话题，许多媒体进行了报道和积极评价。例如，《科技日报》报道：国家能源领导小组、科技部、农业部和中科院等部门为醇燃料把脉——新型醇基液体燃料及燃具获重大创新；《中国科技信息》刊载专题报道：民用炉灶及燃料的新突破；《新浪科技》报道：新型醇基液体燃料掀起换灶之风；《中国化工网》报道：新型醇基液体燃料及其燃具通过评审鉴定；《国际新能源网》报道：醇醚燃料掀起中国厨灶清洁风暴。

7.2.1.1　突破醇基燃料家用灶的安全瓶颈

　　以上专利和评审鉴定的**新型醇基液体燃料及其自动气化灶**成果，尚有不足的地方，就是没有彻底解决**醇基液体燃料家用灶**的安全问题。火力与**家用灶**相当的**醇基液体燃料小灶**，仍然是采用加入液态甲醇燃料的办法，因而仍然只能供专职的炊事员作为**商用灶**使用。**醇基燃料火锅灶**的安全问题虽然彻底解决了，但其火力较小，达不到家用灶 **2.33～4.64kW** 的火力要求。

　　为了彻底解决**醇基液体燃料家用灶**的安全问题，进一步开发了两个专利新产品，即**自动吸醇气化家用灶**和**光醇结合气化家用灶**。这两种确保安全的专利技术新产品，特别有利于替代燃煤、燃柴炉灶，有利于抑制环境污染和雾霾天气，有利于我国农村农民的脱贫奔小康，还有利于担当起我国对于《全球清洁炉灶联盟》的承诺。图 7-5 是为醇基燃料家用灶专利新产品。

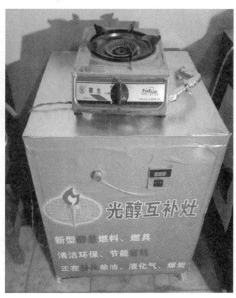

图 7-5　醇基燃料家用灶专利新产品

为什么说这两种专利新产品家用灶可以确保安全呢？以自动吸醇气化家用灶为例，其专利说明书是这样说的：**本发明对原有醇燃料自动气化灶进行了改进，设计了特制吸醇芯料，以及拥有吸醇段和加热段的特制芯管。芯料的作用是将液醇吸至加热段供加热气化成为醇蒸气，然后像燃气灶一样供给灶头燃用。**这样，并没有向灶头供应液醇，因而也没有液醇积聚于灶头的问题。这个专利产品，不仅有一个**自动吸醇**的程序，还有一个**自动调控气化**的程序，即利用前述专利**醇燃料自动气化灶气化室强化加热装置**和**醇燃料自动气化灶控火保安装置**，将灶头火焰的余热，通过智能调控，精准地利用起来，产生的是安全的常压醇蒸气。这样，一是利用具有优越吸醇功能和吸热传热功能的物料，二是利用纯水温度不可能超过它的沸点，就可以精准地将温度自动控制在 100℃以下，既节省了液醇气化所需要的热能，又可以防止**正反馈**造成**失控**的安全事故。

另一种**光醇互补家用灶**，是把上述灶头火焰的余热利用，改为利用由太阳能热水器提供热能，优点是无需电能或者其他能量预热，即可随时点火启用。已经花钱安装了太阳能热水器的家户，利用效率不高，一般只是用来洗个热水澡。采用**光醇互补家用灶**，为不需再花钱的太阳能热水器，增加了一种新用途。

7.2.1.2 效益分析

以上的专利和科技成果，不仅帮助改革了延续数千年的炊事燃料燃具，而且具有巨大的环境效益、经济效益和社会效益。

说它们具有环境效益，是因为其不仅改变了延续数千年的厨房环境卫生条件，也有利于防止燃煤、燃柴对于厨房以外生态环境的污染。以近几年京津冀地区环境污染和频繁出现雾霾天气为例，广大农村千家万户炊事燃用散煤是其原因之一。如果实现了"煤改醇"，就可以在这方面起到节制环境污染和雾霾天气的作用。

说它们具有经济效益，是因为不仅可以形成一种新产业，而且可以通过科技进步实现高效节能，仅仅变液体燃料**雾化燃烧**为**气化燃烧**，就可以取得可观的经济效益。多沸点液体燃料柴油灶和借用柴油灶的鼓风**雾化燃烧**，我国国家产品质量标准规定，**燃烧效率不小于 25%**，而超过醇燃料沸点的**气化燃烧**，要求**燃烧效率不小于 50%**，这就是说，燃烧效率可以提高一倍，燃料可以节省一半。我国推广醇基燃料中餐炒菜灶已经有 **100.3 万套**，每年使用**醇基燃料**约为 **1000 万吨**，按照 **3000 元/t** 计算，价值 **300 亿元**。就是说，如果全部变**雾化燃烧**为"气化燃烧"，每年可节省 **300 亿元**。

说它们具有社会效益，是因为不仅可以大规模替代紧缺的石油资源，而且有利于帮助我国农村农民脱贫奔小康，还可以落实我国对《**全球清洁炉灶联盟**》的承诺，在 **2020 年底**以前，帮助我国国内 **4000 万户**农牧民告别**污染炉灶**而改用**清洁炉灶**，还有可能帮助世界上 **1 亿户**居民告别昔日的**污染炉灶**而改用这样的**清洁炉灶**。

7.2.2 在饭店和集体食堂的推广应用

在我国，醇基清洁燃料炉灶在饭店和集体食堂推广应用，已经遍及全国。据《**甲醇时代**》不完全统计，到 **2015 年底**，仅在全国饭店和集体食堂，就已经推广应用醇基清洁燃料灶具 **100.3 万套**，每年使用醇基燃料约 **1000 万吨**。

中央电视台第四套《走遍中国》节目，曾播放江苏省南京市大塘金村引用醇基清燃料炉灶具的画面，与原来所用液化气炉灶熏黑锅底对比，醇基清洁燃料炉灶不熏黑锅底。

原来燃用煤炭或柴薪的厨房，四壁皂黑。燃用柴油的厨房，四壁和灶台都有柴油形成的油腻，即使安装通风橱罩，也未能完全避免，炊事员的脸面皮肤也常被油腻污染。这些油腻不易清洗，促使炊事人员非常欢迎改用醇基清洁燃料炉灶。燃煤、燃柴的炊事炉灶，排放到公共环境的炊烟和有害气体，也是污染环境的一种重要因素。

在使用安全方面，醇基燃料炉灶比天然气、液化石油气炉灶好得多。醇基燃料燃用前是液态，与管道天然气和高压钢瓶装的液化气相比，逸散的可能性小得多，危险事故出现的概率也小得多。天然气、液化石油气炉灶的事故防不胜防！将天然气和液化气普遍用作炊事燃料，绝非长远之计！液化石油气主要成分是丙烷、丁烷、丙烯等，丙烷沸点**−42℃**，闪点**−104℃**，高压压缩液化后，在常温常压下迅速气化，气化后的体积膨胀 **250～300** 倍。液化气泄漏极易引起燃爆。**2017年 7 月 26 日**以前不到 **7 个月**的时间内，我国就有 **23** 个燃气爆炸案例，造成了死亡 **81 人**、伤 **781 人**的惨剧。且不说经济损失，仅这些生命伤亡就令人触目惊心！应该严防发生这些生命伤亡事故！但是，因为天灾和管道腐蚀老化造成燃气泄漏不可避免！所以，天然气、液化气普遍用作炊事燃料，实属无奈！终有一天要被更安全的炊事燃料取而代之！

　　相比之下，醇基清洁燃料用于炊事，有利于避免生命伤亡事故，为什么呢？

　　① 液态醇基燃料不与空气混合，闪点 **12℃**，明火方可点燃。

　　② 醇基燃料便于分散使用，规模小，一般只燃烧不爆炸，小规模燃烧时，还可用水浇灭。

　　③ 液态的醇基燃料只有容器出现漏洞时才会泄漏，很少向空间飞散。

　　④ 醇基燃料有 50%的助燃内含氧，另外只需要 5.6 倍空气，燃烧完全，产生一氧化碳毒气的概率很小。

　　⑤ 分散用于炊事的醇基燃料受地震和战争的威胁小得多。

　　⑥ 目前我国约半数的饭店和集体食堂采用醇基燃料燃具，很少造成安全事故。偶尔出现安全事故，都是燃料质量不合格或者是操作问题。一旦完善了产品质量监督和健全**使用规范**，就能杜绝事故发生。

　　燃气爆炸事故血的教训，促使许多省市禁止或限制使用瓶装液化气。例如，郑州市 2007 年 5 月 22 日规定：**居民楼饭店禁用瓶装液化气**；青岛市 2009 年 6 月 29 日规定：**新开饭店禁用液化气瓶组**；2010 年 12 月 28 日，天津市安委会决定，在本市餐饮业、建筑施工单位及企事业单位食堂，**取缔 50kg 液化石油气钢瓶**，要求尽快在本市推广应用**醇基液体燃料**；《西安日报》2012 年 12 月 3 日报道，本市要求**高层建筑及地下室禁用瓶装液化气**；太原市政府 2012 年 11 月 27 日召开全市燃气安全隐患专项整顿会议，决定**禁止火锅店餐厅直接使用燃气加热**，2013 年 1 月 14 日又规定，**瓶装液化气禁止在地下室存储使用**。

　　天然气和石油液化气是宝贵的能源资源，我国相对缺少这类资源，宜于尽可能不用或少用它们作为炊事燃料，节省的这些资源，可以用作发电和窑炉燃料，在这些场合有专业人员操作和严格的操作程序，可以最大限度地防止事故发生。还可以将天然气作为生产甲醇的原料，携手解决炊事燃料的安全问题。

　　既然**醇基清洁燃料及其燃具**在节制环境污染和保护生命财产安全方面如此

重要，就应该尽快健全产品质量标准和使用规范，使之更好地推广应用。

7.2.3 醇基清洁燃料家用灶及其重要担当

7.2.3.1 解决延续数千年的厨房污染问题

在人类数千年的历史中，炊事燃料燃具经历了由柴薪灶到煤炉、燃气灶的进化。从柴薪灶到煤炉，提高了方便性，但对厨房内的环境实质性改变不大。燃气灶加上通风排污设备，使厨房内的环境好转比较显著，但没有改变对厨房以外公共环境的污染，还容易出现火灾爆炸事故。

"民以食为天"，民食包括**"柴米油盐酱醋茶"**七件事，**"柴"**就是炊事燃料。在很长一段时间，人们将工资称为**"薪水"**，这里的**"薪"**，指的也是炊事燃料。由此可见，炊事燃料是数千年来一件天大的要事，而缺少炊事燃料和如何改进燃用垃圾、薪柴、煤炭、石油等肮脏的炊事燃料，成了一个**千年难题**。时至今日，富豪人家可以使用一些电热炊具，广大的黎民百姓却缺乏相应的经济条件。大中城市可以铺设管道让居民使用天然气燃料，偏远农村却难以铺设天然气管道。

实际上，这些问题不仅我国有，全世界普遍都存在。面对这个全世界普遍存在的千年难题，世界上组建了**全球清洁炉灶联盟**，力图解决这个千年难题！

图 7-6 是我国农村尚在使用的柴灶和蜂窝煤炉。

（a）柴灶   （b）蜂窝煤炉

图 7-6 柴灶和蜂窝煤炉

这些延续了数千年的家用垃圾灶、柴灶、煤炉，危害炊事人员健康，污染环境。20 世纪 70 年代以前，我国农村家家户户都有一个**柴火垛**，储备着不可缺少的炊事燃料**柴火**。多少年来，缺柴断炊的事确实是有的。因此，垃圾灶、柴灶、煤炉和**"柴火垛"**，一直是农民们不可缺少的"伴侣"！这种现象，至今还在我国某些农村和牧区延续。2008 年，《人民日报》曾经痛心地报道，贵州省六盘水市某地的山民，因为严重缺少炊事燃料，砍伐了封山育林的树木。直到现在，即使消除了贫困县的福建省山区，村民们仍然主要以木柴作为炊事燃料，这样不仅不利于封山育林保护生态环境，而且与我国农村脱贫奔小康，也是不相称的！笔者曾经在福建省三明市沙县的山村参加过考察，途中就亲眼看到一位 90 岁的老农，背扛着一棵大腿一样粗的树干，他说是扛回家里作为备用炊事燃料的。图 7-7 即是当地山民储备木柴作为炊事燃料的情况，家家户户都是如此。

图 7-7　山民储备木柴作为炊事燃料

事实告诉人们，到了今天，居民们燃用煤炭、燃用柴薪、燃用垃圾粪便的厨房，迫切地需要改变了！这个问题，也超出了国界！联合国属下的**全球清洁炉灶联盟**，也已经在专门组织倡导解决这些问题了！

那么，究竟如何解决这些问题呢？如前所述，用电、用天然气或者液化石油气，都有一些难以克服的困难，而采用**醇基清洁燃料及其燃具**，这些问题却可以迎刃而解！

在我国上海召开的一次甲醇燃料研讨会上，一位参加会议的美国人提供的资料表明，他们曾经为亚的斯亚贝巴设计了一个甲醇燃料供应系统，分发了 500 台甲醇清洁炉灶，还为联合国难民事物高级专员办事处也提供了几百台甲醇炉灶，还为 14 所艾滋病孤儿院提供了这种炉灶。他们在资料中还罗列了甲醇炉灶的许多优点。但是，经过详细询问发现，他们提供的甲醇燃料燃具，还有一些问题：一是功率较小，达不到家用灶要求的火力，他们也承认只能作为旅游和野餐炉灶使用；二是安全问题没有解决，仍然是向灶头直接供应液态甲醇的。

我国的**醇基清洁燃料燃具**，解决了许多技术难题，火力大小的问题彻底解决了，变液醇雾化为气化的问题解决了，自动控制的问题解决了，更为关键的是安全问题彻底解决了！我们的**醇基清洁燃料燃具**，不仅具有显著的技术优势，而且生产成本低，用户使用时花费费用低，占人口大多数的低收入人家用得起。

7.2.3.2 担当"全球清洁炉灶联盟"的任务

在此，首先介绍一下**全球清洁炉灶联盟(GACC)**，它成立于 **2010 年 9 月**。

"全球清洁炉灶联盟" 曾说："直到 **2012 年**，中国还有许多人家炊事与取暖依靠煤炭及木材，有的牧区甚至还在使用晒干的牲畜粪便。据世界卫生组织 2007 年的研究，因为家庭取暖与炊事炉灶带来室内污染造成的过早死亡，仅中国每年就超过 38 万人。而且，从 1997～2007 年，乡村地区烧煤的人家增加了 28%。" 这说明它很关注我国。**GACC** 接着说："这种状况不是中国独有的，很多发展中国家都有此问题。所以世界卫生组织启动了一项使用清洁炉灶的计划，资助对家庭厨房空气污染问题的研究，鼓励推广使用清洁炉灶。"

全球清洁炉灶联盟的宗旨是创造一个全球性的清洁炉灶市场，改善人们的生活，减少病亡，提高家庭妇女的尊严和地位，有助于应对全球气候变化。由联合国基金会领导的**全球清洁炉灶联盟**，正在实施到 2020 年底使 **1 亿个家庭**采用清洁炉灶和清洁燃料的目标。

2015 年 6 月 26 日，中美两国签署了一些合作协议，其中一项，决定进一步加强在**清洁炉灶**领域以及与**全球清洁炉灶联盟**的合作。中方作出了到 **2020 年**推动至少 **4000 万农户**使用清洁炉灶及燃料的**重要承诺**，作为中方对实现到 **2020 年**使全球 **1 亿家庭**使用清洁炉灶及燃料这一联盟总体目标的贡献。

2016 年我国成立全球清洁炉灶联盟中国委员会，重申了上述承诺。

世界上许许多多的穷乡僻壤，特别是在我国倡导的"**一带一路**"沿线，难以在炊事中使用电能，能够用上天然气、液化气做炊事燃料的也不多。美国人原来在非洲北部为联合国援助机构提供清洁的甲醇燃料炉灶，还没有涉及当地居民，当地居民必然有更多的需求！**全球清洁炉灶联盟**的目标任务，正是针对世界上这样一些地方的。那么，**全球清洁炉灶联盟**的目标任务和我国的**承诺**谁来担当呢？

醇基清洁燃料家用灶恰好可以担当起来！拥有相关专利技术和科技成果的北京超燃索阳清洁能源研发中心与安徽省甲醇燃料行业协会、福建省甲醇清洁燃料燃具行业协会、《甲醇时代》、上海超燃能源科技开发有限公司、北京国泰民昌石油化工有限公司、苏州见天环保科技有限公司、湖南省衡阳市天添加新能源有限公司等商定，首先在我国国内的一些特色乡镇，配合当地政府的扶贫脱贫和生态环境保护工作，建设**醇基清洁燃料家用灶**的应用示范基地，取得实践经验，然后在国内外大力推广应用。

在国内，主要配合广大农村脱贫奔小康、协助落实我国对**全球清洁炉灶联盟**的承诺和生态环境保护工作，把告别传统的煤炉、柴灶和垃圾等炊事燃料及其炉灶，改用**醇基清洁燃料家用灶**，作为我们的实施目标任务，为节制环境污染和雾霾天气，建设天蓝地绿水净的美丽中国做出贡献。

在国外，主要是配合我国倡导的"一带一路"建设和落实**全球清洁炉灶联盟**的目标任务，使得"一带一路"沿线的居民，告别煤炉、柴灶和垃圾等炊事燃料及其炉灶，改用我们的**醇基清洁燃料家用灶**，为国际上的扶贫和生态环境保护做出贡献。

根据我们的了解，上述关于**全球清洁炉灶联盟**的目标任务和我国的承诺，并非令人十分满意，主要原因仍然是缺乏可靠的担当者。而我们的**醇基清洁燃料家用灶**还没有取得有关方面和市场的广泛认可。因此，抓紧时间建设**醇基清洁燃料家用灶**的应用示范基地特别重要。这是一项神圣的历史任务，即使到 2020 年底以前两年多的短暂时间不能如期完成任务，也要继续努力，尽快弥补完成。

7.3 在家庭采暖领域的推广应用

冬季采暖方式有集中采暖和分散两种。集中采暖适合于集体大单位和综合面积大的居民区，一般建筑面积在 2000m^2 以上。分散采暖适合于面积较小的场合。两者没有严格的界限。在我国，从北方农村的热炕到中原大地冬季的蜂窝煤炉取暖，通常都是一家一户分散进行的，甚至较大的家庭还要分居室采暖。再说，农户住房面积比城市居民的住房面积多，不少房间并不住人，或者住人的房间主人外出，都无需采暖。因此，分散采暖比较适合于农户的家庭采暖。当然，有些城镇家户，也喜欢分散采暖，因为分散采暖，既可节约，又能自主。

醇基清洁燃料的分散型家庭采暖设备有多种形式，常见的有壁挂式水暖炉、台式水暖炉、炊事取暖联用炉、热辐射取暖炉等。

7.3.1 家用醇基燃料水暖炉

常用的家用醇基燃料水暖炉有壁挂式和台式两种。壁挂式水暖炉比较小巧玲珑，可以悬挂在墙壁上，不占建筑面积。台式水暖炉可以供应较大的采暖面积。两者的工作原理是一样的。

石家庄速德机械设备有限公司有这两种产品，并且比较规范，他们拥有在河北省质量技术监督局备案的企业标准 Q/SDJK 01—2016《民用甲醇采暖热水炉》

及其相应的由有资质单位的测试报告,现作为示例介绍如下。

7.3.1.1 家用醇基燃料取暖壁挂炉

图 7-8 为一款家用醇基燃料取暖壁挂炉,其**设备型号**为 SD2018-120AT,含意为速德(拼音)2018 年出产的采暖面积 120m^2 的壁挂炉。

图 7-8　一款家用醇基燃料取暖壁挂炉

主要技术参数为:

额定热功率:10000kcal,即 11.6kW。

出/回水温度:60℃。

适用燃料:精度 99.9%甲醇。

最大耗料量:2kg/h。

最大供暖面积:120m^2。

推荐采暖面积:100m^2。

外形尺寸/mm:长×宽×高=480×310×780

额定热功率,即最大热功率为 10000kcal,如果供暖面积小,或气温较高,可以用较小的热功率。kcal 与 kW 的换算是,10000kcal 乘以换算系数 4.18,等于 41800kJ,再除以 3600s/h,得到 11.6kJ/s,就是 11.6kW。

最大耗料量 2kg/h,如果供暖面积小或气温较高,耗料量就小于 2kg/h。

最大供暖面积 120m^2,小于 120m^2 时,消耗燃料就相应减少了。

7.3.1.2　家用醇基燃料采暖台式设备

图 7-9 是一款台式全自动家用甲醇采暖供热设备。

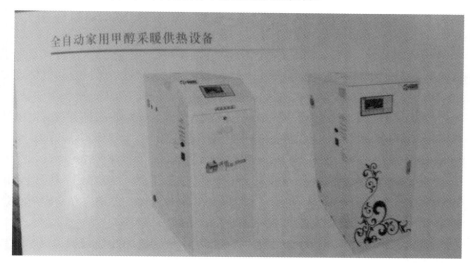

图 7-9　一款台式全自动家用甲醇采暖供热设备

家用醇基燃料采暖台式设备的型号和技术参数见表 7-1。

表 7-1　家用醇基燃料采暖台式设备的型号和技术参数

型号	额定功率		出/回水温/℃	热效率/%	燃料/%	最大耗料/(kg/h)	负载功率/W	设备重量/kg	锅炉水量/kg	最大供热面积/m²	推荐供热面积/m²	外形尺寸长×宽×高/mm
	10⁴kcal	kW										
TS2012-180AT	1.85	21.6	60/50	98～103	精甲醇99.9	3.7	120	76.9	19	180	150	730×350×800
TS2012-380AT	2.7	31.5	60/50			5.4	120	112	41	380	300	750×400×1050
TS2012-580AT	4	46.5	60/50			8	120	136	66.6	580	500	780×460×1050
TS2012-1000AT	8	93	60/50			16	420		700	1000	800	1680×800×1000
TS2012-2000AT	16	187	60/50			32	840		1400	2000	1600	1680×900×1840

由表 7-1 可见，台式全自动家用甲醇采暖供热设备，不仅额定功率和供热面积较大，而且可以设置多种型号。

上海超燃能源科技开发有限公司、北京国泰民昌石油化工有限公司、河北坤坼恒醇科技有限公司、唐山和中节能科技有限公司、廊坊香河鑫阳环保科技有限公司、山东凯利迪能源科技有限公司等，都有类似的产品。

2017 年，京津冀地区的乡村，用这种**醇基燃料水暖炉**替代取暖煤炉的比较多，初冬时节，曾出现供不应求的局面。购买不到**醇基燃料水暖炉**占多数，后来，政府环保部门不得不同意可以暂时恢复煤炉取暖。预计，2018 年将有更多的用户采用这种**醇基燃料水暖炉**替代煤炉取暖。

7.3.2 炊事取暖联用炉

炊事取暖炉灶联用，是中国北方许多农村的传统做法。实际上，**台式家用甲醇采暖供热设备**的循环热水管道，走一个小弯道，经过一个**醇燃料自动气化灶**即可相得益彰。

对于**台式家用甲醇采暖供热设备**的循环热水管道来说，它的任务就是向房间散发热量，经过一个**醇燃料自动气化灶**非常容易做到，并且不妨害本身的任务。对于**醇燃料自动气化灶**来说，就替代了一部分或者全部的预热气化。

当**台式家用甲醇采暖供热设备**的循环热水温度达到 76～89℃时，就可以替代**醇燃料自动气化灶**的全部预热气化，完全省略了原来每餐启动**醇燃料自动气化灶**时的预热程序，随时就可以启动。

当**台式家用甲醇采暖供热设备**的循环热水温度达到 50℃时，可以替代**醇燃料自动气化灶**的部分预热热量，因为每餐启动**醇燃料自动气化灶**，都必须将液态甲醇预热到其沸点 64.7℃以上，并且继续提供甲醇的**气化热**，才能气化为甲醇蒸气供燃用。替代**醇燃料自动气化灶**的部分预热热量，当然就加快了整个预热程序。

更大的好处是，**醇燃料自动气化灶**启动后，它不仅不再依靠**台式家用甲醇采暖供热设备**的循环热水散发的温度，而且可以把其火焰的全部余热都利用起来，使得**台式家用甲醇采暖供热设备**的循环热水温度，不减少反而增加，从而取得相得益彰的效果。

北京国泰民昌石油化工有限公司已经展示了炊事取暖联用的炉灶，许多客户争相订购。

7.3.3 热辐射取暖炉

热能传递有三种方式：辐射、传导、对流。醇基清洁燃料**热辐射取暖炉**主要利用热辐射传导方式。**醇基清洁燃料**火焰本身及其烧热的金属网罩，都是热辐射体。**醇基清洁燃料**不仅本身清洁，并且有丰富的**内含氧**，可以高效燃烧，排放清洁，并且，比天然气、液化气耗用空气少得多。

如果是天然气、液化气燃料，是难以制成热辐射取暖炉的。因为它们不仅本身不够清洁，而且它们燃烧消耗空气太多。按照理论**空燃比**计算，燃烧 1kg 天然气、液化气，要耗用 15.6kg 空气。空气的分子量是 **29**，相当于 **(15.6÷29×22.4) m³=12.05m³**，即，需要耗用空气多于 **12m³**，对于小住室，这是难以接受的！如果依靠通风换进冷空气，就难以达到采暖的目的。相比之下，甲醇有 50%的内含氧，只耗费 **5.6倍**的空气，约为天然气、液化气耗费空气的 1/3。同时，因为甲醇燃烧完全，排气中 CO、CH 也少得多，只需要 1/3 的通风换气，所以，醇基清洁燃料**热辐射取暖炉**具有高效、节能、无烟、无味、环保、噪声小等优势。还有其他一些优点：与壁挂炉、台式采暖设备相比，小巧玲珑；便于火力连续调节，对于空间大小、温度高低不同的取暖，都可以适应。

7.4　在热水锅炉和蒸汽锅炉领域的应用

7.4.1　热水锅炉和蒸汽锅炉的"煤改醇"

先要弄清楚一些概念：

锅炉是一种能量转换设备，向锅炉输入的能量，有燃料的化学能、有电能，还有高温烟气的热能等形式，而经过锅炉转换，向外输出的是具有一定热能的蒸汽、高温水或有机热载体。按介质来分，锅炉可以分为：热水锅炉、蒸汽锅炉、汽水两用锅炉、有机热载体锅炉。按燃料来分，锅炉可以分为：燃煤锅炉、燃油锅炉、燃气锅炉、生物质热水锅炉和醇基燃料锅炉等种类。

蒸汽锅炉一般用额定的蒸汽蒸发量来表示（t/h），1 蒸吨的蒸汽锅炉就是 1h 蒸发 1t 蒸汽。热水锅炉和导热油炉一般用额定热功率来表示（MW 或 kW）。1t/h（蒸汽锅炉）=0.7MW（热水锅炉）=700kW（导热油炉）。

本节介绍的主要是热水锅炉和蒸汽锅炉所用燃料。我国大多是燃煤锅炉。燃煤锅炉是造成环境污染的污染源之一，正在设法采用清洁燃料锅炉予以取而代之。

随着我国经济的快速发展，锅炉的用量不断增加。2005 年，我国工业锅炉年产量为 **150398 蒸吨**；2006 年我国工业锅炉年产量达到 **192378 蒸吨**。2005 年，全国**电站锅炉**年产量为 321 332 蒸吨，比 2004 年相增长了 37.5%；2006 年，全国**电站锅炉年产量为 514476 蒸吨**，比 2005 年增长了 9.31%。煤电锅炉由国家统一管控和实施技术改进，本书主要关注的是煤电锅炉以外的蒸汽锅炉和热水锅炉。

因为燃煤锅炉会产生严重的环境污染，随着能源供应结构的变化和节能环保要求日益严格，小型燃煤锅炉将退出城区，采用清洁燃料和燃烧技术的高效、节能、低污染工业锅炉，将是发展的趋势。

全国工业锅炉 **2002 年为 57.6 万台**，原来预计 2017 年达到 **88.6 万台**。

值得关注的是"煤改醇"锅炉的市场潜力，因为近些年来"**煤改气**"和"**煤改电**"锅炉已经占有一定的份额。如果"**煤改醇**"锅炉的数量按照 **65 万台**（4 蒸吨/台）计算，每年约需要**醇基清洁燃料 6500 万吨**。这是一个巨大的市场。如果全部落实"**煤改醇**"，**醇基清洁燃料**价格按照 3000 元/t，仅"**醇基清洁燃料**"的年产值即可达到 **1950 亿元**。

10 蒸吨以下的小型锅炉，主要用于集中采暖、烘干和多种供热领域，这是"**煤**

改醇"的主要对象，后文将分别加以介绍。

7.4.2　用于集中采暖的"煤改醇"锅炉

集中采暖是工厂、学校、居民社区和各种集体单位常用的设备。在**"去煤化"**的过程中实行**"煤改醇"**，醇基清洁燃料锅炉取得了良好的示范作用。

2016～2017年的采暖季节，北京超燃索阳清洁能源研发中心在昌平区南口镇组织实施了**"煤改醇"**示范。采用的是 **60 万千卡醇基清洁燃料常压热水锅炉**，替代原有的燃煤系统，为该公司的**4000m²**厂房解决冬季采暖问题。

截至 2017 年 3 月 15 日，这个**"煤改醇"**示范项目全部完成，**实际效果比预计的还好！**

往年冬天采用**1 蒸吨燃煤锅炉**供暖，4 个月的采暖季消耗煤炭 **120t**。煤价 **1200 元/t**，折合 **144000 元**。**"煤改醇"**示范只用了 **29t** 醇基清洁燃料，进价 **3100 元/t**，合计 **89900 元**，比往年烧煤的 144000 元还节省了 54100 元。原来司炉工月薪 **3500 元，4 个月 14000 元**；**"煤改醇"**后有人兼做司炉即可。图 7-10 是**煤改醇以后的采暖锅炉**。

图 7-10　煤改醇以后的采暖锅炉

图片中，红色的醇基燃料燃烧机，点火、灭火和火力大小，均采取智能调控，即根据气温变化，自动调节火力大小。

改建施工非常简便。原来的燃煤锅炉炉膛直接改作燃烧室，锅炉的加煤口安装一台配套的醇基燃料燃烧机，加煤系统改为向燃烧机智能调控供应醇基清洁燃料的管道系统即可。工厂各处的散热管道设备，完全不变。

本项目环保效益尤其明显。由于所用醇基清洁燃料有 30%的内含氧，使得燃烧充分，高效节能，CO、碳氢化合物等有害物质排放量比限制降低 86%以上，NO_x 排放也有明显减少，排烟口看不到烟尘，实现了 **无烟排放。**同时，因为醇基清洁燃料本身基本不含硫，所以基本上没有 SO_2 排放，这对于节制生态环境污染特别有利。

原来燃煤锅炉储备煤炭的煤堆、锅炉工添加煤料的过程和排出烟灰的污染，是人所周知的。**"煤改醇"**以后，煤堆没有了，锅炉工添加煤料的过程没有了，排出的烟灰没有了。

原来的**燃煤锅炉**每年有害物排放情况如下：

二氧化碳 420kg/t×120t=50400kg=50.4t

二氧化硫 8.5kg/t×120t=1020kg=1.02t

氮氧化物 7.4kg/t×120t=840kg=0.84t

煤改醇以后，有害物质排放情况测试值如表 7-2 所示。

表 7-2　煤改醇以后，有害物质排放情况测试值

项　　　目	限值	实测	降低/%
CO/%	0.80	0.01	99
碳氢化合物/（mg/kg）	150	21	86
NO_x/（mg/kg）	500	29	94.2

本示范项目的经济效益超出设计预料，分析其主要原因有两个：

一是醇基清洁燃料燃烧效率高，由于所用醇基清洁燃料有 30%的内含氧，使得燃烧完全，高效节能。

二是火力实现精密的数字调控，升降迅速。往年的燃煤锅炉，升温降温速度很慢，当气温变化较快时，它是不能做到**"随机应变"**的，而升温降温过程都是无效燃烧。燃烧机智能调控的醇基燃料锅炉，当气温变化时，却可以做到**"随机应变"**，即使微小的气温变化，它也能做到**"随机应变"**，所以，就可以节省燃料和费用。

值得注意的是，所选用的**醇基清洁燃料**和**燃烧机**，必须货真价实。

醇基清洁燃料必须符合产品质量标准。首先要符合 GB 16663—1996《**醇基液体燃料**》的要求。该标准 1 级品的低热值要求 ">21000kJ/kg"，比较笼统。略大于 21000kJ/kg（5050kcal/kg）时，不足以符合锅炉用**醇基清洁燃料**的要求。最好符合企业标准 Q/CPCSN0001—2017《**醇基清洁燃料**》的要求。Q/CPCSN0001

的"特三级"要求低热值">27170kJ/kg（6500kcal/kg）"，这样的质量要求比较适合用作锅炉燃料。更重要的是**"铜片腐蚀"**指标，必须符合 Q/CPCSN0001 标准要求的**"≤1 级（50℃，3h）"**。某些供应商提供的产品，只是假借了**"醇基清洁燃料"**的名称，并不符合《醇基清洁燃料》的产品质量要求。特别是掺入一些伪劣的煤焦油产品，必然产生不应有的腐蚀现象或异味。对于燃烧机和环境卫生非常有害。

关于**燃烧机**，必须与锅炉要求的型号相匹配。人们常说的燃烧机指的是锅炉燃烧机。分为轻油（如柴油）和重油燃烧机，燃气燃烧机分为天然气燃烧机、液化气燃烧机、城市煤气燃烧机、沼气燃烧机等。**醇基清洁燃料**的燃烧机，必须是耐醇的，因为甲醇、乙醇对于铝质部件和橡胶、塑料部件有一些腐蚀或溶胀作用。河北坤圻恒醇科技有限公司是专营**醇基清洁燃料**燃烧机的，他们在多次专业会议上做过介绍。

7.4.3 用于烘干、供热领域的"煤改醇"锅炉

7.4.3.1 用于烘干领域的"煤改醇"锅炉

随着工业化社会的发展，规模化的烘干业务越来越多，包括木材、纺织品、烤漆、粮食、饲料、茶业、烤烟、药材等领域的烘干。

烘干方式，有蒸汽二次转换烘干，还有采用有关专利技术，直接利用甲醇燃料燃烧机燃烧甲醇燃料，通过直排式热风炉，直接将洁净的热风输送到需要烘干的场所，无任何能源的二次转换，节能效果突出。直接烘干显示了甲醇燃料燃烧机的优越性。因为甲醇燃料燃烧完全，排放清洁，即使是天然气或液化气，燃烧排气中也免不了有燃烧不完全的碳粒。将洁白的瓷片置于它们的火焰上，立刻就可以比较出来：天然气或液化气的火焰上的瓷片有碳粒，甲醇的火焰上的瓷片无碳粒。因为甲醇根本没有碳碳键（C—C），所以，燃烧产物中不可能有碳粒。

图 7-11 是**福建大为能源有限公司**烘干木材的流程示意图。

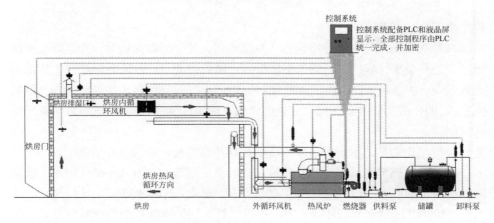

图 7-11 烘干木材流程

山东省临沂市所辖某县，就有一万多台烘干木材的蒸汽锅炉。因为原来燃煤严重污染环境，急切需要能够替代燃煤的清洁燃料，醇基清洁燃料蒸汽锅炉正合其用。

江苏省苏州市吴江区**苏州库力铁重工公司**，是一家致力于"**打造世界一流金属箱柜**"的 ODM 工厂，每年生产出口金属箱柜产品产值 1.5 亿元以上。燃煤锅炉停用后，在吴江区政府的推荐和帮助下，改用了醇基清洁燃料锅炉。"**煤改醇**"施工完成后，环保指标全部合格。醇基清洁燃料锅炉升温降温快，有利于实现智能调控，操作非常方便，不仅保证了烘干工序的正常进行，而且，原来储藏备用煤堆和输送、添加煤炭的过程以及排烟污染的现象都彻底改观了，产品出口没有受到影响，维护了"中国制造"的信誉，企业的经济效益得到保证，对于这个"**煤改醇**"施工非常满意。以下是他们改造后的锅炉（图 7-12）和烘干生产线（图 7-13）。

图 7-12　改造后的锅炉

图 7-13　烘干生产线

7.4.3.2　用于供热领域的《煤改醇》锅炉

（1）**苏州市吴江冰川织物厂**　是专业为宝马汽车生产内饰织物的企业，蒸汽锅炉是他们不可缺少的热源。经吴江区领导推荐，选用醇基清洁燃料锅炉替代燃煤锅炉。

"**煤改醇**"竣工后，生产线面貌一新，环保指标全部合格。锅炉升温降温实现了智能调控，操作非常方便，保证了烘干工序的正常进行，产品出口没有受到影响，维护了"中国制造"的信誉，企业的经济效益得到保证，这个"**煤改醇**"

施工非常令人满意。图 7-14 是煤改醇后的锅炉现场。

图 7-14　煤改醇后的锅炉现场

（2）江苏省南通市珠联乳胶制品厂　主要生产乳胶枕芯、乳胶床垫等专供出口的制品，选用了由南通海亚环保科技有限公司承建的**醇基清洁燃料锅炉**替代原来的**燃煤锅炉**，作为产品加工热源，高效节能、清洁环保。图 7-15 为**煤改醇**改造后的**醇基清洁燃料锅炉**，其乳胶产品生产线见图 7-16。

图 7-15　改造后的醇基清洁燃料锅炉

2017 年 6 月 21 日，中国农村能源行业协会、《中国能源报》社和北京超燃索阳新能源研发中心联合组织了现场调研。厂方介绍了他们的锅炉**煤改醇**情况，并表示对效果非常满意。

图 7-16　乳胶产品生产线

7.5　在工业窑炉领域的应用

7.5.1　用于陶瓷、玻璃、耐火材料烧制

陶瓷、玻璃、耐火材料，都是大宗烧制产品，所用高温窑炉中，需要耗费大量的燃料。如果燃料不清洁，不仅影响产品质量，而且污染环境比较严重。以烧制耐火材料为例，原来在山区就地挖掘白干土燃煤烧制耐火材料，时间稍长，窑炉附近的林木多被污染枯死，因此，为了保护生态环境，国家明令要求，必须改用清洁燃料。

甲醇燃料用于工业窑炉，是我国十多年前就梦寐以求的一项重要技术。初期，要求迫切的是广东佛山烧制地板砖的窑炉、福建烧制玻璃的窑炉和江西景德镇烧制瓷器的窑炉。清华大学有关方面，曾在广东佛山，针对烧制地板砖的窑炉，采用甲醇燃料进行了开发研究。还有人针对景德镇烧制瓷器的窑炉，采用甲醇配加轻烃的混合燃料进行了开发研究。但是，都没有真正解决问题。主要原因是温度难以达到烧制陶瓷的高度。

后来，**郑州明潞环保科技有限公司**采用热风技术和相应的燃烧机设备，可将炉温从不到 1300℃提升到 1500℃。

福建大为能源有限公司采用自己的**自适应配风引射燃烧技术、恒温自气化技术和双相自雾化技术**等甲醇燃烧器的多项专利技术，使甲醇燃烧的火焰温度最高可以达到 1800℃、火焰形状也能达到工业热力燃烧的要求，从而使得热值较低的甲醇燃料可以用于各种工业窑炉。**福建大为能源有限公司**在福建德化、江西景德镇、广东潮州等地推广了甲醇燃料烧制陶瓷的技术，通过对原来燃用液化气窑炉的改造，德化、景德镇等地的几家陶瓷厂，已经使用甲醇燃料烧结陶瓷，效果明显。他们在实践中总结出 4 条优点：

（1）**陶瓷产品质量大幅度提升**　白度和亮度提升明显，白度至少提高 3～5 度，1000 元/t 的陶土可以烧出 2000 元/t 陶土的白度效果。用甲醇清洁燃料烧制后的瓷器产品，颜色鲜艳、色彩保真，还原性比原来用液化气有显著提高，原来难以避免的黄点次品，不再出现了。

这种让人惊喜的效果，其实是有理论根据的。如前所述，甲醇燃烧时排放的气体中，根本就没有碳粒和硫化物，而天然气、石油液化气燃烧时排放的气体中，不可避免还有些微细碳粒和硫化物，就是造成产品颜色泛黄的根本原因。

（2）**烧制成本降低**　在陶瓷烧制的实际案例中，甲醇与液化气的用量比为（1.2～1.4）：1。烧制一窑的燃料总成本，比液化气降低 15%～20%。由于甲醇是富氧燃烧，他们的核心技术是火焰温度高，在陶瓷还原燃烧阶段中存在成本优势，可以缩短温度拉升时间 0.5～1h，从而达到节省燃料的效果。

（3）**尾气排放更干净**　甲醇燃料容易完全燃烧，只产生二氧化碳和水，因而甲醇燃料烧制陶瓷生产排放无硫，无黑烟、无重金属，检测结构表明，比天然气、液化气更干净。

（4）**生产过程更安全**　甲醇燃料在常温常压下是液体，闪点 12.2℃，属于**中闪点危化品管理第三类易燃液体**，不属于易爆产品。而天然气的主要组分甲烷闪点−188℃，属于高度易爆产品。相比之下，甲醇燃料在生产过程中便于管理，操作更安全。

图 7-17 是广东潮州采用甲醇燃料烧结卫浴陶瓷出炉现场。

7.5.2　用于金属冶炼

甲醇燃料用于铝型材加工时的熔炼铸棒、挤压成型、时效处理、氧化着色、喷涂烘干，与天然气、液化气相比，均有提高质量、降低成本和安全性好的显著优势。

在铝型材挤压工艺中，拥有多年的应用案例，在长期的数据统计中，甲醇燃料与天然气的用量比为（1.2～1.3）：1。而甲醇的热值是 5050kcal/kg，液化气的热值是 8000kcal/m^3，按热值比应为 1.6：1，为什么会出现这种情况？主要是甲醇是富含助燃氧，燃烧配风只有液化气、天然气的 1/3。

在铝型材喷涂烘干工艺中，与使用液化气、天然气相比，外观效果明显差异，光泽无黑点，在标准比色卡对比，较原先提升两个点。图 7-18 为熔铝炉改造前后。

图 7-17　采用甲醇燃料烧结卫浴陶瓷出炉现场

（a）熔铝炉改造前

（b）熔铝炉改造后

图 7-18　熔铝炉改造前后

一些熔点低于 1800℃的金属，例如，铂 1772℃、钍 1750℃、钛 1668℃、镥 1663℃、镁 1564℃、钯 1552℃、钪 1539℃、铁 1535℃、铒 1529℃、钇 1522℃、钴 1495℃、钬 1474℃、镍 1453℃、镝 1412℃、铽 1356℃、铒 1340℃、钆 1313℃、铍 1287℃、锰 1244℃、铀 1132℃、铜 1083℃、钐 1072℃、金 1065℃，原则上都可以利用燃烧甲醇燃料的窑炉冶炼。

金属冶炼要求炉火纯正，从低温到高温，从自然进风到富氧、再到纯氧，是冶金技术的逐步提高。甲醇蒸气拥有 50%的内含氧，可以达到富氧冶炼的程度，加上它耗用空气约为液化气耗用空气的 1/3，本身不含硫、磷等有害杂质，所以，产品质量高，排气中有害成分少，有利于 生态环境保护。

7.6   在高技术领域的推广应用

7.6.1   用于纯甲醇高压缩比汽车

广泛用于汽车的发动机，有一个重要技术指标即燃气的压缩比。

奥托汽油发动机目前的压缩比一般是 8～12，即压缩 8～12 倍。压缩比越高，雾化越好，效率越高。早期的汽油发动机的压缩比在 8 以下，效率比较低，燃用 70 号汽油就可以了。现在较好的汽车，压缩比超过 10，有的压缩比高达 12，雾化效果好，燃烧效率也高，需要燃用 97 号的高标号汽油，实际用油比较节省。

狄塞尔柴油发电机的压缩比可以达到 20 左右，因而柴油机的效率比汽油机的效率高 30%以上。柴油机是靠压缩自动点火的，因为柴油的着火点只有 220℃左右，所以，压缩比达到 20 左右时就自动点火了，不可能再继续提高压缩比了。压缩比达到 20 左右，对于气缸的要求就比汽油机对气缸的要求更高了。因此，全中国、全世界，都在研究和不断改进柴油发动机。

甲醇的着火点高达 435℃，因而可以继续提高压缩比。压缩比进一步提高了，效率也就相应提高了。现有的汽车发动机的气缸，承受不了更高的压缩比，需要设计制作能够耐受更高压缩比的发动机，这就是纯甲醇高压缩比发动机难以用到汽车上的瓶颈。

实际上，这样更高压缩比的发动机已经有了，一级方程式赛车上的发动机就有更高的压缩比。将这样的发动机用于航空领域或者其他相关领域，也将实现更高级的创新。据说，美国空军已经有这样的高压缩比纯甲醇发动机，并且已经在战斗飞机上试用和试飞了。

纯甲醇高压缩比发动机就是当前的一种高新技术产品。如果使用这样的发动机汽车，燃用 1kg 的甲醇，比现有的汽油车燃用 1kg 汽油，或者现有的柴油车燃用 1kg 柴油，跑的路程更远，因为效率大幅度提高了。

7.6.2　用于陶瓷膜甲醇燃料电池

把燃料的化学能直接转化为电能的**燃料电池**，是继水力、火力、核能发电之后的第四种发电方式。因为它不经过机械能转化的中间环节，所以不受卡诺热机效率限制，燃料转化为电能的效率显著提高。在当今世界上，**燃料电池**的开发研究普遍受到了高度关注。

中国科学技术大学固体化学与无机膜研究所所长孟广耀教授，主持研发的**陶瓷膜燃料电池（CMFC）**，是**固体氧化物燃料电池（SOFC）**之后发展的新阶段，它对燃料的适应性好，模块性操作方便，对外环境几乎没有污染，是化石燃料和化学燃料转化为电能的最佳方式，是世界新能源革命的一种重要案例。

在燃料电池的研发中遇到的问题，一方面是为**质子交换膜燃料电池（PEMFC）**研制进行了巨大投资；另一方面是对于**固体氧化物燃料电池（SOFC）**的研制，总是直接使用化石碳氢燃料天然气或其他烃类，结果是被 **Ni 基电极**的积炭问题缠住，久久难以突破。

实际上，人们忽视了身边就有的两种氢的载体**氨（NH_3）**和**甲醇（CH_3OH）**。孟广耀教授等人推断：**氨和甲醇这两个人工合成的化合物，将是燃料电池所需燃料的最佳选择**。其理论依据是，**氨和甲醇**是最佳的**储氢器**，氨作为燃料电池的燃料时，其排放物只有水和氮气；甲醇作为燃料电池的燃料时，其排放物只是水和二氧化碳。尤其是甲醇在电极表面催化热解的直接产物，可能首先是 H 和 CO，这正是**陶瓷膜燃料电池**最适宜的燃料，在 **Ni 基电极**上积炭的概率比甲烷（CH_4）小得多。孟广耀教授等人的实验证明，直接利用液体甲醇为燃料电池燃料，并无积炭发生。

氨和甲醇都是可以大规模人工合成的化学产品，特别是甲醇，常温下是液态，储存、运输、使用，都比天然气方便得多，安全性也比天然气好，因而氨和甲醇是**陶瓷膜燃料电池**的最佳燃料。孟广耀教授将**氨和甲醇**用作**陶瓷膜燃料电池**的燃料，实施化学能与电能的转换，称之为**华能工程**，因为氨的分子量是 17，甲醇分子量是 32，两者相加是 49，正好是中华人民共和国诞生的年份。孟广耀教授认为，**华能工程**是我们中国的创举，**华能工程**将可能引领我国的**新能源革命**发展到一个新阶段。

7.6.3　用于现代农业生产

农业生产为人们提供必需的营养食品，自从农耕社会开始至今，经历了千年。

伴随着科学技术进步，农业生产也经历过革命性的发展变化。历代先民从水、肥、土、种和管理五个方面进行了探讨。从尼罗河流域的埃及文明到中华大地的郑国渠、都江堰和历代的农田水利建设工程，都验证了"水"对于农业生产的重要性，在我国特别冠名为"水利"。关于肥料，哈伯发明合成氨及其随后大规模生产的化学肥料，也算得上是"革命性"的发展，20世纪六七十年代我国引进了13套大型化肥生产设备，解决了10亿国人的吃饭问题。20世纪六七十年代我国开展的**黄淮海洗碱改土工程**，使得黄淮海大平原亿万亩的盐碱地，变成了大粮仓。关于农作物的种子，可以从袁隆平教授的育种奇效，看到它对于农业生产的革命性作用。但是，人们应该认识到，农业生产的现代化革命是没有"终点"的，还大有文章可做。

像化学合成氨既可以作为农肥也可以作为能源燃料一样，化学合成的甲醇，既可以作为能源燃料，也可以促成农业生产获得革命性的新发展。

（1）众所周知，光合作用指的是，绿色植物吸收光能，把二氧化碳和水合成富含能量的有机物，同时释放出氧气的过程。所谓富含能量的有机物，就是储存了来自太阳的能量的有机物。每年光合作用所同化的太阳能，为人类所需能量的10倍以上。人类所需的粮食、油料、纤维、木材、糖、水果等，无不来自光合作用。换句话说，没有光合作用就没有人类的生存和发展。光合作用的另一个伟大意义，是调节大气，使之能经常保持21%的氧含量，一方面为有氧呼吸提供了条件，另一方面，O_3的积累，逐渐形成了大气表层的臭氧O_3层，能吸收太阳对生物体有害的紫外线辐射。

如此重要的光合作用需要什么条件呢？第一需要来自太阳能的光照。第二需要二氧化碳，即需要弥漫在空气之中的二氧化碳作为**光合作用的原料**。二氧化碳可能是大气循环的产物，也可能是无机碳酸盐分解的产物。第三需要温度，光合反应是由酶催化的生物化学反应，受温度的强烈影响。第四需要矿物质，其功能是做叶绿体结构的组成成分，做电子传递体的重要成分，起到组成磷酸基团的作用，活化或调节因子。第五需要水分，水分既是光合作用的原料，也是实现光合作用的条件。**甲醇在光合作用中的功能**，除了它也是一种碳源以外，更重要的就是它有利于保证光合作用所需要的水分，因为甲醇是高度亲水的。如果在干旱季节或者降雨量偏低的沙漠地带，向农作物喷洒浓度为μL/L级的甲醇稀溶液，农作物的抗旱功能就会大增。这不仅有利于农作物增产，对于沙漠地带的绿化，也有很大的帮助。

（2）人类的食品和畜禽养殖业的饲料，不仅可以来自土地上种植的植物，也可以来自发酵罐中生产的菌体蛋白。最初试生产菌体蛋白的培养基原料采用石油，但是，石油组分非常复杂，毒性难以避免，不能作为畜禽养殖业的饲料。后来改用组分单一的甲醇作为生产菌体蛋白的培养基原料，取得了饲料级的菌体蛋白，营养价值不亚于鱼粉，大大有利于畜禽养殖业的发展。分析测试表明，菌体蛋白完全可以达到食品级，可以作为食品的营养添加剂。这就是说，将来的畜禽饲料和人类食品，不仅可以在土地上种植生产，也可以在发酵罐中以甲醇为培养基进行生产。这样在发酵罐中以甲醇为培养基生产畜禽饲料和人类食品，不受气候变化和病虫害的影响，可以成为未来农业的革命性新发展。

第8章 醇基清洁燃料与太阳能、沼气及其他能源的互补利用

8.1 醇基清洁燃料与太阳能的互补利用

8.1.1 概述

太阳能是地球上最主要的能源，它数量巨大，极其清洁，是普惠人类的无价之宝。但是，太阳能有两个缺点：一是受昼夜、时令和雨雪阴晴天气变化的影响；二是难以大规模长久储存。目前，最简便的太阳能热利用，包括各种物料的晾晒干燥和太阳能热水器、太阳能温室农业大棚等，都受到昼夜、时令和雨雪阴晴天气变化的影响。醇基清洁燃料却可以弥补这两个缺点。

在 2006 年农业部举办的**新农村、新形势、新能源展览和论坛会议**上，太阳能专家受到启发，随即组建的**北京超燃索阳清洁能源研发中心**，进行了醇基清洁燃料与太阳能互补利用的开发研究。

该中心首先设计了太阳能集热器与醇基清洁燃料互补提供恒热水的装置，取名为**光醇互补多功能利用系统**。在天气晴朗阳光普照的时候，充分利用不花钱的太阳能，通过智能调控保证恒温水箱的温度。在阴雨天气阳光被遮闭不能保证恒温水箱温度的时候，通过智能控制系统，启动醇基清洁燃料燃烧器，补足恒温水箱的温度。有了这样的光醇互补的恒温水箱，就可以进行多种形式的利用。例如，光醇互补用于温室养殖大棚，以及用于家户冬季取暖和恒温浴池等。以下作为示例，介绍光醇互补用于温室养殖大棚的情况。

8.1.2 光醇互补的温室农业大棚

与传统太阳能温室大棚相比，这种大棚具有光醇互补、恒温供暖的特点。

传统温室大棚采暖通常用燃用煤炭或者柴薪，补充夜晚或者阴雨天气是太阳能不足的缺欠。这样做，一方面污染生态环境，另一方面是难以实现智能调控，必须人工值守，而且人工生火灭火赶不上一些突然的变化，严重滞后，造成无谓

的浪费。如果采用太阳能加电气化或者加液化气供暖的方式加以互补，费用高，经济性差，设备投入和运行使用成本均太高，液化气的安全性和环保性也有一些问题。

本系统采用**太阳能**和燃用**醇基清洁燃料**互补，在自编程序一体化智能控制的条件下，优先利用太阳能，太阳能不能满足要求时，自动切换到醇基清洁燃料燃具补充，实现恒温供热。

如此通过**光醇互补**，把**太阳能**和**醇基清洁燃料**两种清洁能源的实用技术结合起来，形成了一个高效节能、清洁环保、投资小、运行费用低、自动化程度高、操作简便的新型体系，是一个利国惠农的好项目。

山东省临沂市农业科学院与北京超燃索阳清洁能源研发中心一起，在临沂市组织了这个项目的施工设计和应用示范，2017 年通过了临沂市科委组织和主持的鉴定验收。

验收意见认为："该项目设计了太阳能集热、醇炉补热、大棚余热回收、大棚定温供暖等综合智能调控系统，可以全天候自动运行，无需人工值守，与往年燃用煤炭弥补太阳能偶尔欠缺相比，既提高了现代农业技术水平，又减轻了劳动负担。太阳能是取之不尽用之不竭的清洁能源，醇基燃料也是一种经济、清洁和可以保证供应的非石油新能源，两者有机结合起来，用于供热、采暖，一体化智能控制、调节，优先利用太阳能，不足部分由醇能补充，不但为太阳能热利用开辟了新途径，也带动了醇基清洁燃料燃具尽快进入市场推广应用，为早日恢复天蓝地绿水净的生态环境做出贡献，符合我国多能互补、清洁用能的政策。"

农村农民脱贫奔小康，是我国非常重视的问题，中国共产党第十九次全国代表大会和 2018 年的全国人民代表大会，都庄严地提出了我国农村农民精准脱贫的战略目标任务。本项目正是落实这个战略目标任务的好项目。山东省临沂市兰陵尚岩镇 2016 年贫困移民扶持项目，涉及 44 个行政村，本项目参与建设 200 个蔬菜种植温室大棚，做出了可喜的贡献。

8.2 醇基清洁燃料与沼气的互补利用

8.2.1 概述

中国沼气产业市场前瞻数据显示，**2000 年**以后，中央财政不断加大对农村沼气建设的资金投入，在国家的政策引导及资金投入的支持下，我国沼气产业的规模逐年递增，尤其是**农村户用沼气池**的数量增加明显。**2000 年底**，我国农村户用沼气池 **848 万户**，到 **2006 年底**达到 **2200 万户**，到 **2011 年底**，全国户用沼气达到 **3996 万户**。据农业部规划，"十二五"期间，要继续扩大**沼气用户**，**2015 年**，

农村户用沼气达到 **5000 万～5500 万**户。

沼气如此受到重视，有几个原因，现在看来，环保问题排到了首位，第二是补充我国石油、天然气资源的不足，第三是帮助农民脱贫致富奔小康。

（1）关于农村的生态环境保护问题   这个问题涉及农村生态环境条件多方面的变化：

第一是农家肥料的问题。以往人畜粪便和多种垃圾，都是宝贵的农家肥料资源。"**种地不上粪，等于瞎胡混**"，成了农民种庄稼的经验之谈。为了积攒农肥，要经常打扫卫生，"**扫帚响粪堆长**"，就是这个意思。那时候的学校、机关、医院、电影院等所有的集体单位，粪便都有人出钱收购，有些小单位不要钱，承包粪便的农户，除了负责把厕所打扫干净以外，还经常奉送一些自己种植的蔬菜表示感谢。可是，后来农业生产越来越多地依赖化肥，农家肥料几乎没有人再积攒和使用了。垃圾没有人用作农肥原料啦，粪便不仅没有人再出钱收购，反而需要倒出钱给淘粪工。有些人畜粪便找不到淘粪工，胡乱排放，直接成了环境的污染源。

第二是新生垃圾的问题。最典型的是畜禽养殖粪污和到处抛扔的塑料薄膜包装袋，还有许多其他小商品的所谓包装，也都成了环境的污染源。原来农户几乎家家都喂养鸡、鸭、猪等家畜家禽，剩饭剩菜和有些霉烂变质的食品，都是鸡、鸭、猪等家畜家禽的饲料，现在几乎没有农户再散养家畜家禽了。有人养狗，当做宠物，根本不用原来家畜家禽的饲料，剩饭剩菜和有些霉烂变质的食品，也都成了污染环境的垃圾。日积月累，许多农村都处于垃圾场的包围之中。

第三是农作物秸秆问题。我国的农作物秸秆数量很大，原来用作大牲畜牛、驴、骡、马的宝贵饲料或者炊事燃料，现在大牲畜牛、驴、骡、马被农机取代了，炊事燃料也被煤炭、石油液化气部分取代了，采用新技术制成颗粒燃料和秸秆还田的数量还很有限，独家独户的作物秸秆很难搜集，于是，大量的农作物秸秆变成了重大的环境污染源。每年到了麦收、秋收季节，焚烧秸秆成了一大害，成了产生雾霾的重要原因之一。秸秆占据田间地头影响耕种，致使有的农民趁着黑夜和刮风天气焚烧秸秆，珠链成片，乡村政府天天组织稽查，威胁罚款，也很难禁止。

为了解决这些环境保护问题，利用这些垃圾粪便和农作物秸秆生产沼气，是一个很好的途径。

（2）关于补充我国油、气资源的不足   由于我国已经发现的石油、天然气资源相对较少一些，工农业生产发展和汽车数量迅速增加，又使得石油、天然气的耗量特别巨大，因而设法用其他能源资源替代一些石油、天然气资源，非常必要。利用农作物秸秆直接作为农村农民的炊事燃料，或者将农作物秸秆与人畜粪便垃圾一起，经过生物发酵生产沼气，可以替代一些能源燃料。国家对于经过生物发酵生产沼气，积极提倡和给予大力投资支持，据农业部门提供的数据，我国中央财政不断加大对农村沼气建设的资金投入，仅"十一五"期间（2006～2010年），中央累计投入农村沼气建设资金就有212亿元。但是，由于技术普及和管理经验不足，以及气温变化等因素，产生沼气不够正常，补充我国石油、天然气资源不足的功能，还没有很好发挥出来。

（3）关于帮助农民脱贫奔小康　农村农民脱贫奔小康，是国家的战略方针，是建设中国特色社会主义的重要举措，特别是中国共产党第十九次全国代表大会和2018年的全国人民代表大会，提出了**到2020年底以前，全国农村全部实现精准扶贫脱贫的目标任务**。如果将前述的垃圾粪便和农作物秸秆**变废为宝**生产沼气，既可以保护农村的生态环境，又可以节省煤炭和石油、天然气等化石资源，还可以作为农民告别垃圾、秸秆和煤炭等肮脏炊事燃料改用清洁方便的沼气燃料的重大举措。

但是，我国农村发展沼气的事业，还有一些亟待解决的问题。其中最关键的实际问题，就是农村众多的小型沼气池，产气不正常，有时有气，有时无气，有时气多，有时气少，致使一些农民无可奈何，甚至许多沼气池拿着国家补助建成后，很快就废弃不用了。

8.2.2　甲醇与沼气互补，保证炊事燃料的正常供应

我国农村众多的小型沼气池，**2015年达到5000万～5500万户**（沼气池数量**超过2000万个**）。每建一个户用沼气池，国家补助**1000～2000元**，但是，实际上正常使用的数量少得多。主要原因是产气不正常，有时有气，有时无气。实行**醇气互补**，可以很好地解决这些问题。

（1）**确保沼气池正常产气**　要使沼气池正常产气，发酵液的浓度、酸碱度、碳氢比和菌种等，都比较好办，最重要的是适应气温变化，确保适宜的发酵温度。

沼气池的温度条件分为：

① **常温发酵**（也称低温发酵）**10～30℃**，在这个温度下，池容产气率为0.15～0.3m³/（m³·d）（即每天**每立方米池容产沼气0.15～0.3m³**）。

② **中温发酵30～45℃**，这时**池容产气率达1m³/（m³·d）**。比常温发酵高5倍。

③ **高温发酵45～60℃**，这时池容产气率达**2～2.5m³/（m³·d）**。比常温发酵高10倍。

沼气发酵最经济的温度条件是**中温发酵**的**35℃**左右。

实际使用时，初期发酵液浓度大，**常温发酵**就能正常产气供气，但是，必须保证在10℃以上。如果冬季气温降到零度以下，就需要适当加温。用了一段时间后，发酵液浓度降低，可以适当增加温度，满足**中温发酵**的要求。如何**适当增加**

温度呢？可以使用根据所需温度自动控制火力的**甲醇灶**。现在已有可以兼用沼气的**甲醇灶**，因为它们的灶头混加空气数量相似，所以设置一个进气三通开关即可。图 8-1 是用甲醇灶替代沼气灶的示意。

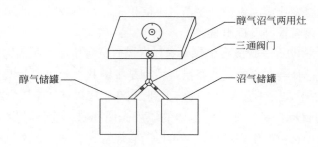

图 8-1　用甲醇灶替代沼气灶的示意

（2）直接用甲醇灶替补沼气灶　这样可以免除人为增加沼气发酵温度的麻烦，就是直接用甲醇蒸气替待沼气一段时间，等待沼气池气温上升自动回复正常产生沼气，再恢复使用沼气。因为已经有了可以随即改用沼气的**甲醇灶**，所以在沼气不足时，像上图一样，拨动三通开关，改为燃用**甲醇蒸气**即可。

（3）利用大型沼气池所产沼气和生产甲醇　沼气由 50%～80% 甲烷（CH_4）、20%～40% 二氧化碳（CO_2）、0～5% 氮气（N_2）、小于 1% 的氢气（H_2）、小于 0.4% 的氧气（O_2）及 0.1%～3% 硫化氢（H_2S）等气体组成。

因为甲烷是沼气的主要成分，所以可以直接用作气体燃料。**沼气的热值为 20800～23600kJ/m³**（甲烷的**热值为 34000kJ/m³**）。沼气不仅是一种良好的清洁燃料，而且除了用于炊事、供暖燃料外，还可以用来**发电**和作为生产**甲醇**的原料。

在美国、德国、瑞典等国，分散的户用微小型沼气池很少，主要是处理垃圾、畜禽粪便和农作物废料的大型沼气工程，用于热电联供、市政燃气和发电。美国约有 111 个大型沼气工程，每年发电 $2.15×10^8$ kW·h。一般都是盈利的，既有生态环境效益，也有经济效益。

我国沼气利用的前景，也将是发展大中型沼气工程。除了用于热电联供、市政燃气和发电以外，用来生产甲醇储存起来，也是一种方式。这方面的技术是成熟的。其优点是可以配合我国**醇基清洁燃料**的大规模推广应用，作为生态环境建设和新能源革命的一项重大措施，一举多得。到那时，醇气互补，保证农户炊事燃料的正常供应，将更加有保证。

2012 年 4 月 9 日，新疆昌吉自治州《关于赴北京市、安徽省、浙江省考察大中型沼气工程建设情况报告》中讲，为了本自治州的 7 个大中型沼气工程的招标，介绍了两个示范工程。

其中一个示范工程是，北京市房山区窦店镇窦店村中型沼气集中供气工程：总投资 600 万元，由北京盈和瑞设备有限公司承建，北京市政府投资建成，2008 年投入使用。占地 3500m², 分两期建设，日耗牛粪 44t，中温发酵，建 550m³ 厌氧发酵罐 4 座，采用 CSTR(完全混合厌氧反应) 工艺，日产沼气 2000m³，湿式储气柜，采用高压储气输送，可供 1900 农户使用（智能卡收费，2 元/m³）。以能源生态型沼气工程的建设为契机，将养殖类粪污转化为沼气、沼液、沼渣，形成"畜禽养殖—废弃物资源化—有机肥种植"的良性循环系统，沼气用于村民炊事燃料。沼液、沼渣用于农田施肥，实现粪污零排放。

这样的中型沼气集中供气工程，仅能利用畜禽粪污，生产用于村民炊事燃料的沼气，还达不到用来生产甲醇的规模。农作物秸秆和其它垃圾废物还没有得到处理利用。

8.3　醇基清洁燃料与其他能源的互补利用

8.3.1　概述

醇基清洁燃料的基料是化工产品甲醇。本书前面专题介绍甲醇的章节已经讲过，甲醇可看作是一种与电能类似的**二次能源**。因为其他各种能源都可以变成甲醇储存起来。

甲醇作为**二次能源**的这种性能，甚至比电能作为二次能源具有更为突出的优越性。虽然各种能源虽然都可以转变成同一形式的电能，但是，迄今为止，还没有理想的长时间大规模储存电能的办法。这就使得甲醇作为一种新型的**二次能源**具有更为重大的意义！

实际上，如果细心观察一些实例，这种**重大意义**已经体现出来了。

例如，世界上大约 80% 的甲醇都是利用天然气为原料生产的。天然气本身就被许多人看作是最好的清洁能源燃料，为什么还要制成甲醇呢？这是因为许多海岛和偏远地区的天然气难以运输到消费使用天然气的地方，如果不制成甲醇，就白白逸散浪费掉了，而且还污染了生态环境。如果制成甲醇，就可以储存起来不浪费掉和不污染生态环境，而且便于运输到需要能源的地方。

实际上，不只是许多海岛和偏远地区的天然气需要制成甲醇储存起来和运输出去，而且大规模新开发出来的页岩气和海底可燃冰（甲烷水合物），也需要制成甲醇储存起来和运输出去。此外，而且一时用不了的风电、水电、核电，等等，也需要做成甲醇储存起来！

这就是醇基清洁燃料与其他各种能源的互补利用的理论基础和事实依据。

8.3.2　醇基清洁燃料与天然气、页岩气、可燃冰的互补利用

2015年，我们就接触到了页岩气如何储存和出售的问题。当时，美国发现和生产页岩气的技术问题已经解决，按照他们的计划，将要大批生产页岩气。页岩气的组分与天然气是相似的，这样，美国就不再需要进口天然气，反而需要向国外出售他们生产出来的页岩气了。如果一时卖不出去怎么办呢？他们的方案就是转换做成甲醇储存起来，然后再寻机设法卖出去。

有一个中美合资的公司，准备把他们用页岩气生产出来的甲醇运到我国日照海港，供应我国的甲醇燃料市场。笔者就是作为一个甲醇燃料的消费对象，被请到日照商谈合作事宜的。

与页岩气大量生产出来寻找出路类似，当我国宣布在南海开采出可燃冰将会释放大量的甲烷气的信息公布后，如何把可燃冰释放的甲烷气储存运输出去的问题也出现了。

天然气、页岩气、可燃冰释放的甲烷气的储存运输问题，是性质完全相似的问题。即使修通了输气管道，还有一个有时用有时不用的市场不均衡消费的问题。现在看来，最为切实可行的办法，就是转换制成甲醇储存起来，能源燃料市场需要时，随时都可以销售出去。

其实，不只是天然气、页岩气和可燃冰释放的甲烷气存在有时用有时不用的问题，核电、水电、风电也存在着有时用有时不用的问题，即用电的峰谷问题。解决这些问题的最好办法，也是把它们的剩余量转换做成甲醇储存起来。当然，核电、水电、风电转换做成甲醇比天然气、页岩气及可燃冰释放的甲烷气转换做成甲醇储存起来要麻烦一些，需要用这些一时多余的电能分解水产生氢气，再与二氧化碳合成甲醇。但是，不要怕麻烦！迄今为止，还没有比这种办法更好的办法。众所周知的核电站，也存在供电的峰谷问题，在供电谷底时发出来的电能怎么办呢？铀裂变反应堆是不能随意关闭的！现有的办法是修配一个水库，用暂时剩余的电能把水提升到高位，等到供电的峰值期，再用这些提升的高位的水能发电，补充供电的峰值期的需求。加拿大的水电特别丰富，据说他们正在设法通过转换变成甲醇把电能储存起来。主要问题是如何将氢气与二氧化碳合成甲醇的工艺设备小型化。这个问题迟早一定会解决的。

这也就是天然气、页岩气以及可燃冰释放的甲烷气和所有各种能源，都可以与化工能源甲醇相辅相成，互补利用！

全中国、全世界面临的能源问题，依靠这样的办法就可以解决了！化工能源甲醇，与石油、天然气、页岩气以及可燃冰释放的甲烷气，是相辅相成的，是这些气体燃料的救命恩人！

第 9 章　努力搞好醇基清洁燃料

9.1　发展醇基清洁燃料的意义

9.1.1　中国新能源革命的重大举措

不仅我国面临油气能源资源短缺问题，全世界都面临着这个问题，因为这种化石能源资源的储藏量是有限的。只是我国的油气能源资源相对少一些而耗量相对大一些，短缺的问题更为显著一些。如何解决这个问题呢？国内外到处都在寻觅，可谓上天入地下水，尝试了许多办法，包括大力勘探残存的石油、天然气，开发新的页岩气、可燃冰、地热干热岩，以及铀裂变核电站的开发利用和太阳能及其衍生的风能、水能、生物质能的现代化利用，等等。这些办法很现实，很实用，但是，归根结底把它们串联起来统一解决问题的是这种新型的二次能源——化工新能源甲醇。也就是说，新型的二次能源——化工新能源甲醇，对于传统的能源理论和能源依赖，既有颠覆作用，又有继承作用，这就是**新能源革命**的主题工程。

中国共产党第十九次全国代表大会前后，提出油气能源资源短缺的问题，应该用**新能源革命**的办法解决，包括五个方面：

第一是能源消费革命，抑制不合理的能源消费；

第二是能源供给革命，建立多元化能源供给体系；

第三是能源技术革命，开发新能源，带动能源产业升级；

第四是能源体制革命，打通新能源发展的快车道；

第五是加强国际上的能源合作，实现开放条件下的能源安全。

这样五条，已经成为我国能源界的共识，但是，深入考究，还有待于进一步提高认识。这个问题并非在这里老生常谈，笔者有一些切身体会，愿意与读者分享。

革命不同于小打小闹的改革，需要吐故纳新。一百多年来，依赖化石能源的理念根深蒂固，从公认**"煤炭是工业的粮食"**到**"石油是工业的血液"**，好像天经地义、神圣不可侵犯。但是，这样的**"粮食"**和**"血液"**造成的环境污染问题越来越凸显出来。

　　我们需要不另辟蹊径开发能够替代和取代油气资源的新能源，建立多元化能源供给体系。

　　当然，我国在发展铀裂变核电站和太阳能及其衍生的风能、水能、生物质能的现代化利用方面，的确已经花了很大的力气，并且取得了显著的成绩。但是，笔者认为，这样仍然是不能从根本上切实解决问题的。

　　事实将会使人们越来越清楚地认识到，发展以化工新能源甲醇为基础的醇基清洁燃料，是新能源革命的一项重大举措，有可能是不亚于铀裂变核电站的重大举措。

　　我国在太阳能及其衍生的风能、水能、生物质能的现代化利用方面做了许多有益的工作，但是，因为数量和成本等问题，它们还不能成为取代油气能源的主导性能源。这些在前边章节已有阐述，这里重点谈一下铀裂变核电站。

　　笔者认为，铀裂变核电站是 20 世纪人类的一项伟大发现和革命性的技术进步，但是，它确实是一把"双刃剑"！苏联切尔诺贝利核电站和日本福岛核电站发生的两次核事故，惊天动地，后遗症特别严重！促使人们不能不高度关注和深入探究。

　　造成放射性污染的核素，即使不随水随风扩散，也很难处理。放射性废物大致分为三类：

　　第一类是"**高放废物**"，即放射性很强的废物，一般数量不太大，可以用玻璃固化、陶瓷固化等办法，把它们封存起来。当然，这样也不太保险，因为放射性是活动的，它们会破坏玻璃、陶瓷的结构，继续污染人类的生态环境。

　　第二类是"**低放废物**"，即放射性不强的废物，可以采用蒸馏、沉淀、离子交换等办法把其中的放射性液体废物浓缩成"**中放废物**"，大部分低放射性废水达到允许排放标准时，可以排入河流海洋。

　　第三类是"**中放废物**"，因为它们数量相当大，既不允许排放，也难以存放，只好采用水泥固化或者沥青固化的办法封存它们，但是，长期的大量积累也不好办，水泥固化或者沥青固化后堆积掩埋，还有**浸出率**的问题。笔者曾经亲自参与研究、规划和处理过这样的问题。

　　所以说，铀裂变核电站的确是一把"双刃剑"，它既可以提供巨大的新能源，又有巨大的潜在危害。如果开发出既没有放射性危害，又可以持续供应的其他新能源，就可以替代或取代铀裂变核电站这种"双刃剑"！

　　2008 年 9 月 18 日，我国放射化学泰斗杨承宗教授，在听取了我们关于开发研究甲醇化工新能源的汇报以后，非常支持我们，亲笔给我们写了一封长信。信

中首先抄录了一段居里夫妇在接受诺贝尔奖时的演讲词:

"镭的发现,在物理学上、在化学上、在地质学上、在生物医学上……,一切都是为了人类的幸福,但是镭的发现能不能为祸人类呢?……诺贝尔的发明是个突出的例子,它猛烈的炸药可以使人们做值得羡慕的工作,但在战争贩子们手中,它又是可怕的破坏工具。我们是站在希望人类从新发明中取得幸福,而不是取得祸患的那些人中间的。"

杨老师接着写道:

"一百年前,老居里夫妇对科学发明的鲜明态度,也是今天人类对能源、环境诸多问题的解决方针。你们的工作,比诺贝尔的发明伟大。**化学能源不产生放射性废物,比核能更可以持续发展。人们等待你们成功!**"

特别值得提出的是,杨承宗老师的这封信,是 **2011 年 3 月 11 日福岛核事故发生两年多以前写的**,杨承宗老师是 2010 年逝世的,如果他活着的时候经历了特大的福岛核事故,他关于"**化学能源不产生放射性废物,比核能更可以持续发展**"的观点,将会更为强烈。

我们原来正是遵循杨承宗老师的教导和鼓励,早年献青春、献壮年从事具有放射性危害的核能事业的,不少人受到放射性伤害,手腿致残,体内残存着放射性毒素,白血球数量偏低,免疫力下降!我们献身放射性工作三十多年后,又投身于研发化学能源甲醇,因为化学能源甲醇"**不产生放射性废物,比核能更可以持续发展**"。

2008 年和 2013 年,我们曾经在中国科学技术大学召开了两次**中国新能源论坛会议**,落实杨承宗老师在信中对我们的期待:"人们等待你们成功"!

9.1.2　中国生态环境建设的重大举措

伴随着煤炭和油气能源的大量耗用,出现了越来越严重的生态环境污染问题。雾霾频繁,交通受阻;酸雨肆虐,草木枯萎;水体污染,鱼虾殉葬;工农业生产和人民生活受到严重影响!

国家已经提出一定要治理生态环境污染,建设天蓝地绿水净的美丽中国。

应该明白,**要治理生态环境污染,必须从根源上治理**,必须用**切实可行**的清洁燃料替代或取代污染性的油、气、煤等污染性燃料,或者改造污染性的油、气、煤等燃料,将它们变成清洁燃料。

为什么提出必须**切实可行**呢?因为并不是没有清洁能源,只是有些清洁能源还达不到"切实可行"的程度。例如,电能**是清洁的**,但它是一种次生的**二次能源**,是由其他能源转换而来的,不仅数量有限,价格昂贵,而且现在我国发电的主体燃料仍然是煤炭，在发电过程中仍然难免还有一些污染问题，还有待于采用清洁的发电燃料和发电技术。

核电也**是清洁的**，但是，如前所述，它是一把"双刃剑"，有潜在风险。

太阳能及其衍生的风能、水能也**是清洁的**，但是，目前在数量和成本等问题上，使得它们还不能成为替代或取代油气煤的主导性能源。

相比之下，人工化学燃料甲醇（下称化工燃料甲醇），或者说以甲醇为基础的"**醇基清洁燃料**"，既是清洁的，又是"切实可行"的，还是具有深远意义的。

甲醇是由碳、氢、氧三种元素化合而成的化合物，不是混合物，它的组成固定，不含硫和其他有害组分。现在倡导采用所谓"**低碳燃料**"，如果笼统地只说"**低碳**"，就不一定正确了。例如，乙炔的分子中只有两个碳，煤炭的分子中只有一个碳，它们却都不能称为清洁燃料，因为它们燃烧时排放的二氧化碳多，甚至常有碳粒黑烟排放。如果燃烧的排放物中只有水和二氧化碳，确实可以称作清洁燃料。但是，这种清洁燃料不只是**低碳**的，同时还必须是**高氢**的，**高氢**比**低碳**更重要！也就是说，在它们的分子中，碳原子与氢原子数量的比例，必须是碳少氢多的，或者是无碳纯氢的。

这个观点前面讲过，必须有十分清楚的认识。按照这样确切的衡量标准，**甲烷（CH_4）**在烃类燃料中是最清洁的，因为它的分子中碳原子与氢原子数量的比例是 1∶4，是极端的"**低碳高氢**"！乙烷比不过它，以丙烷、丁烷为主要组分的**石油液化气**，更是比不过它！但是，**甲醇（CH_3OH）**与**甲烷（CH_4）**相比，它们的分子中碳原子与氢原子数量的比例，完全是一样的，甲醇分子中还有 50%的助燃内含氧，这就使得甲醇比甲烷燃烧更完全，由于燃烧不完全产生的一氧化碳、烃类物质和炭粒更少。前文说过，将洁白的瓷器分别放置到甲醇或甲烷的火焰上，就会发现，甲烷火焰上的洁白瓷器上积有黑色炭粒，甲醇火焰上的洁白瓷器上却没有黑色炭粒。这就说明，甲醇燃料比甲烷更清洁！

拥有内含氧很重要，本书特意给它加了一个定语，叫作**助燃内含氧**。乙醇也拥有 **34.7%**的助燃内含氧，因而火焰上的白色瓷器上也没有黑色炭粒。符合标准要求的醇基清洁燃料，必须拥有 15%以上的助燃内含氧，确保火焰上的白色瓷器上也没有黑色炭粒。

有了以上从理论到实践的比较和解说，就可以明白，除了单质氢气以外，拥有 15%以上助燃内含氧的**醇基燃料**是确确实实的清洁燃料（单质氢气当然是最清洁的燃料，但是它很容易燃爆，难以直接作为燃料储存和使用），因此，醇基燃料，获得了"**醇基清洁燃料**"的冠名权。

化工燃料甲醇或者**醇基清洁燃料**不仅确实清洁，而且理论依据非常坚实，原料来源极其广泛和丰富，生产的工艺技术成熟，形态性能非常适合用作燃料，还兼有多种用途，凡是石油能做的事它都能做，而且可以做得更好。

关于这些方面，前文已有阐述。特别是关于制备甲醇的原料来源极其广泛和丰富这一条，可以确保它能够持续供应。

因此。人们将会越来越清楚地认识到，发展以人工化学物质甲醇为基础的醇基清洁燃料，是治理生态环境污染和雾霾天气的有效办法，是我国"**新能源革命**"的一项重大举措。

9.2　组建规范的行业协会和行业联盟

9.2.1　概述

目前，我国关于"**醇基清洁燃料**"的研发生产、标准制订和推广应用市场，一方面是风起云涌，具有不可阻挡之势；另一方面，**缺乏统一认识，缺乏深入全**面的研究和技术培训，**缺乏必要的产品标准和使用规范，缺乏权威的计划、规划**和推广应用示范。总的说来，就是**缺乏宏观组织**，比较混乱。

业内许多同仁已经认识到，组织起来，是新生的**醇基清洁燃料**行业健康有序发展的重要环节和基本保证！

关于缺乏深入全面深入的研究和技术培训，可以与石油、天然气作个比较。一百多年来，从地质勘探到钻井开采，再到炼制成油品进行推广应用，仅从事理论和技术开发研究的院所和专业大学就有许多，从事研究的人员，不少于百万。而将要替代和取代石油、天然气的人工化学能源甲醇及其**醇基清洁燃料**，至今在我国还没有一个专业院校和研究院所，即使正规的技术培训，也极为罕见！笔者曾参与某省政府组织的调研，一些相关的业务主管部门，对于甲醇及其**醇基清洁燃料**知之甚少。用什么原料生产、产品主要性能是什么、已经有什么产品标准、还缺少哪些产品标准、如何检测监督？知道的很少。即使是本行业的从业人员，对于相关的专业基础知识、产品标准和使用规范、调配技术、事故处理，等等，多数人也缺乏认识。个别的火灾事故，都是缺乏专业知识造成的。例如，有人加入强氧化剂高锰酸钾等，有人在明火下添加燃料或窥探燃料多少，有人采用过高的甲醇气化温度，等等，都是容易造成事故的。

关于缺乏必要的产品标准和使用规范。十几年来，主要参照美国标准 ASTM D5797：07《点燃式发动机用甲醇燃料 M70～M85》，制订了 GB/T 23799—2009《**车用甲醇汽油（M85）**》，而对于 GB 16663—1996《**醇基液体燃料**》，不仅没有进行必要的修订，而且许多人长期不知道有这样一个重要的国家标准，更缺乏依据这个标准进行检测监督。更要紧的是还有许多相关产品标准亟待制订，例如，包含清洁要求和提高热值的《醇基清洁燃料》新标准、《醇基清洁燃料》的包装容器标准、储存运输标准，以及《醇基清洁燃料》的燃具标准，等等。因为缺少这些标准和使用规范，所以造成生产和市场营销没有标准可依，影响了**醇基清洁燃料**的有序发展。

关于**缺乏权威**的计划、规划和推广应用示范。如此重要的项目，必须有一个通观全局的发展计划、规划和必要的推广应用示范网点。比如，太阳能热利用、光伏电池和沼气、电动汽车、粮制乙醇汽油，等等，都有发展计划、规划和推广应用示范网点，而重要的化工能源甲醇，却没有发展计划、规划和推广应用示范网点。

好在这些问题已经有所认识了，已经开始组建一些全国性的行业协会、行业技术联盟，并且已经开始积极工作。以下作为实例，介绍一下**中国农村能源行业协会、安徽省甲醇燃料行业协会、福建省甲醇清洁燃料燃具行业协会**。中国石油化学工业联合会下属的醇醚燃料及醇醚清洁汽车专业委员会和一些行业联盟，在有关章节提及，不再作专题介绍。

9.2.2　中国农村能源行业协会

9.2.2.1　基本信息

中国农村能源行业协会（China Association of Rural Energy Industry，CAREI）成立于 1992 年 6 月 3 日，由农业部和原来的国家能源部的有关单位共同组成，是跨地区、跨部门、跨所有制、多学科的全行业组织，是由农村能源行业的企事业单位自愿参加组成的全国性行业组织，是在民政部注册的国家一级协会。

9.2.2.2　新型液体燃料燃具专业委员会开展的工作举例

1996 年，新型液体燃料燃具专业委员会与四川省能源标准化委员会、成都联民厨具厂一起，编制了**国家标准 GB 16663—1996《醇基液体燃料》**。

1997 年，新型液体燃料燃具专业委员会发动中科院山西煤炭化学研究所，编制了国家农用行业标准 **NY 312—1997《醇基民用燃料灶具》**。

2006 年 6 月，农业部中国农村能源行业协会、中国农业工程学会、中国沼气学会一起，在农展馆举办了"**新农村、新能源、新产业论坛和产品展览会**"，一批新型醇基液体燃料及其燃具获得了优秀新产品奖。会后，醇基液体燃料燃具的示范应用迅速发展，以国家标准 GB 16663—1996《醇基液体燃料》和国家行业标准 CJ/T 28—2003《中餐燃气炒菜灶》为法律依据，**醇基液体燃料及其燃具**在饭店和集体食堂获得了广泛的推广应用。

中国农村能源行业协会下属设置了太阳能热利用、节能炉具、沼气、生物质能、小型电源、新型液体燃料燃具等六个专业委员会和"农村可再生能源及生态环境动态"编委会。

中国农村能源行业协会及其下属的专业委员会，定期或不定期举办年会或专业技术研讨会。例如，2008 年 11 月，中国农村能源行业协会在河南省焦作市举办**新型液体燃料技术发展研讨会**，张榕林、陈正华、冯向法、孙明路和全国与会代表的大会发言，比较全面地论述了醇基液体燃料及其燃具的技术研究和发展状况。这次会议编制了《**新型液体燃料技术发展前景研讨会文集**》，介绍了产品标准 GB 16663—1996《**醇基液体燃料**》和 NY 312—1997《**醇基民用燃料灶具**》，为本行业的产品生产和市场营销，提供了法律依据，深受业内称赞。

这次会议进一步促进了**醇基液体燃料及其燃具**在饭店和集体食堂的推广应用，很快覆盖了半数以上的国内市场，据《**甲醇时代**》不完全统计，截至 2015 年底，我国在营业饭店和集体食堂推广应用大型**醇基液体燃料燃具**的数量达到 **100.3 万套**，每年使用**醇基液体燃料**近 **1000 万吨**，对我国的节油代煤和生态环境保护做出了重大贡献。

中国农村能源行业协会的新型液体燃料燃具专业委员会，是中国**醇基液体燃料燃具**研发和推广应用的组织者和业务指导者。二十多年来，该专业委员会脚踏实地，组织指导全国醇基液体燃料燃具行业，做了许多卓有成效的实际工作。

9.2.3 安徽省甲醇燃料行业协会

9.2.3.1 基本信息

安徽省甲醇燃料行业协会成立于 **2015 年 9 月 8 日**，是全国第一个在省民政厅登记批准成立的省级甲醇燃料行业协会，是符合国家《**民法**》规定的社团法人。

9.2.3.2 显著的特色

① **该协会的第一个特色是比较规范。**

它不仅是在省民政厅登记批准的社团组织，有规范的组织章程，而且所有会员企业生产经营的醇基燃料燃具产品，证件齐全。它按照 5A 级社团标准严格要求自己，开展相关工作。

② **该协会的第二个特色是特别重视标准化建设。**

凡是已经有国家标准或国家行业标准的，他们坚决贯彻执行；

凡是暂时还没有国家标准或国家行业标准的，他们抓紧制定企业标准或团体标准。

他们邀请国家标准委和中国农村能源行业协会的专家，举办标准研讨会和技术培训，制订了我国醇基清洁燃料燃具行业的两个团体标准《**醇基清洁燃料**》及《**醇基清洁燃料行业安全操作规范**》，并经全国团体标准信息平台向全国公布。在 2017 年 12 月 26～28 日举办的**中国醇基清洁能源安全应用研讨会**大会上，国家标准委和中国农村能源行业协会的专家，高度评价了这两个团体标准。根据业内同仁的愿望，征求安徽省甲醇燃料行业协会统一，本书已经在有关标准解读章节全文展示。

③ **该协会的第三个特色是与政府业务主管部门沟通、配合得好。**

例如，有些地方的安监部门和技术质量监督部门与企业的关系主要是管制被管制的关系，安徽省甲醇燃料行业协会却对本行业的企业单位实行**自查自管**，配备有专用的**产品技术质量监督车**，发现问题，及时纠正处理，不服从纠正处理的，报告技术质量监督部门依法处理。

2018 年 6 月，经协会一届二次会员大会通过、围绕政府相关政策和行业团体标准重新组建了市场督查组，对全省甲醇、醇基燃料经营、使用安全进行专项整治工作（图 9-1），经过整体工作计划汇报，得到省安监局三处的认可和支持。

安徽省甲醇燃料行业协会文件

省甲协 字〔2018〕61 号

———————— ————————

关于进一步规范甲醇、醇基燃料经营、
使用安全专项整治的通知

各甲醇、醇基燃料经营、使用单位：

安徽省甲醇燃料行业协会是在省民政厅注册的社会团体，是一家省级的行业协会，肩负着行业自律、标准化建设、安全管理的职责，肩负着协助政府相关部门加强市场监督、规范市场行为的使命。在省安监局有关部门的指导和支持下，努力当好党和政府联系非公经济的助手。由于缺乏相应的国家政策和安全管理措施，行业每年要给国家税收造成 4 亿元人民币的损失，安全事故时有发生。为加强安全防护，协会通过组织专业培训、印制安全宣传资料、制定团体标准等方式进行宣传和引导，获取一定成效，但离实现行业管理目标尚远。为认真贯彻落实习近平总书记关于安全生产重要思想，响应省委省政府关于安全生产工作总体部署及 2018 年全省"安全生产月"和"安全生产江淮行"活动，同时将团体标准落地生根，经协会一届二次会员大会通过、围绕政府相关政策和行业团体标准重新组建了市场督查组，对全省甲醇、醇基燃料经营、使用安全进行专项整治工作，经过整体工作计划汇报，得到省安监局三处的认可和支持。

近日，我们在开展隐患排查过程中发现在餐饮企业使用甲醇等醇基燃

1

图 9-1　对安徽省甲醇、醇基燃料经营、使用安全专项整治的通知

④ **该协会的第四个特色是积极倡导会员单位进行新技术开发。**

例如，他们的副会长单位**安徽圣宝新能源科技有限公司**，作为中科大创新产业联盟的企业之一，投入亿元资金，在全椒建设了全国规模最大的**醇基清洁燃料**调配生产和储存供应基地，已经形成了规模效益。

⑤ **该协会的第五个特色是做了全国醇基清洁燃料燃具行业的带头羊。**

中国农村能源行业协会和全国性的行业联盟、科研单位等，都把**安徽省甲醇燃料行业协会**当做先进典型，许多省市的同行纷纷到安徽协会学习取经，被称为"**安徽模式**"。安徽省甲醇燃料行业协会正在使合肥市成为全国**醇基清洁燃料燃具行业**的活动中心之一。他们主办和承办了多次全国性的会议和业务活动，中国农村能源行业协会每次都亲临现场指导帮助。2017 年 12 月 26～28 日举办的"**中国醇基清洁能源安全应用研讨会**"，是一次行业盛会，对于**全国醇基清洁燃料燃具行业**规范化发展，起到了促进作用。

在安徽省甲醇燃料行业协会示范作用影响下，全国许多省市自治区都在筹办各自的甲醇清洁燃料燃具行业协会，如有福建省、河北省、北京市和江苏省南京市、四川省成都市、新疆伊宁市等。下一次的全国醇基清洁燃料行业年会，将由南京市醇基清洁燃料行业协会承办。

⑥ **该协会的第六个特色是注重实际，讲究效益。**

他们的会员单位遍布安徽全省，都是有产品，有质量，有市场，有效益的。例如，以生产"**固体酒精**"为主业的会员单位，合计年产销量近 **10 万吨**，形成了安徽省的一个特色产业，产品行销全国，深受用户欢迎。

9.2.4　福建省甲醇清洁燃料燃具行业协会

9.2.4.1　基本信息

福建省甲醇清洁燃料燃具行业协会成立于 **2017 年 10 月 23 日**，是全国第二个在省民政厅登记批准成立的省级甲醇燃料行业协会，是符合国家《**民法**》规定的社团法人。

9.2.4.2　**显著的特色**

① 福建省甲醇清洁燃料燃具行业协会是在本行业发展的疾风暴雨中产生的。

第一，福建省是全国甲醇清洁燃料燃具研制生产和推广应用最早的省市之一，迄今为止，全国营业饭店和集体食堂使用的商用甲醇清洁燃料燃具，约有半数是由福建从业者提供的。

第二，福建省是全国最早明确"**甲醇燃料主要作为城镇燃料使用，不适用《危险化学品安全管理条例》**"和确定**甲醇燃料**为"**清洁燃料**"的省份之一（见三明市明安监函 2015 年 9 月 15 日〔2015〕24 号文和厦门市 2015 年 10 月 25 日厦府办〔2015〕222 号文）。

第三，"厦安办〔2017〕79 号"和闽安委办〔2017〕65 号文发出了《关于进一步加强醇基燃料专项整治的通知》，业内人士向福建省委反映了不同的意见，于 2017 年 10 月 15 日前后，由省委政策研究室牵头，省发改委、安监局、商务厅、建设厅、经信委、技术监督局等有关委局，在厦门、泉州两市以及三明、永安、沙县、湖里、同安等地进行了深入的调研活动，促使有关方面，提高了认识，能够比较客观地对待甲醇清洁燃料的推广应用。省协会在这时应运而生，积极配合了这些调研活动。

② 该协会非常重视产品质量标准的制订和安全问题。

福建省甲醇清洁燃料燃具行业协会一经成立，便立即启动了有关甲醇清洁燃料燃具产品标准的制订，他们邀请国家标准委、中国农村能源行业协会、国家石油石化产品质量监督检验中心、厦门大学和国内有关的知名专家，深入进行论证评审，制订了团体标准 **T/FJCX 0001—2018《商用餐饮行业醇基液体燃料安全使用技术规范》**，并于 2018 年 3 月在全国团体标准公示平台首批公示。他们随即又制订了第二个社团标准 **T/FJCX 0002—2018《行业自律公约》**，在市场比较混乱的情况下，这是该协会非常适时的举措，对于全国本行业的有关单位，也具有很好的参考价值。

福建省甲醇清洁燃料燃具行业协会严格、认真做法，受到了论证评审专家的一致好评。

经过征求福建省甲醇清洁燃料燃具行业协会的意见，同意将这两个社团标准的原件下载于后，业内同仁既可以作为参考资料，也希望提出进一步完善修改的意见。

③ 该协会会员，立足福建，引进来，走出去，在全国起了带头作用。

对于这个涉及能够替代石油、天然气和有利于节制环境污染的甲醇清洁燃料项目，福建省的从业者有强烈的追求。早在 15 年前福建人接触这个项目后，就希望能够应用到本省的玻璃生产上，他们在全国进行了半年多的调研，经过优选，引进了这个项目，并且重点在三明市、泉州市、厦门市的营业饭店和集体食堂进行了示范性推广应用。

为了更好地走向全国市场，他们还到上海市、山东省和江西省等地建厂设点，使得福建人生产的灶具产品，遍及国内半数以上的营业饭店和集体食堂。笔者是二十多年前开始与福建省有关从业者接触的，应邀来往福建多次，对此有比较深刻的亲身体会。

④ 该协会会员单位重视有关的新技术开发和应用领域拓展。

该协会会员和本行业有关单位，积极配合省委、省政府的有关政策引导，非常重视有关的新技术开发和应用领域拓展。

2015 年 10 月 25 日，厦门市人民政府办公厅"厦府办〔2015〕222"号文，转发厦门市环保局市经信局市财政局关于《厦门市锅炉及工业窑炉整治资金补助办法》第十条第（二）款，明文规定："清洁能源包括：电力、天然气、轻质柴油、醇基燃料、液化石油气、热力、沼气、太阳能灯。"

2015 年 9 月 14 日，三明市安全生产监督管理局"明安监函〔2015〕24 号"文《关于对甲醇燃料（醇基燃料）化学品有关问题请示的复函》明确："关于甲醇燃料有关问题我局已于 2007 年向福建省安监局请示，省局已以闽安监管三函〔2007〕122 号文复函。现根据省局复函函复如下：甲醇燃料主要作为城镇燃料使用，不适用《危险化学品安全管理条例》（国务院令第 591 号）。"

沙县小吃闻名全国，从各个大城市到县城和特色乡镇，到处都有**沙县小吃**店铺，他们在示范使用和推广应用醇基清洁燃料及其灶具方面，起到了很好的作用。

在结合**沙县小吃**开发营业饭店和集体食堂的商用炉灶的同时，福建省甲醇清洁燃料燃具行业协会会员和本行业有关单位，积极向工业窑炉和山村居民**家用灶**两个新领域拓展。

福建大为能源有限公司成立于 2013 年 12 月，是厦门市政府重点招商办引进的重点项目，是一家集研发、生产、销售新兴甲醇清洁燃料及其燃烧设备的国家级高新技术企业。在工业窑炉领域，拥有专利 29 项，其中，甲醇燃料燃烧技术突破了 1800℃的高温大关，属于国内首创。产品已经用于陶瓷玻璃烧制，工业锅炉和金属加工熔炼等领域，能够有效地替代油气能源。

关于居民的**家用灶**，是福建省山区长期普遍存在的问题。天然气管道铺设不到偏僻山区，只好燃用木材作为千家万户的炊事燃料，既不利于山林保护，又污染生态环境。福建省甲醇清洁燃料燃具行业协会及其厦门绿源泉燃气设备有限公司、福建三明鼎沸贸易有限公司和福建合米投资管理有限公司等企业，正在致力于用醇基清洁燃料**家用灶**解决这个问题。

⑤ **该协会注重醇基液体燃料的安全使用和自律。**以下根据本行业同仁们的诉求，征得福建省协会的同意，将他们制订的团体标准 **T/FJCX 0001—2018《商用餐饮行业醇基液体燃料安全使用技术规范》**和 **T/FJCX 0002—2018《行业自律公约》**，全文引录见附录，供本行业同仁参考，福建省协会还诚请本行业同仁提出宝贵意见，以便这些标准更加完善和更加实用。

9.3　组织应用示范

9.3.1　应用示范的重要性

新产品的推广应用需要经过示范，醇基清洁燃料及其燃具，尤其如此。以蒸汽锅炉为例，从瓦特发明蒸汽机开始，就是烧煤炭的。炉膛、通风、加煤、排渣，一切都是按照以煤炭为燃料设计和进行操作的。黑烟滚滚的烟囱，满脸灰尘的锅炉工，人们都已经习以为常。后来出现了燃用液体燃料柴油、重油的锅炉，操作方式和卫生条件有所改变，但是，在我国远不如燃煤的蒸汽锅炉普遍。

20年前，我国的营业饭店、集体食堂的炊事燃料，也是以燃用煤炭和柴油为主的。后来，有了改为燃用醇基液体燃料的，经过示范以后，首先是获得炊事员的信赖。原来燃用煤炭时，启动引火、加煤、封火、通风、排渣，不仅非常麻烦费力，而且肮脏。改为燃用柴油的，麻烦费力的问题有所改善，但是，肮脏的问题并未改善，而且，柴油烟凝集下来，厨房的墙壁和灶台表面，油腻越积越多，很难清洗。炊事员的脸面皮肤，每天都有油腻沾污。改为燃用醇基清洁燃料，这些问题全部解决了。初期在河南省开封市搞示范时，笔者曾经陪同负责示范的刘经理去征求炊事员们的意见，一个大饭店的掌勺炊事员讲，非常感谢刘经理，他说已经给饭店老板讲了，如果他不改用醇基液体燃料，我们炊事员就要辞职了。醇基液体燃料燃具在营业饭店、集体食堂迅速推广应用，与炊事员们的互相介绍也有关系。

鉴于应用示范对于醇基清洁燃料及其燃具新产品有序推广应用的重要性，当年主持新型醇基液体燃料及其自动气化灶成果鉴定的科技部中国民营科技促进会，要求在完善条件，确保产品质量的基础上，正式行文批准建立醇基清洁燃料燃具示范基地。在河南省焦作市"河南超燃清洁能源科技有限公司"建成的第一个醇基清洁燃料燃具示范基地，见图9-2。

图9-2　河南省焦作市建成的醇基清洁燃料燃具示范基地

当前，为了防治生态环境污染和雾霾天气，要求蒸汽锅炉告别污染严重的煤炭燃料，改为燃用醇基清洁燃料是一个很好的途径。但是，因为前所未见，所以，必须经过示范。

示范有三个目的：一是宣传醇基清洁燃料燃具；二是取得实践经验和有利于进行改进提高；三是与竞争者有所比较。

关于与竞争者有所比较，目前主要是与"煤改电""煤改气"比较。

煤改电是清洁的，但费用昂贵，电网也没有足够的电负荷支撑煤改电。

煤改气存在天然气管道铺设问题，即使管道铺设了，还有如何保证足量供气的问题，以及不能减少氮氧化物排放的问题。

相比之下，煤改醇，不仅没有上述这些问题，而且费用比较低廉。例如，2016～2017 年的取暖季节，在北京市昌平区南口镇万向新元科技有限公司的示范，环境效益、经济效益都非常显著，经过全国性会议和中国农村能源行业协会、北京超燃索阳新能源科技研发中心组织考察参观，对于取暖锅炉煤改醇起到了很好的示范作用，2017～2018 年的取暖季节，即有数百套以上的取暖锅炉实施了煤改醇。又如，江苏省苏州市吴江区的几家出口产品工厂供热加工和烘干的锅炉实施的煤改醇示范，在取得环保效益的同时，确保了这些中国制造的产品，如约供应国际市场。中国农村能源行业协会、《中国能源报》社和北京超燃索阳新能源科技研发中心等一起组织了现场考察和介绍报道，对于全国范围的蒸汽锅炉煤改醇，的确起到了示范和促进作用。

9.3.2　搞好产品应用示范的鉴定验收

醇基清洁燃料及其燃具的推广应用示范，需要组织客观的鉴定验收。因为并不是每一个产品的推广应用示范都完全成功的，有的需要补充改进，有的甚至应该予以否定。

例如，有的单位在醇基液体燃料中加入氧化剂高锰酸钾、重铬酸钾、过氧化物等，具有强腐蚀性和危险性，还大肆声张有增效作用。因为没有客观的鉴定，他们自己的用户出了安全事故，一旦推广出去，危害更大。

又如，居民家用灶是一种安全性要求特别严格的产品，天然气、液化气、沼气等的家用灶都有强制性的产品标准。醇基液体燃料家用灶的标准，是中华人民共和国行业标准 NY 312—1997《醇基民用燃料灶具》，在本书第 5 章 5.4 节中已经有详细解说。但是，不少自称开发了醇基液体燃料家用灶并且要上市推广应用的产品，并没有客观的鉴定验收，许多技术指标都不符合醇基民用燃料灶具的要求。

NY 312 标准要求燃料蒸气的"额定压力不大于 0.2MPa"，有一些额定压力却高达 2.7MPa。

NY 312 标准要求燃烧器的热负荷大于 **10500kJ/h**, 小于 **16700kJ/h**（即火力在 **2.92～4.64kW** 之间），不在这个范围之间的就不符合标准要求，就不能称为家用灶。

NY 312 标准要求热效率**不小于 50%**，废气中一氧化碳含量**不超过 0.1%**，凡是黄火焰、红火焰或者又高又长的火焰，肯定不合格，但是，一些自称是家用灶的推销广告图片，恰恰是又高又长的黄火焰，这等于自己在开自己的玩笑。

新产品鉴定及其应用示范验收，必须有一些供鉴定验收审核的资料，例如，

① 由国家认定部门出具的产品查新报告；

② 产品的质量标准（国家标准、行业标准、地方标准、团体标准或者企业标准其中的一种）；

③ 由国家认定部门依据产品质量标准的测试报告；

④ 用户意见；

⑤ 组织鉴定单位认可的现场考察报告；

⑥ 产品研制报告；

⑦ 应用示范工作总结报告；

⑧ 特殊行业的环境评价和安全评价意见（可以是申报过程中的材料）。

有了这些合格的资料，即可向有资格组织鉴定验收的部门或单位提出鉴定验收申请。目前，地市级及省部级科技部门、工业和信息化管理部门、本行业主管部门和正式注册地社会团体组织等，有资格组织鉴定验收。这些部门审查申请报告中所提供的资料合格接受申请后，作为鉴定的主持单位，或者另外委托鉴定主持单位，与被鉴定单位一起商定鉴定形式，一般分为会议鉴定或者通信鉴定等形式。由主持鉴定单位选聘 5～11 名本行业的专家，组成专家鉴定委员会，根据所提供的资料和现场质疑讨论，做出鉴定验收评价意见，并且，分别在鉴定证书上签字、盖章，正式成为一项科技成果。如果没有这样的正式程序，就不能成为一项正式的科技成果。

正式的科技成果鉴定验收，是非常庄重、严肃和客观公正、公平的，也是有权威性的。一些伪科学或者伪劣产品，是不可能通过正式的鉴定验收的。组织、主持鉴定的单位和鉴定委员会的专家，都要对所鉴定的成果承担责任。因此，组织、主持鉴定单位的权威性和声誉，以及鉴定委员会专家的权威性和声誉，往往可以体现出所鉴定的成果的档次。

新产品鉴定及其应用示范验收，还有一个重要功用，就是通过了鉴定验收，并且具有批量生产条件的产品，对于特殊产品通过环境评价和安全评价后，才能正式投产。请注意，是"通过"而不是"经过"，如果不合格就"通不过"。

新产品鉴定验收要对所鉴定产品的水平、优点和推广应用意义，做出客观的评价。如果是好的评价，当然对于推广应用有好处。

在甲醇燃料燃具，或者说醇基清洁燃料燃具领域，已经有一些正式的有权威性的技术成果鉴定，例如，本书提到的**新型醇基液体燃料及其自动气化灶**（豫科鉴委字〔2006〕第 808 号）、**甲醇制烃基燃料（MTHF）万吨/年级生产实验**（河北省科学技术成果证书省级登记号 20120696）。

山东省临沂市农业科学院、北京超燃索阳清洁能源研发中心和山东华临新能源设备有限公司一起，在临沂市组织了**光醇互补温室养殖大棚**的应用示范，2017年 3 月份通过了鉴定验收。这个鉴定验收是临沂市科委组织和主持的，邀请太阳能和醇基燃料燃具两个行业的权威专家组成了鉴定委员会。我国农村扶贫脱贫奔小康的有关方面，积极采纳了这项技术成果。本书第七章 7.1 节，有详细阐述。

9.4　组织专业技术培训

9.4.1　专业技术培训的重要性

要化解我国面临的能源危机和生态环境污染问题，实现可持续利用能源对有限化石能源的替代和取代，认识和推广应用化工新能源甲醇燃料，并且将其汇入世界**"新能源革命"**的潮流，必须有一大批专业技术人才和创业人才。

人才从哪里来？不能依靠自生，也不能依靠引进，必须依靠培训和教育。每当一个新生的学科、新的技术革命或新的能源革命出现时，都是如此。电子信息学科、煤炭学科、石油学科、核能学科等，都有自己的专业学府和培训基地。

能源革命的历史，经历了从天然能源到煤炭能源及石油和天然气能源的变革。初期的天然能源太阳能及其衍生的风能、水能、生物质能，虽然也有一些原始的应用技术，但是，还没有学院式的大规模教育和培训。如今这些天然能源的现代化利用，已经有了太阳能、风能、水利和生物质能学科的专业培训。从事煤炭、石油和天然气专业的中专、大学、博士学位等专业教育培训机构，不计其数。仅石油、天然气的勘探、开采、炼制和应用方面的内燃机、窑炉设备和化工转换等方面，我国国内就有不少于数百万的专业人才。可以说，如果没有这数百万以上专业人才的教育培训，就不可能有延续百年以上并且不断发展的石油、天然气能源及其在各方面的应用。

统观人类世界的历史和现实，要兴农需办农业技术学校，要建军需办军事学校，要利用电子技术信息需办电子技术信息方面的学校，要实施化工新能源甲醇替代或者取代传统化石能源石油、天然气的**新能源革命**，必须兴办这方面的教育和专业技术培训。

人工化学能源甲醇和以甲醇为基础的**醇基清洁燃料**，是替代或取代石油、天然气的新型清洁能源燃料，它与化石能源燃料是有本质区别的。

　　第一，至今的主流观点认为，化石能源是亿万年积累演化的太阳能遗存，是有限的；而**醇基清洁燃料**的基础原料甲醇，是人工用化学方法合成的，它的原料既有现成的，也有可以再生的，还有取之不尽用之不竭的，非常现实和广泛，可以确保足量持续供应人类生产和生活所需。

　　第二，石油、天然气本身是混合物，并且含有硫、磷、砷、铅、锰等杂质，只能采用雾化的方式燃烧，燃烧不完全，所排放的尾气中，含有难以避免的有害物质一氧化碳、烃类物质、颗粒污染物和硫、磷、砷、铅、锰等杂质和某些致癌物质，属于易产生污染物的能源燃料，对于生态环境有严重污染；而**醇基清洁燃料**的基础原料甲醇是化合物，不含硫、磷、砷、铅、锰等杂质和任何致癌物质，而且拥有50%的助燃内含氧，使得燃烧完全，高效节能，排放的尾气中没有硫、磷、砷、铅、锰等杂质和任何致癌物质，有害物质一氧化碳、烃类物质和颗粒污染物等也比燃用化石能源燃料少得多，是举世公认的清洁能源燃料，可以用来节制化石能源燃料对于生态环境的污染。

　　第三，石油、天然气在地球上分布很不均匀，有许多地方蕴藏的石油、天然气，很难开采利用；而人工化学能源甲醇和以甲醇为基础的**醇基清洁燃料**，没有地域差别，可以和化石能源燃料兼容互补。例如，不仅各种各样的煤炭、石油、天然气可以用来生产甲醇，它们的伴生物和废弃物煤层气、焦炉气、炼厂尾气，都可以用来生产甲醇，到处存在的生物质和一切可以燃烧的有机物，也都可以用来生产甲醇，最后，可以利用太阳能或任何暂时剩余的能量电解水产生氢气，与空气中循环产生的二氧化碳，或者与碳酸盐岩石中蕴藏的二氧化碳，或者海水中溶解的二氧化碳，催化合成甲醇。

　　第四，石油、天然气的成因，理论上还有一些说不清楚，某些违背常理的现象无法解释；而人工化学能源甲醇的催化合成生产和燃烧应用，理论上可以说的很清楚，并且，它揭示了一种人类迫切需要的能量储存和转化技术的理论依据。地球上本来是不缺少能源的，太阳辐射到地球上的能量和地心散发出来的能量，例如地震与火山喷发的能量，是足够养活地球和地球人的，只是难以大规模长时间储存。甲醇却可以将各种能量转化储存起来，需要时随时可以重新释放出来。这就是说，甲醇是一种储氢器、储碳器，也即储能器，是一种统领全局的**二次能源**。这将是**新能源革命**的一个辉煌篇章。

　　以上这些，都说明关于人工化学能源甲醇和以甲醇为基础的**醇基清洁燃料**的专业教育培训，具有不可缺少的重大意义。只有培养了大批的专业人才，才可以认清**新能源革命**的科学道理，才可以明白其中的玄机奥妙和发展策略，才可以创新研究出最好的新技术产品，才可以在各地占领市场和更好地为我国的国计民生服务！

　　我们近期的任务是培训急需的专业人才，我们的长远目标是兴建以人工化学能源甲醇燃料替代或者取代传统化石能源石油、天然气的**新能源革命**的专科学校和本科大学。

9.4.2 专业技术培训的主要内容

近期的任务是培训急需的专业人才，形式叫培训班，内容突出醇基清洁燃料燃具的基础知识、基本概念和现实急需。

近期专业技术培训的**宗旨是**培养投身醇基清洁燃料燃具创业和组织新产品研发生产、谋划营销、开展宣传、操作技工等方面的骨干。

近期的学员来源：推荐、自荐、广告招生。凡是志愿投身新能源革命事业者，年龄、地域不限，中等学历以上、无传染病、无不良嗜好、本教委会委员不持异议者，均可招收为本干校学员。

近期的教学内容和教师来源：来自国内外能源、环保、安监、营销、创业方面的专家和有实绩者，选定教学课题，按照课题聘请教师，请教师编写讲义，重视理论实践结合，推荐参考资料和实习场所。

参考书：《甲醇、氨和新能源经济》《甲醇经济》《醇基清洁燃料》等以及相关专著（由讲课教师另列）。

课题选择：【课题/教师来源 】

① 新能源革命和我国的能源形势/《中国能源报》社、"中国农村能源行业协会"；

② 京津冀的雾霾天气和生态环境保护问题/环保部门、蓝天办；

③ 环境污染对人类生活及经济的影响/环保专家；

④ 甲醇燃料的毒性、安全性及其预防措施/安监部门；

⑤ 甲醇经济甲天下（1）——替代油、气能源的最佳选择/冯向法、孟广耀；

⑥ 甲醇经济甲天下（2）——化解煤、油污染的最佳选择/冯向法、刘乃新；

⑦ 甲醇清洁燃料及其燃具的新技术新产品/待定（选择多家介绍）；

⑧ 车用甲醇汽油、醇醚清洁燃料汽车和纯甲醇汽车/（待定）；

⑨ 醇基清洁燃料及其燃具的发展历程/张榕林、肖明松、冯向法等；

⑩ 醇基清洁燃料、燃具标准化和使用规范/降连葆、冯向法等；

⑪ 醇基清洁燃料及其燃具的质量检测/闫天堂、冯向法等；

⑫ 醇基清洁燃料燃具协会、联盟和网络建设/张二红、钱奕舟等；

⑬ 甲醇燃料电池和甲醇发动机在高技术领域的应用/孟广耀等；

⑭ MTG、MTHF、MTO、MTC 介绍/（待定）；

⑮ 甲醇制菌体蛋白和甲醇的一些新用途/沈子龙等；

⑯ 甲醇燃料与太阳能互补的基本知识/韩培学、太阳能协会等；

⑰ 甲醇燃料与沼气互补的基本知识/（待定）；

⑱ 清洁新能源产品的营销和创业发展战略/（待定）；

⑲ 做大化工甲醇新能源产业，做"新能源革命"的领头羊！/（待定）。

学习期限及考核标准：实行考分制，首期暂定，考分达标可以提前毕业。考分不达标可以延长学习期限，直至达标。

结业：隆重举行典礼，发给正式结业证，注明学习期限和专业，作为从业凭证。

9.4.3 《甲醇时代》举办的专业技术培训

9.4.3.1 背景

《**甲醇时代**》原是新能源甲醇燃料燃具行业的技术和产业发展研讨会议的信息传递媒体，后来以张二红先生为法人代表，正式注册了**甲醇时代联盟（北京）科技有限公司**，随即以《**甲醇时代**》的名义，开展了新能源甲醇燃料燃具行业的有关活动。张二红先生兼任《**甲醇时代**》信息传递媒体的秘书长，在本行业中享有盛誉。

当前，生态环境污染已成为我国经济社会可持续发展和民生改善的重大障碍，也是近年来党中央、国务院高度关注的国家大事。

工业和民用领域直接大量燃用煤炭、汽车存量急剧增加、高含硫燃料油的大量使用，都成了防控生态环境污染的重要对象。

由于在环境效益、经济效益和燃料供给可以充分保证等方面的综合优势，甲醇燃料及其灶具炉具，开始在民用炊事、采暖和工业锅炉、窑炉领域快速推广应用起来。"**煤改醇**"迅猛发展之势，实属罕见，出现了有关技术人员和经营管理人才奇缺的局面。

应甲醇燃料燃具研制生产和经销的企事业单位要求，按照"**平等合作、互助互惠、自由参与**"的原则，《**甲醇时代**》与之共同发起和组建了非营利性和开放式的新型行业协作平台，走高效、清洁、低碳、绿色、安全与可持续发展之路，以节制生态环境污染、消除雾霾、重塑蓝天和促进甲醇经济产业发展为目标，推动甲醇燃料在民用灶具炉具、工业锅炉窑炉、水运船舶、汽车交通等方面应用的有序发展。在提高国民对瓦特发明蒸汽机开始的**煤炭时代**产生雾都伦敦，以及**油气时代**产生光化学烟雾认识的基础上，创新发展具有中国特色的清洁液态"**阳光能源**"，从根源上解决能源替代和生态环境污染两个相伴相随的问题，实现由"**油气时代**"向"**甲醇时代**"的跨越。

为了让更多的专家学者、企事业从业者、宣传媒体和能源环保部门的管理服务人员参与到"甲醇时代"的伟大事业中来，由**甲醇时代联盟（北京）科技有限公司**领衔，组织创建了**甲醇时代学习班**，面向全国进行专业技术培训。

9.4.3.2　甲醇时代学习班的目标

实施"千人计划"，即，培养千名专业技术和经营管理人才，为实现"甲醇时代"之理想而奋斗。

9.4.3.3　培训计划（表9-1）

表 9-1　培训计划

实施时间	计划培训人数
2017 年 9 月开始	50 人
2018 年	220 人
2019 年	330 人
2020 年	400 人
合计	**1000 人**

9.4.3.4　学习内容

① 宏观政策及我国国情。

② 如何利用现有政策开展经营。

③ 醇基燃料项目立项及程序。

④ 解读能源、新能源、清洁能源及发展中国特色液体阳光能源。

⑤ 剖析大气雾霾成因。

⑥ 甲醇基础知识及实际运用。

⑦ 甲醇生产及工艺。

⑧ 甲醇能耗、成本分析。

⑨ 甲醇运输及储存。

⑩ 甲醇产业链及供需平衡分析。

⑪ 甲醇市场及价格走势。

⑫ 甲醇发展方向及新动向。

⑬ 醇基燃料基础知识。

⑭ 醇基燃料调配原理。

⑮ 如何选择醇基燃料原料。

⑯ 车用甲醇燃料技术（安全性、清洁性、稳定性）。

⑰ 工业锅炉（窑炉）用醇基燃料技术（高热值、腐蚀性、溶胀性、抗氧化、抗静电）。

⑱ 民用采暖炉用醇基燃料技术。

⑲ 商用灶具用醇基燃料（高热值、腐蚀性、溶胀性、抗氧化、抗静电）。

⑳ 甲醇锅炉应用现状、发展、基础知识、构件、用途及选择。

㉑ 甲醇燃烧机基础知识、构件、安装、调试、维修及选择。

㉒ 甲醇灶具应用现状、发展、基础知识、构件、用途及选择。

㉓ 甲醇汽车应用现状、发展、基础知识、构件、用途及选择。

㉔ 甲醇（醇基）燃料生产、销售、运输、装卸、包装安全与防火学习。

㉕ 案例分析及计算。

㉖ 中国甲醇经济发展路线图。

㉗ 学会搞好效益分析。

9.4.3.5　第 1~7 期学习班总结

自 2017 年 9 月开始，至 2018 年 5 月，**甲醇时代学习班已经举办了 7 期，总参加学习 150 人次**。**从各期学习人次来看**，甲醇时代学习班第 1~7 期举办的时间、地点和培训人数如表 9-2 所示。

表 9-2　甲醇时代学习班第 1~7 期举办情况

期次	人次	地点	时间
第一期	22	北京市	2017/9/9
第二期	18	陕西省西安市	2017/10/21
第三期	16	辽宁省大连市	2017/12/2
第四期	23	河北省石家庄市	2018/1/20
第五期	31	河南省郑州市	2018/3/10
第六期	18	山东省济南市	2018/4/14
第七期	22	广东省东莞市	2018/5/26
合计	150		

其中，2017 年举办了 3 期，合计完成培训 56 人次，超过计划 6 人次。2018 年 1~5 月举办了 4 期，合计完成培训 94 人次。

从各期学习学历来看：参加学习 150 人次中最高学历为博士后，最低学历为初中，大多为中等专科和大学本科学历。

从各期学习行业来看：参加学习 150 人次中，85% 人员为从事甲醇、醇基燃料及甲醇锅炉、甲醇灶具、甲醇采暖炉具等企业负责人，15% 为其他行业转型到甲醇燃料行业的新从业人员。

从各期学习地方来看：参加学习 150 人次中，来自全国 29 个省市自治区，其中陕西省参加人数最多（图 9-3）。

9.4.3.6　下一步打算

（1）继续办好学习班，扩大操作、安装、维修技能学习。

在当前形势下，这是一种应急措施。地点仍然选择在要求迫切的企事业单位附近。预计 2018 年下半年将举办 4~5 期，实现 2018 年 220 人次的计划目标。根据行业急需，将扩大甲醇灶具、甲醇燃烧机、甲醇锅炉安装及其操作、维修技能培训。

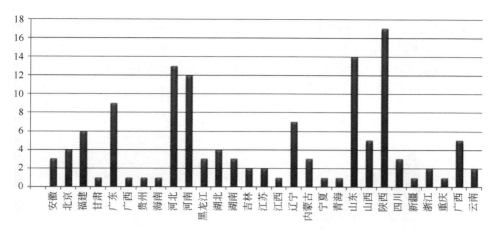

图 9-3　甲醇时代学习班第 1～7 期学员分布图

（2）建立甲醇时代学习班培训基地。

固定的学习班培训基地，有利于安排教学设备条件和实物展示，以及学院食宿场所。将在北京、安徽、福建、山东、广东等地逐步建立甲醇时代学习班培训基地，预计 2018 年将落实 3 个培训基地。

（3）建立中国第一所甲醇时代职业学院。

"甲醇时代"与天津大学、南京大学等大学合作，预计 2019 年上半年成立第一所中国甲醇时代职业学院。

9.4.4　北京通州专业技术培训基地

9.4.4.1　背景

北京通州醇基清洁燃料专业培训基地，筹建于 2016 年。这里原是北京国泰民昌石油化工有限公司的醇基燃料储存和调配基地，因为北京不再允许辖区储存和调配醇基燃料，所以，原有的料库和厂房场地要改作其他用途。

在筹办我国的灯塔醇基清洁燃料燃具技术联盟和召开相关技术论坛会议时，与会代表深感醇基清洁燃料燃具产业的目前初创阶段，非常需要有个专业培训基地。曾经在昌平区南口镇花塔村选择了一个地方。

虽然当地的村民活动中心可以作为教室临时借用，但是，总的条件非常有限，特别是缺少醇基清洁燃料燃具产品展示、演示的场所。必要的教学音像设备也难以设置和作主使用。另外，在昌平区万向新元环保设备有限公司和北京瓦得能科技有限公司等几个地方也进行了考察，都不够满意。最后，由北京超燃索阳新能源研发中心、甲醇时代联盟（北京）科技有限公司与北京国泰民昌石油化工有限公司三家承办单位商定，利用国泰民昌公司在通州原来的醇基清洁燃料储存和调配基地，改建成为**北京通州醇基清洁燃料燃具专业培训基**（**图 9-4**）。三家承办单位还商定，该培训基地实行董事会管理体制，面向国内整个**醇基清洁燃料燃具行业**，由自愿参与的企业、事业单位为成员，协力共建。由成员单位按照燃料、灶具、锅炉、科研、地域等不同领域，推荐若干名董事组成董事会，董事会设置常务董事、执行董事和董事长、副董事长，由轮值的执行董事具体执行董事会的决定。

图 9-4　北京通州醇基燃料燃具专业培训基地展示大厅（1000m^2）

9.4.4.2　条件

在当前的起步阶段，这里具有一些比较优越的条件：

① 这里拥有 1 千多平方米的大厅，可以用作醇基清洁燃料燃具产品测试、展示、演示和研制改进的场所，还有配套的办公室和教职员生活用房以及露天活动场地，水、电、通信条件齐全。

② 这里是我国首都的属地，既便于联络和统领全国的本行业同仁，又便于及时向国家有关领导部门汇报和接待参观访问者，还便于安排临时性的专业论坛会议和进行国际上的专业技术交流。

③ 这里容易聘请到居住在北京的有关专家学者作为兼职教师，为更多的退休或在职专家学者发挥才能提供一个平台，迎来送往两便。

④ 北京国泰民昌石油化工有限公司和北京超燃索阳新能源研发中心、甲醇时代联盟（北京）科技有限公司等主办参办单位，注册地址都在北京，便于兼顾管理。

⑤ 这里的相关产品测试、展示、演示活动，可以常年进行。全国的醇基清洁燃料燃具优秀产品和创新产品，随时可以来这里测试、展示、演示和进行推广

应用宣传。

⑥ 适应**全球新一轮技术革命、产业革命、能源革命蓄势待发**的新形势，培养大批的相关人才，势在必行！不仅是要进行短期的专业培训，而且必将要建立一些新能源专业院校，这里可以作为建立新能源专业院校的前奏。

9.4.4.3　初步计划

（1）2018 年国庆节前，完成改建和展示厅、演示厅初次布置。第四季度举办首期学员培训。

期限：3 个月；

主要内容：针对京津冀和我国北方地区冬季散居农户采暖以及连片居民和集体单位的锅炉采暖的"煤改醇"；

形式：课堂讲解（约 15 天）、现场考察（约 1 个月）、结业设计或学习总结报告设计或学习总结报告（约 1 个月）、答辩和成绩评定（约 15 天），每个学员都必须对自己的结业设计或学习总结报告进行结业答辩，其他学员都要参加答辩同学的答辩会议，因为都是相同领域的学问，所以，以这样的方式进行互教互学。不仅主管教师在答辩中可以提出有关问题要求答辩，其他同学也可以提出有关问题要求答辩，最后大家一起投票进行成绩评定。教师的投票权占 50%，其他同学共占 50%。实行百分制，综合分数达到 60 分为及格，达到 75 分为良好，达到 85 分为优秀。郑重颁发**结业证书**，作为就业参考。

（2）2018 年第四季度起，每月举办一次会议活动。活动分为主办方、承办方和协办方，议题要适时应势，对本行业要有促进作用，对与会者要有实际参考或指导作用。

9.4.4.4　费用来源

① 接受不附加条件支持本项清洁新能源事业的资助，包括在此受到培训后增加收益的学员的自愿募捐资助。经过试验、示范、宣传和推广应用，相信这种资助会是一种重要的费用来源。

② 申报各种类型的国家项目，承担改善生态环境的任务，争取国家经费支持。相信我们的项目，最终会得到国家经费的大力支持。

③ 收取必要的摊位成本费和学员培训成本费，包括教师补贴和接送费用、场地费用、工作人员薪金、教学设备费用和考察实习费用，不以盈利为目的，实行经费核算公开透明。

④ 支持和介绍有关专利、专有技术的有偿转让，按照协议规定分享部分技术转让费。

9.4.4.5　发展前景

本专业技术培训基地暂以**北京通州醇基燃料燃具技术培训基地有限公司**的名义注册，由**北京国泰民昌石油化工有限公司**担当法人代表。

待条件成熟后，发展成为**通州清洁新能源专科学校**和**通州清洁新能源大学**。

9.4.5　安徽黄山专业技术培训基地

安徽黄山专业技术培训基地由安徽省甲醇燃料行业协会主办，地址在黄山风景区，与石油化工专业技术培训基地在一起，建筑配套，教室设备和学员吃住条件齐全。已经进行两期专业技术培训。

2018年5月，安徽省甲醇燃料行业协会举办了醇基清洁燃料团体标准培训班，主要参加培训的人员为本省协会会员，全国其他省市参加人员也不少，总数超过150人，对于我国醇基清洁燃料产品实现标准化，起到了示范作用。

安徽省甲醇燃料行业协会作为我国第一个在民政厅正式注册登记的省级协会，在全国具有一定的影响力。

另一个有利条件是，安徽省合肥市已经跃升为全国著名的科教中心城市，许多国家级重点实验室在合肥市安家落户。中国科学技术大学可以为安徽黄山专业技术培训基地提供高档次的兼职教师。

第三个有利条件是，安徽圣宝新能源科技有限公司在中国科学技术大学校友会的积极支持下，已经发展成为全国规模最大、创新力量强大、规范化程度最高的专业科技公司，可以随时接待培训学员实习和参观学习。

据安徽省甲醇燃料行业协会刘朝阳秘书长介绍，2018年下半年还要进行一次规模比较大的专业技术培训。

中国农村能源行业协会和国内本行业知名的专家学者，都积极支持安徽省甲醇燃料行业协会办好黄山专业技术培训基地，并且希望他们早日升级，办成甲醇清洁能源专科学校。

9.4.6　福建、四川、陕西都在筹办专业技术培训基地

由于醇基清洁燃料燃具的推广应用已经遍及全国，因而一些省市自治区也都有意筹办本地的醇基清洁燃料燃具技术培训工作和基地建设，其中，福建，四川、陕西、河北诸省的有关方面，已经有所行动。

如此国计民生迫切需要的专业技术培训和培训基地建设，仅仅依靠民间自筹资金、自创条件、自行运作管理，的确是有不少困难的。其中，最大的困难是有关方面还缺乏认识，因而缺乏必要的政策支持。但是，要不了太长的时间，有关方面总是会提高认识的，因而也会得到政策大力支持的。

工信部组织的秦晋沪两省一市车用甲醇汽油的应用试验和示范，后来扩大到贵州、甘肃，取得了可喜的进展。因此，民间自筹资金、自创条件、自行运作管理的专业技术培训和培训基地建设，还是应该积极筹备的。

根据近几年筹备运作的体会，在当前的现实形势下，要办好这件事，在具有

坚定信念的基础上，还需要有以下一些条件：

① 必须有几位甘心为这项事业奉献、又有一定能力和精力的人。

② 必须有一个协会或者几个有实力的公司作为主导者。

③ 必须有一批属于本行业的企事业单位和从业者积极配合。

④ 必须有最起码的物质条件和经济条件作为前期投入。

⑤ 当地虽然还没有明确的政策支持，但是，不会轻易否定。

⑥ 专业技术培训基地建设开始培训工作后，必须实实在在做出一些成绩，为本行业发展及为国计民生做出一些贡献。

9.5　大力开展宣传活动

9.5.1　建设本行业的宣传阵地

9.5.1.1　办好专业媒体《甲醇时代》

《甲醇时代》要争取尽快由不定期发行的行业内部电子版信息媒体，变成定期正式出版的文字型刊物。

建议组建《甲醇时代》编委会，在张二红总编辑总负责的基础上，在行业内部遴选几名责任副总编，轮流负责各期杂志的编辑出版。

业内有关企业事业单位，要把《甲醇时代》当做本行业的机关刊物，积极参加投稿和订阅学习。

建议暂时定为"月刊"，有特殊情况时加刊。

9.5.1.2　组织本行业的研讨会、演讲会和产品展示会

研讨会、演讲会和展示会活动是一些有效的宣传形式。

研讨会重在研讨，如何对待一些焦点问题，要有几套方案，让与会者各抒己见，参与讨论。新产品在会上发布，既是征求意见，也是一种广告宣传，要让与会者有这样的机会。

演讲会是请有影响有见地的专家就大家关心的焦点问题进行演讲，通过演讲解说，对与会者有启迪和帮助作用。会议组织者要选择好演讲题目和演讲人。

产品展示会是一种非常有效的宣传形式，产品的展示，对于产、销、用户三方都是有吸引力的。通过对同类产品的比试，可以比较鉴别，可以起到优胜劣汰的作用。对于评选出来的优秀产品，要给予表彰，起到推荐的作用。这样的展示活动，非常有利于本行业的发展。

三种类型的会议，都要尽可能做到专题化，防止内容雷同的泛泛而论。要追求质量和实效，使得参加会议或者活动的人，有所收获。

目前，有关甲醇新能源燃料燃具的会议，大多数是民办的，有少数是民办官

助的。经费、人员、场地、内容，也都是依靠民办。因此，每一个会议的主办单位、承办单位、协办单位，都很重要。

主办单位要有一定的权威，要对会议承担责任。

承办单位最重要，因为具体工作都由承办单位负责。因为涉及自筹经费，所以，有时可以由两个或三个单位联合承办。

协办单位可以分担一些任务，分享一些效益，对于办好会议也很重要，宜于广泛征集，多一些更好。

近几年来，有关甲醇新能源燃料燃具的论坛、研讨会、展示会为数不少，因为市场需要，所以参会者积极性比较高，但是，有些会议是不太令人满意的。有的单位只是把组织会议当做赚钱的手段，使得参会的人数越来越少，会议现场气氛越来越冷淡，这是必须避免的。

9.5.2　编写相关的专业著作及科普资料

相比煤炭、石油等当今的主体能源，醇基清洁燃料燃具有关的专著和科普资料太少了，甚至与太阳能、沼气方面的专著和科普资料也无法相比。屈指可数的一些专著，有的绝版，书店里也难以买到。

仅有的一些专业著作，多是偏重于原理介绍，泛泛而论。有的甚至自相矛盾！例如，有的书中不知从哪里来的根据，与国内各种典籍上的毒性分类法不同，与世界卫生组织（WHO）对于甲醇毒性的评价也不同，却武断地说甲醇"剧毒"。同一作者在另外一些场合又极力解释说甲醇不是剧毒。剧毒不剧毒，是一个基本常识问题，如果常识问题都弄错了，说明这样的科普太有必要了。

还有一些人公然发表一些实为笑料的言论，例如，他宣称说自己不赞成搞甲醇，赞成搞乙醇和二甲醚。其实，二甲醚是甲醇最亲近的衍生物，是甲醇的亲儿子，两个甲醇分子脱掉一个水分子，就成了二甲醚；乙醇是甲醇的同胞兄弟，甲醇乙醇的性能非常相似，乙醇的优点甲醇都有，甲醇的缺点乙醇也都有。目前两者的主要的区别是，乙醇是用粮食发酵法生产的，3吨多玉米再耗用3吨多煤炭生产1t燃料乙醇，成本特别高，要与石化汽油竞争，还需要国家补助。而甲醇已经很容易采用合成气为原料进行化工合成，1吨多煤炭就可以既当原料又当燃料，生产出来1t甲醇，成本只有粮制乙醇的1/3。甲醇的内含氧比乙醇多，因而燃烧更加完全，更加高效节能，排放更加清洁。甲醇还有一种惊人的优越功能，即，它是最理想的储能载体，各种暂时剩余的能量，都可以转化为甲醇储存起来，需要时可以立即重新释放出来。

这些最基本、最重要的专业知识，非常需要加以宣传，以便让它更好地为国计民生服务。

因为我们国内太缺少关于甲醇作为化工新能源方面的专业著作，所以，2007年化学工业出版社出版了美国乔治·奥拉教授等人所作《跨越油气时代：甲醇经济》的中译本，引起轰动。

其实，书中的许多观点，是我国的专家学者和业内人士早就极力呼吁的。例如，2001 年初原化工部李琼玖等四位专家呼吁利用我国众多的合成氨化肥厂联产甲醇，补充我国石油、天然气的相对欠缺；2002 年 10 月 25 日何光远等院士专家23 人上书国务院提出建议选择煤制清洁能源作为汽车新的主导替代能源；2004 年 3 月 18 日河南省吴养洁院士领衔的 14 位专家提出关于大力发展我省醇类替代能源的建议；2005 年何光远、王茂林、谭竹洲、彭致圭、倪维斗、谢克昌、蔡睿贤等省部级干部和院士向党中央、国务院提出关于推广煤基醇醚燃料以替代汽油、柴油的建议；2008 年 7 月 1 日金涌等 29 位院士向国家提出关于转换能源战略储备理念的建议——以"功能"储备补足"资源"储备，等等。

我国在 1996 年和 1997 年就颁布了两个世界领先的民用甲醇燃料国家标准 GB 16663—1996《醇基液体燃料》和国家行业标准 NY 312—1997《醇基民用燃料灶具》。2013 年我国又颁布了国家行业标准 NB/T 34013—2013《农用醇醚柴油燃料》。这些都是我国首创的，我们在这些方面是大有文章可做的！

9.5.3 发挥媒体宣传的作用

科技、市场、信息媒体，是现代新产品获得推广应用三个重要环节。对于化工新能源甲醇燃料，科技环节已经取得了一些突破，能源市场和环保市场也是迫切需要的，因而信息媒体就成了关键环节。如果缺少媒体配合，往往难以取得应有的效果。而注重媒体宣传的，往往可以事半功倍。

例如，中央电视台第四套节目，有一个专访南京市大塘村使用甲醇清洁炉灶的视频报道，形象直观，非常令人信服。

又如，营业饭店和集体食堂爆发式引用醇基燃料燃具的时间，是从 2007 年开始的。因为科技部**中国民营科技促进会**主持了**新型醇基液体燃料及其自动气化灶**的评审鉴定会后，随即请《科技日报》、《中国化工报》、《经济参考报》、《中国商报》、《中国化工网》、新浪科技网、国际新能源网、《中国科技信息》杂志等媒体到场，召开了一个信息发布会。这些到会的媒体争先恐后地对此进行了报道。《科技日报》报道："*国家能源领导小组、科技部、农业部和中科院等部门为醇燃料把脉——新型醇基液体燃料及其燃具获重大创新*"；《中国化工报》报道："*新型醇基燃料瞄准民用市场*"；《中国化工网》报道："*新型醇基液体燃料及其燃具通过评审鉴定*"；《新浪科技网》报道："*新型醇基液体燃料掀起换灶之风*"；《中国商报》和《国际新能源网》采用相同的标题报道："*醇醚燃料掀起中国厨灶清洁风暴*"；《中国科技信息》杂志刊载了专题文章："*民用炉灶及燃料的新突破*"。其他媒体纷纷转载了这些报道。效果是全国的营业饭店和集体食堂开始爆发式引用醇基燃料燃具。

应该制作一些现代化的音像资料，尽可能通过电视台和相关会议播放演示。

中央电视台和《中国能源报》都曾主动与我们联系，希望共同组织宣传报道甲醇新能源燃料，需要我们业内予以配合。

9.5.4　站在国际平台上看待我国的新能源甲醇燃料

全世界都面临着新能源革命。我们认识不到的，可能其他国家已经认识到了；我们已经做到的，可能正是其他国家努力追求的。因此，很有必要站在国际平台上，看一看我国的新能源甲醇燃料究竟如何。

近来，在甲醇作为新能源燃料这个领域，发生了两个重要的事件：一是**全球甲醇行业协会**给我国何光远和李书福发了两个奖项；二是**全球甲醇行业协会**首席运营官雷戈里·多兰（Gregory Dolan）出版了新的专著《**甲醇燃料的全球视角**》（*Methanol Fuel Blending: A Global Perspective*）。这两件事折射出来了我国的新能源甲醇燃料在国际上的地位，并且很有值得我们警觉的地方，在此加以介绍。

9.5.4.1　关于"全球甲醇行业协会"给何光远和李书福发奖

2017 年 11 月 8 日，**全球甲醇行业协会**给我国何光远老部长和企业家李书福分别颁发了**乔治·奥拉甲醇经济终身成就奖**和**杰出贡献奖**。乔治·奥拉是 1994 年诺贝尔化学奖得主，2007 年在我国翻译出版了他们的《**跨越油气时代：甲醇经济**》一书。**全球甲醇行业协会**是在美国设立的全球性甲醇行业协会。这个协会以乔治·奥拉的名义，给我国的两个人颁奖，表明国际上对于我国开发应用化工新能源甲醇的工作非常关注，给予了高度的评价。

原机械工业部何光远部长，是我国汽车行业的元老，多年来一直关心和倡导我国醇醚清洁汽车的发展。李书福现任全国政协委员、浙江省工商联副主席、浙江吉利控股集团公司董事长、沃尔沃轿车公司董事长、台州市人大代表。他长期坚持研究开发甲醇燃料汽车，做出了杰出贡献。

我国对甲醇燃料及其燃具的开发和应用，许多方面已经走在世界最前列：

第一，我国甲醇的产能、产量和应用数量均占到全球的一半以上；

第二，我国在世界上首先颁布了民用甲醇燃料燃具的国家标准和国家行业标准 GB 16663—1996《醇基液体燃料》和 NY 312—1997《醇基民用燃料灶具》等；

第三，我国取得了新型醇基液体燃料及其自动气化灶、甲醇制低碳烯烃 DMTO 和甲醇制烃基燃料 MTHF 等一批具有世界先进水平的科技成果；

第四，我国在营业饭店和集体食堂已经推广应用醇基民用燃料灶具 100 万套以上，每年使用醇基液体燃料近千万吨，为世界独创的奇迹；

第五，我国开发出中比例掺醇的车用甲醇汽油 M25、M30 等，无需改动汽车任何部件，即可随机与石化汽油互相替代使用；

第六，我国开发出世界独有的农用醇醚柴油燃料，制定了该产品的国家能源行业标准 NB/T 34013—2013，对于支农和节制农村环境污染，有重大意义；

第七，我国成功开发出确保安全的自动吸醇气化灶和光醇互补多功能气化灶，可以替代燃煤、燃柴，兼用于农村炊事和冬季取暖，可以承担全球清洁炉灶联盟在 2020 年底以前协助使世界上 1 亿户居民用上清洁炉灶和清洁燃料的任务；

第八，我国工信部在"四省一市"组织的车用甲醇汽油试点工作已经得出来肯定性的结论。

9.5.4.2　关于雷戈里·多兰的新著作《甲醇燃料的全球视角》

格雷戈里·多兰作为全球甲醇行业协会的首席运营官，指导该协会和所属会员企业，积极配合中国的甲醇汽车试点工作，并在甲醇汽车及燃料技术、全球甲醇及甲醇燃料产业现状以及该领域动态信息等方面给予了很大的帮助和支持。当他了解到中国的甲醇汽车试点工作圆满结束，甲醇汽车推广应用正在进入一个新阶段时，即以**甲醇燃料的全球视角**为题发表专著，为我们提供了全球范围内甲醇汽车、甲醇燃料应用的最新动态信息。

雷戈里·多兰认为，使用甲醇作为燃料可能最早源于 **20 世纪八九十年代的美国和欧洲，但西方世界现在是学生，中国已经成为这个领域名副其实的老师。**

雷戈里·多兰在著作中写道，时间闪回到 1996 年，美国福特汽车公司曾销售一款可以使用甲醇、乙醇和汽油的 FFV 灵活燃料轿车。在 20 世纪 90 年代末，美国加州拥有接近 20000 辆甲醇轿车和超过 100 座甲醇加注站。在加州之外，另外 14 个州还有 40 座甲醇加注站……甲醇在美国从失去竞争力到生产复兴，使用甲醇作为车用燃料，没有任何技术上的障碍……甲醇早在 20 世纪 70 和 80 年代就被提出作为替代燃料以应对石油价格的冲击。但到了 1998 年，平均油价回落到了每桶 12 美元，在当时的价格环境下，甲醇失去了竞争力。到了 2018 年，我们正面临与 20 年前完全不同的多重信号。最近几周，油价已经攀升超过 70 美元/桶。

雷戈里·多兰在著作中还写道，目前，**由页岩气带来的充足、廉价的天然气，为美国带来了甲醇生产的复兴。**根据 ADI 分析公司的报告，到 2020 年，大量资金将投入到美国新建甲醇产能中。这些工厂将带来数以千计的永久性就业及更多的临时性就业。在许多新建甲醇工厂落地的美国路易斯安那州和德克萨斯州，地方经济将受惠于数亿美元的投资，政府将新增 3 亿美元的税收。这还不包括用日产 100～500t 的小型化装置，将美国页岩气产区的伴生气和释放气制备成甲醇，给企业带来的额外经济效益和环境效益。（**请注意，美国研发和开采页岩气，带来了甲醇生产的复兴。**）

雷戈里·多兰在著作中写道，2011 年，美国麻省理工学院发布了《天然气的未来》研究报告，该报告由担任过奥巴马执政时期的美国能源部部长的欧内斯特·莫尼兹主持。该报告讲，**研究发现，将甲醇作为交通燃料是利用美国天然气驱动汽车最为经济的路径**。最近，前壳牌石油公司总裁约翰·霍夫迈斯特在上个月登上美国福克斯电视新闻网，强烈呼吁美国总统特朗普开放相关规定，将天然气制备的甲醇作为车用燃料。

雷戈里·多兰的著作展示了一种全球大趋势：除了美国之外，其他许多国家也正在寻求甲醇能源的应用。

在**以色列**，2016年正式发布M15甲醇汽油国家标准，即15%甲醇和85%汽油掺混，并正在柴油轻卡上进行甲醇替代工作。同时，以色列正在运行一台以甲醇为燃料的50MW燃气轮机，为艾利亚特市提供电力。

在**意大利**，菲亚特克莱斯勒汽车集团（FCA）与意大利能源巨头埃尼公司（ENI）在菲亚特轿车上合作示范A20醇类燃料的应用，即15%甲醇、5%乙醇和80%汽油的新型替代燃料。

在**新西兰**，已经批准使用M3甲醇汽油。

在**澳大利亚**，维多利亚省已经批准使用M15甲醇汽油。

在**欧洲**，燃料质量法规许可汽油中含有3%的甲醇，这意味着整个欧洲大陆的所有轿车都能够适应低比例的甲醇燃料。

全球船运行业也在寻求更加清洁的燃料，甲醇成为一种未来适用的船用燃料的趋势正在凸显。

在**瑞典**，船运公司Stena正在运行世界上最大型的客滚船，该船搭载双燃料甲醇发动机，能减少99%的硫氧化物，60%的氮氧化物和95%的颗粒物排放。国际海事媒体劳氏日报（*Lloyd's List*）更是向Waterfront Shipping（由全球甲醇生产企业梅赛尼斯公司全资所有的船运公司）颁发了最佳燃料解决方案大奖，以表彰其运行的7艘甲醇双燃料化学品运输船，及该公司已订购的、将于2019年投入使用的另外四艘甲醇双燃料运输船。

在**丹麦**，Serenergy公司使用甲醇燃料电池作为电动轿车和电动物流车的增程器。该公司的甲醇燃料电池还被运用在德国的游船上作为推进动力，同时为游船提供"日用负荷"的电力。

在**印度**，政府已经在国家转型研究院下设成立"甲醇经济专家组"，研究推进甲醇燃料市场的多领域应用。Kirloskar公司刚刚推出了首个甲醇燃料5kW发电机用于通信铁塔。内河船运和渔船也在考虑甲醇燃料船舶，使用M15甲醇汽油的标准也已经发布。

雷戈里·多兰在著作中随后写道，以上介绍是甲醇作为燃料在全球应用的一些项目，真正的甲醇汽车产业化行动发生在中国。

国家工信部刚刚完成5各地区共计10个城市的甲醇汽车试点工作，总计1024辆甲醇汽车累计行驶里程达1.84亿公里，消耗甲醇燃料2.4万吨。试点验证了甲醇汽车的适应性、可靠性、经济性、安全性和环保性能。

世界汽车和甲醇行业正在关注这种领导力。中国甲醇汽车的发展正在转向由政府引导，以促进更广泛的甲醇汽车商业化发展。这将有助于降低原油进口，改善空气质量，降低燃料成本，创造就业和推进经济发展。

今年 3 月，浙江吉利控股集团董事长李书福，作为一名全国人大代表在全国"两会"上提交了《"液态阳光经济"推进甲醇汽车市场化》的建议。吉利汽车走在甲醇汽车商业化的最前沿，在乘用车、商用车领域都形成了批量生产能力，并规划了未来多款主流车型的甲醇版。吉利汽车拥有 2 个甲醇发动机和多个甲醇汽车制造基地，甲醇汽车年产能达到约 30 万辆，并且视政策和市场情况可扩展至50 万辆。吉利汽车还在冰岛试点运行 M100 甲醇轿车，使用冰岛国际碳循环公司（CRI）的可再生甲醇。

最近，中德合资企业爱驰亿维汽车公司在 2018 北京国际车展期间推出了一款甲醇燃料电池超级跑车 RG Nathalie，最高时速可达 300km，并在常规匀速情况下拥有 1200km 续航能力。

中国的广东合即得能源科技有限公司推出的甲醇燃料电池系统，可替代铅酸蓄电池燃油发电机装备到移动通信基站上，绿色环保、节能减排。

中加合资公司上海博氢新能源科技有限公司（Palcan）2015 年推出的甲醇氢燃料电池发电系统，成功应用于电动大巴车和电动物流车。

全球甲醇行业协会会员单位之一的东莞传动电喷科技公司是全球领先的汽车电控系统和甲醇燃料系统企业。该企业的 ECU 已应用到很多在用甲醇轿车上。最近，该公司改造了一台天然气发动机为甲醇燃料发动机，投放在瑞典的公务巡航船上示范运行。我们也正在同东莞传动电喷科技公司、中国船级社和新加坡政府合作，在新加坡开展试点项目。

中国对船舶领域的污染治理也是严肃认真的。中国交通运输部在 2015 年发布了《珠三角、长三角、环渤海（京津冀）水域船舶排放控制区实施方案》，要求船舶使用低硫燃油、岸电和清洁能源等措施，减少污染物排放，提升环境空气质量。2018 年最新颁布的《船舶发动排气污染物排放限值及测量方法》国家标准又进一步限制了船舶燃料的排放并催生甲醇等替代燃料的机遇。中国船级社武汉规范所同样在甲醇船舶燃料标准化研究上处于领先地位，他们编制的《船舶应用替代燃料指南》已于 2017 年 12 月 1 日正式实施，为包括甲醇在内的替代燃料在船舶上的使用提供技术标准。

中国同样在推广甲醇作为工业锅（窑）炉燃料方面引领世界。我们获悉，尤其在 2015 年 12 月 24 日，当时的中国环保部就醇基燃料锅炉执行标准复函河北省环保厅之后，各地甲醇燃料发展不断加速。

以上关于雷戈里·多兰的新著作《甲醇燃料的全球视角》的介绍，不仅为我们提供了一些新信息，而且多有启发，其中有一些重大的敏感性问题，非常值得我们思考。这些重大的敏感性问题，与前面全球甲醇行业协会给何光远和李书福发奖一事的解析相似。

雷戈里·多兰的新著作《甲醇燃料的全球视角》对我国甲醇燃料行业的发展，会有一些促进作用。但是，他主要只是关注了车用甲醇汽油，对于其他方面，只在其著作的最后提了一句：**"中国同样在推广甲醇作为工业锅（窑）炉燃料方面引领世界"**。

实际上，车用甲醇汽油的开发应用，只是我国开发甲醇燃料的一小部分，甲醇作为工业锅（窑）炉燃料，也还没有涵盖我们在炊事、采暖和甲醇制汽油、甲醇制低碳烯烃等方面的开发应用。

在理论研究方面，我们也有自己的一些独到见解。这些都使得，我们应该更加珍惜自己的发明和创新，不要**"自废武功"**，不要使得我们实实在在**引领世界**的先进技术产品，变成外国的发明和创新！

9.6　争取做新能源革命的领头羊

世界普利策奖得主托马斯·弗里德曼指出：**"我们正处在人类有史以来最关键的时代，而寻找集充足、清洁、廉价和可靠等优势于一身的新型能源，将是未来全球最大的产业。最先出手能够在"新能源革命"中成为领头羊的国家，在国防、经济和能源安全方面，将稳操胜券，并且获得全世界的尊重。"**

使我国将成为世界新能源革命领头羊的是我们领先开发了化工新能源甲醇！

活生生的事实是：

一场空前的新能源革命圣火正在神州大地熊熊燃起！

它将化解我国油气资源相对不足和消耗巨大的矛盾！

它将有效地节制我国出现的生态环境污染和雾霾天气！

它将用可靠的功能储备替代费用高风险大的石油储备！

它是我国 32 位院士和科技界、企业界一再呼吁的宏愿！

它是在这个重要的新能源领域我国已经领先于世界的现实！

它有坚实的理论基础和物质条件、市场条件及民心做后盾！

甲醇新能源是类似于电能的二次能源，它可以把煤、油、气、核能、太阳能及其衍生的风能、水能、生物质能等协调统一和转变储藏起来，供人们随取随用和循环使用！这是由它神奇的储能功能决定的。氨和其他一些化学物质也有这种功能，但是，最简便、最实用的是甲醇。

高硫煤、劣质煤通常是被弃置不用的废物，是危害生态环境的元凶，利用我国的"洁净煤工程"，即可将其制成甲醇，实现变废为宝、化害为利；

偏远地区的天然气、页岩气、可燃冰释放的甲烷气，难以储运，都可以变成甲醇储存起来，便于人们运输和随时使用；

核电站的核能，在用电低谷时可以转换成甲醇储存起来，供人们随取随用；

太阳能及其衍生的风能、水能、生物质能，在其暂时不需要时，可以转换成甲醇储存起来，供人们随取随用；

原则上，赤道附近的太阳能、夏天的太阳能，也可以转换成甲醇储存起来，供人们随取随用。

1973 年发生全球性的石油危机后，我国就开始研发煤制甲醇新能源，八九十年代与联邦德国及美国有关方面的合作研发，90 年代开始在汽车燃料和民用炊事燃料方面推广应用，以及北京医科大学的长期跟踪研究，当时都处于世界先进水平。

当前我国科技界、企业界，从国计民生大局出发，顶着压力，研发出世界领先的一系列甲醇燃料燃具新产品，例如新型醇基液体燃料及其自动气化灶、甲醇制低碳烯烃的 DMTO 工艺技术、甲醇制高档高档汽油的 MTHF 工艺技术、农用醇醚柴油燃料等。化工甲醇新能源替代或取代石化汽油、柴油、燃料油的技术问题都解决了，我国还有什么石油危机呢？

截至 2008 年，我国的甲醇产能、产量、用量，都占到全球 40%以上，而且，我国成为世界上唯一既大量生产又大量使用甲醇燃料的国家，也是进行相关理论研究最多的国家。据《甲醇时代》2015 年的不完全统计，仅仅营业饭店和集体食堂使用的《醇基液体燃料》炊事大灶，就有 100.3 万套，每年使用符合国家标准 GB 16663—1996 的《醇基液体燃料》约为 1000 万吨，为我国替代石油燃料做出了重大贡献。

近些年来，随着我国工业化进程的迅速发展，生态环境污染和雾霾天气，成了全民非常关注的大问题。

以京津冀地区为例，治理环境污染和雾霾天气，已经列为国家战略任务，但是，已出台的"煤改电""煤改气"，都有相应的缺欠和问题。

如果依赖"煤改电"，巨额的费用且不说，仅仅河北省的 1575 万个农户中的 1000 万户的耗电量就需要 5.5 个三峡水电站生产的电量。因此，全国煤改电，目前是不可能的。

如果采用"煤改气"，首先是气源问题难以解决，其次，并没有减少氮氧化物的排放。因此，"煤改气"也并非理想之策。

如果采用"煤改醇"，问题就可以迎刃而解，并且，已经都有成功的示范案例。全国上百万台燃煤锅炉，都有了活路！锅炉有了活路，企业和企业职工就有了活路，这样，其环境效益、经济效益、社会效益，都是不可以低估的！

如果政策允许，仅仅我国炼焦产生的"焦炉气"，每年就可以生产上亿吨的甲醇，另外，煤层气、炼油气、高炉气、垃圾沼气，也可以生产出大量的甲醇，如果加上高硫煤、劣质煤和偏远地区不便储运的天然气，即可以确保百年之内，充分满足我国的能源需要。同时，形成一个我国领先于世界的化工甲醇能源新产业，按照6亿吨石油的需求量计算，产业规模将会达到万亿元。

因此，从国计民生的大局出发，应该高度珍惜我国科技界、企业界人员殚精竭虑拼搏而获得的自主创新！应该认识到，以化工新能源甲醇替代化石能源石油、天然气，是当前面临的**新能源革命**中的重大事件！如果我国利用以甲醇为主的化工新能源替代了有限的石油、天然气化石能源，同时解决了我国面临的生态环境问题，我们将成为全球**新能源革命**中的领头羊国家，将在国防、经济和能源安全中稳操胜券，并且获得全世界的尊重。

参 考 文 献

1. 冯向法. 甲醇经济. 北京：化学工业出版社，2014.

2. 冯向法. 甲醇、氨和新能源经济.北京：化学工业出版社，2010.

3. 乔治 A·奥拉，等. 跨越油气时代：甲醇经济. 北京：化学工业出版社，2007.

4. 金涌，等. 关于转换战略能源储备理念的建议. 中国石油和化工经济分析，2008，10.

5. 金涌，等. 资源·能源·环境·社会. 北京：化学工业出版社，2009.

6. 孟广耀，等. 材料化学在中国科学技术大学. 合肥：中国科学技术大学出版社，2011.

7. 张以祥，等. 燃料乙醇与车用乙醇汽油. 北京：中国石化出版社，2004.

8. 中国环境与发展国际合作委员会能源战略与技术工作组. 能源与可持续发展. 北京：中国环境科学出版社，2003.

9. 联合国开发计划署. 中国人类发展报告——绿色发展，必由之路. 北京：中国财政经济出版社，2002.

10. 董锁成，等. 中国百年资源、环境与发展报告——1950—2050 资源、环境与经济演变和对策. 武汉：湖北科学技术出版社，2002.

11. 中华人民共和国《可持续发展国家报告》. 北京：中国环境科学出版社，2002.

12. 岑可法，等. 燃烧理论与污染控制. 北京：机械工业出版社，2004.

13. 师昌绪. 解决能源危机关键是能源材料的突破·2002 高技术发展报告. 北京：科学出版社，2002.

14. 应卫勇，等. 碳一化工主要产品生产技术. 北京：化学工业出版社，2004.

15. 谢克昌，等. 甲醇及其衍生物. 北京：化学工业出版社，2002.

16. 李峰，等. 甲醇及下游产品. 北京：化学工业出版社，2008.

17. 程桂花. 合成氨. 北京：化学工业出版社，2004.

18. Obloander K，等. 用醇作为汽车燃料的试验研究. 北京：中国及联邦德国醇燃料技术座谈会资料，1983.

19. 柏恩德，等. 甲醇燃料的获得、用法、性能和费用. 中、德醇燃料技术讨论会报告. 1983.

20. 潘奎润，石定寰，等. 甲醇作为汽车发动机燃料的技术发展现状和建议. 代用燃料通讯，1988，（1）.

21. 王岳，潘奎润，等. 1.3 升灵活燃料汽车发电机的研究开发与应用前景. 中国工程热物理学会用燃料学术分会，重庆，1995.

22. 潘奎润. 甲醇燃料汽车的发展和评价. 中国天然气汽车，2002.

23. 曲清山，等. 甲醇-汽油联合毒性的研究. 北京医科大学，1986.

24. 北京医科大学. 甲醇（M100）对人体健康的影响与甲醇毒性研究，"七五"国家重点科技攻关专题鉴定材料之 IV，1991.

25. 江一蛟，等. 甲醇-汽油混合燃料的应用技术. 成都：西南化工研究设计院，1982.6.

26. 吴冠京，等. 车用清洁燃料. 北京：石油工业出版社，2004.

27. 李玉林，等. 煤化工基础. 北京：化学工业出版社，2006.

28. 胡子龙. 贮氢材料. 北京：化学工业出版社，2002.

29. 申泮文. 21 世纪的动力：氢与氢能. 天津：南开大学出版社，2000.

30. 李金. 有害物质及其检测. 北京：中国石化出版社，2002.

31. 张树林，等. 急性中毒诊断与急救. 北京：化学工业出版社，1996.

32. 凌关庭. 食品添加剂手册. 北京：化学工业出版社，1993.

33. 孟广耀. 陶瓷膜燃料电池研究进展与展望. 中国科学技术大学学报，2008.6.

34. 冯向法. 醇基燃料及其发展趋势. 农业工程学报，2006，22：175-180.

35. 刘治中，等. 液体燃料的性质及应用. 北京：中国石化出版社，2000.

36. 邓本章，等. M3、M5 甲醇汽油在汽油机上的台架试验研究. 代用燃料学术会议论文集，重庆，1995.

37. 赵瑞兰, 等. 甲醇燃料 (M85、M90) 在不同发动机上应用的排放特性. 中国工程热物理学会代用燃料学术会议论文集, 重庆, 1995.

38. 罗远荣, 许伯彦. 醇类燃料用于车用汽油机的研究. 内燃机工程, 1985,1.

39. 边耀璋, 等. 汽车新能源技术. 北京: 人民交通出版社, 2003.

40. 蔡凤田, 等. 汽车排放污染物控制实用技术. 北京: 人民交通出版社, 1999.

41. 房鼎业, 等. 甲醇系列产品及应用. 上海: 华东理工大学出版社, 2004.

42. 熊云, 等. 清洁燃料基础及应用. 北京: 中国石化出版社, 2005.

43. 崔心存. 车用替代燃料与生物质能. 北京: 中国石化出版社, 2007.

44. 李俊峰. 中国可再生能源技术评价. 北京: 中国环境科学出版社, 1999.

45. 张天胜, 等. 缓蚀剂. 北京: 化学工业出版社, 2008.

46. 石油化工研究院研究报告. 醇燃料 (M100) 腐蚀抑制剂的研制. 北京: 中德 M100 甲醇汽车试验研究中方组, 1992.

47. 李昌珠, 等. 生物柴油——绿色能源. 北京: 化学工业出版社, 2005.

48. 朱清时, 等. 生物质清洁能源. 北京: 化学工业出版社, 2002.

49. 吴创之, 等. 生物质能现代化利用技术. 北京: 化学工业出版社, 2003.

50. 马隆龙, 等. 生物质气化技术及其应用. 北京: 化学工业出版社, 2003.

51. 姚向军, 等. 生物质能资源清洁转化利用技术. 北京: 化学工业出版社, 2005.

52. 农业部科技教育司. 生态家园富民计划国际研讨会论文集. 北京: 中国农业科学技术出版社, 2006.

53. 阴秀丽, 等. 生物气化对减少 CO_2 排放的作用. 太阳能学报, 2000.

54. 侯逸民. 走近核能. 北京: 科学出版社, 2000.

55. 刘静霞, 等. 核能技术发展的回顾与展望. 化学教育, 2000, 3: 21—24.

56. 杨启岳. 国内太阳能热利用现状与发展. 能源技术, 2001, (4).

57. 由世俊, 等. 中国的太阳能资源及应用潜力. 城市环境与城市生态, 2002, 15 (2).

58. 高峰, 等. 太阳能开发利用的现状和发展趋势. 科学前沿与技术评论, 2002, 23 (4).

59. 闵恩泽, 等. 绿色化学与化工. 北京: 化学工业出版社, 2000.

60. 周善元. 21 世纪的新能源. 江西能源, 2001, (1).

61. 陈新华. 能源改变命运. 北京: 新华出版社, 2008.

62. 顾树华, 等. 能源利用与可持续发展. 北京: 北京出版社, 2001.

63. 中国农村能源行业协会. 中国农村能源行业年度发展报告. 北京, 2010.

附录

一、T34/AHJC 0004—2017 醇基清洁燃料行业安全操作规范

为加强安徽省醇基清洁燃料市场的管理和行业自律，保障醇基清洁燃料生产安全、储存安全、运输安全及经营安全，减少安全事故发生，促进我省醇基清洁燃料行业健康发展，结合《危险化学品安全管理条例》和安徽省的实际情况，特制定本标准。

本标准的醇基清洁燃料是指以醇类为基础配制成的拥有 15%以上内含氧的醇基清洁燃料，适于用作民用炊事燃料、锅炉燃料和工业窑炉燃料。

本标准适用于醇基清洁燃料所有从业者及使用者。

醇基清洁燃料管理应贯彻安全第一、预防为主、统一规划原则。

本标准按照 GB/T 1.1—2009《标准化工作导则 第一部分：标准的结构和编写》的规则起草。

本标准参考《危险化学品安全管理条例》制定。

本标准与《危险化学品安全管理条例》相比差异如下：

——增加了从业要求、操作及使用规范、终端使用专用容器安装及使用规范

——修改了内容框架

本标准起草单位：安徽省甲醇燃料行业协会、合肥嘉科工贸有限公司、六安广华化工有限公司、安徽圣宝新能源科技有限公司、阜阳市金盛化工产品有限公司。

本标准主要起草人：钱奕舟、郝伟、郜兵、王向阳、黄典顺、熊列江、吴猛、高武、汪志平、方学宝、黄时宝、李克元、时军、谢先保、周柏意、王广勤、范东、宣守东、马俊、刘朝阳、熊平、朱仁芳、王晓旭、王子路。

1 范围

本标准规定了醇基清洁燃料行业从业要求、生产及储存规范、质量标准、经营规范、运输规范、操作及使用规范、终端使用专用容器安装及使用规范、废弃物处理规范。

2 从业要求

2.1 基本要求：

2.1.1 遵纪守法、诚实守信，遵守国家、地方、行业相关的法律、法规和规定，需经政府相关部门和行业协会的专业培训合格后持证上岗。

2.1.2 讲信誉、严守职业道德，反对欺诈、恶意竞争。

2.1.3 提倡行业团结、互助、协调、自律，共同维护和发挥行业整体优势，对行业内企业之间的矛盾和问题，提倡共同探讨，协商解决。

2.1.4 遵守国家醇基清洁燃料行业发展政策，重视醇基清洁燃料行业技术创新和条例创新。

2.1.5 执行国家对市场准入的有关规定，维护政策的市场秩序，防止不具备相应资质、信誉以及经营许可证等条件的企业和从业人员的市场经营行为。

2.1.6 在建设发展中坚持公开、公平、公正、诚信和科学、合理的原则，反对不正当的竞争行为，反对一切形式的行贿、受贿行为。

2.1.7 禁止采购不合格的原材料、产品、配件及设备。

2.1.8 保守醇基清洁燃料行业技术秘密和商业机密，不侵害他人的知识产权。

2.1.9 严格执行有关醇基清洁燃料行业的法律、法规、规范标准和制度，自觉遵守行业职业道德与守则。

2.1.10 严格履行合同，不违反合同约定的责任与义务。

2.1.11 努力学习专业技术和规范规程，积极参加有关行业业务培训，不断提高业务技能和工作质量。

2.2 醇基清洁燃料行业生产经营单位主要负责人、分管安全负责人和分管技术负责人的基本从业条件：

2.2.1 能认真履行法律、法规赋予的安全生产工作职责，无严重违反国家有关安全生产法律法规行为。若因未履行法定安全生产职责，导致发生生产安全事故，依法受刑事处罚或者撤职处分的，自刑罚执行完毕或者受处分之日起，五年内不得担任主要负责人。

2.2.2 三年以上危险化学品相关行业从业经历。

2.2.3 生产企业主要负责人、分管安全负责人和分管技术负责人应具有大学专科以上学历，其中分管技术负责人具有化工或其相关专业大学专科以上学历，或者具有化工专业中、高级技术职称；中小型经营单位主要负责人、分管安全负责人和分管技术负责人应具有中专以上学历，其中分管技术负责人具有化工或其相关专业中专以上学历，或者具有化工专业初级技术职称。

2.2.4 主要负责人接受安全生产法律法规和危险化学品安全管理知识教育培训，经安全生产监督管理部门考核合格，取得危险化学品生产经营单位主要负责人安全资格证书；分管安全负责人接受上述培训考核，取得安全生产管理人员安全资格证书。

2.3 醇基清洁燃料生产经营单位专职安全管理人员的基本从业条件：

2.3.1 具有化工或相关专业大学专科以上学历，或者注册助理安全工程师以上执业资格证书，或者具有化工专业初级以上技术职称。

2.3.2 三年以上危险化学品相关行业从业经历。

2.3.3 接受安全生产法律法规和危险化学品安全管理知识教育培训，经安全生产监督管理部门考核合格，取得危险化学品生产经营单位安全管理人员资格证书。

2.4 醇基清洁燃料生产企业主要危险岗位作业人员的基本从业条件：

2.4.1 具有化工或相关专业中等职业教育以上学历，或者具有高中以上学历。

2.4.2 依法接受国家规定的从业人员安全生产培训，参加本岗位有关工艺、设备、电气、仪表等岗位操作知识和操作技能的培训，通过考试，取得培训合格证书。

2.5 醇基清洁燃料生产经营单位中的特种作业人员，应按照国家有关规定参加专门培训，经考核合格并取得特种作业操作证。

2.6 醇基清洁燃料生产经营单位其他岗位作业人员基本从业条件：

2.6.1 具有初中以上学历。

2.6.2 依法接受国家或行业规定的从业人员安全生产培训。

2.7 单位主要负责人和主管人员、安全生产管理人员和业务人员经过专业培训，并经考核，取得从业资格。

3 生产及储存规范

醇基清洁燃料生产及储存单位应遵循以下标准和要求：

3.1 醇基清洁燃料生产企业应当提供安全技术说明书，并在包装（包括外包装件）上粘贴或者拴挂安全标签。安全技术说明书和安全标签所载明的内容应当符合国家标准的要求。

3.2 醇基清洁燃料生产企业发现其生产的醇基清洁燃料有新的危险特性的，应当立即公告，并及时修订其安全技术说明书和安全标签。

3.3 醇基清洁燃料的包装应当符合法律、行政法规、规章的规定以及国家标准、行业标准的要求。

3.4 醇基清洁燃料的包装物、容器的材质以及包装的型式、规格、方法和单件质量（重量），应当与醇基清洁燃料的性质和用途相适应。

3.5 生产、储存醇基清洁燃料的单位，应在作业场所设置相应的监测、监控、通风、防晒、调温、防火、灭火、防爆、泄压、防毒、中和、防潮、防雷、防静电、防腐、防泄漏以及防护围堤或者隔离操作等安全设施、设备，并按照国家标准、行业标准或者国家有关规定对安全设施、设备进行经常性维护、保养，保证安全设施、设备的正常使用。

3.6　生产、储存醇基清洁燃料的单位，应当在其作业场所和安全设施、设备上设置明显的安全警示标志。

3.7　生产、储存醇基清洁燃料的单位，应当在其作业场所设置通信、报警装置，并保证处于适用状态。

3.8　生产、储存醇基清洁燃料的企业，应当委托具备国家规定的资质条件的机构，对本企业的安全生产条件每 3 年进行一次安全评价，提出安全评价报告。安全评价报告的内容应当包括对安全生产条件存在的问题进行整改的方案。

3.9　生产、储存醇基清洁燃料的企业，应当将安全评价报告以及整改方案的落实情况报所在地县级人民政府安全生产监督管理部门备案。在港区内储存醇基清洁燃料的企业，应当将安全评价报告以及整改方案的落实情况报港口行政管理部门备案。

3.10　醇基清洁燃料应当储存在专用容器、专用仓库、专用场地或者专用储存室（以下统称专用仓库）内，由专人负责管理，并设置明显的标志。

3.11　储存醇基清洁燃料的单位应当对其专用容器、专用仓库的安全设施、设备定期进行检测、检验。

3.12　储存醇基清洁燃料的单位应当建立危险化学品出入库核查、登记制度。

3.13　生产、储存醇基清洁燃料的单位转产、停产、停业或者解散的，应当采取有效措施，及时、妥善处置其生产装置、储存设施以及库存的甲醇燃料，不得丢弃。

4　醇基清洁燃料的质量标准

参照安徽省甲醇燃料行业协会团体标准《醇基清洁燃料》（T34/AHJC 0005—2017，2017.11.29）。

5　经营规范

从事醇基清洁燃料经营的企业应当具备下列条件：

5.1　从业人员经过专业技术培训并经考核合格。

5.2　有健全的安全管理规章制度。

5.3　有专职安全管理人员。

5.4　有符合国家规定的危险化学品事故应急预案和必要的应急救援器材、设备。

5.5　经营场所应符合以下要求：

5.5.1　经营场所应坐落在交通便利、便于疏散处。

——经营场所的建筑物应符合建筑设计防火规范（GB 50016）的要求。

5.5.2　应具备经县级以上（含县级）安全监管部门、消防部门批准的专用危险品仓库（自有或租用），所经营的甲醇燃料不得放在业务经营场所。

5.5.3　零售业务的店面应与繁华商业区或居住人口稠密区保持 500m 以上距离。

5.5.4　零售业务的店面经营面积（不含库房）应不小于 $60m^2$，其店面内不得设有生活设施。

5.5.5　零售业务的店面内只许存放民用小包装的醇基清洁燃料,其存放总质量不得超过 0.5t。

5.5.6　零售业务的店面内甲醇燃料容器摆放应布局合理。

5.5.7　零售业务的店面内显著位置应设有"禁止明火"等警示标志。

5.6　醇基清洁燃料经营企业不得向未经许可从事醇基清洁燃料生产、经营活动的企业采购醇基清洁燃料,不得经营没有安全技术说明书或者安全标签的醇基清洁燃料。

5.7　醇基清洁燃料经营企业储存醇基清洁燃料的,应当遵守本标准关于储存醇基清洁燃料的规定。

5.8　醇基清洁燃料经营企业应当如实记录购买单位的名称、地址、经办人的姓名、身份证号码以及所购买醇基清洁燃料的数量、用途。销售记录以及经办人的身份证明复印件、相关许可证件复印件，证明文件的保存期限不得少于 1 年。

5.9　醇基清洁燃料的经营单位应与醇基清洁燃料使用单位签订《醇基清洁燃料安全使用协议》。

6　运输规范

从事醇基清洁燃料运输的企业应符合以下要求 :

6.1　从事醇基清洁燃料道路运输的，应通过行业主管部门的资质认定，持有合法有效的《道路运输经营许可证》或《道路危险货物运输经营许可证》《营业执照》《税务登记证》和《法人代码证书》，取得从事道路危险货物运输的资格。

6.2　醇基清洁燃料道路运输企业的驾驶人员、装卸管理人员、押运人员、申报人员应当经交通运输主管部门考核合格，取得从业资格。

6.3　应使用专用车辆运输，专车专用，并有明显标志。专用车辆技术性能符合国家标准《营运车辆综合性能要求和检验方法》GB 18565 的要求，车辆外廓尺寸、轴荷和载质量符合国家标准《道路车辆外廓尺寸、轴荷和质量限值》GB 1589 的要求，车辆技术等级达到行业标准《营运车辆技术等级划分和评定要求》JT/T 198 规定的一级技术等级。

6.4　醇基清洁燃料的装卸作业应当遵守安全作业标准、规程和制度，并在装卸管理人员的现场指挥或者监控下进行。

6.5　用于运输醇基清洁燃料的槽罐以及其他容器应当封口严密，能够防止醇基清洁燃料在运输过程中因温度、湿度或者压力的变化发生渗漏、洒漏；槽罐以及其他容器的溢流和泄压装置应当设置准确、起闭灵活。

6.6　运输醇基清洁燃料的驾驶人员、船员、装卸管理人员、押运人员、申报人员，应当了解甲醇燃料特性及其包装物、容器的使用要求和出现危险情况时的应急处置方法。

6.7　通过道路运输醇基清洁燃料的，托运人应当委托依法取得危险货物道路运输许可的企业承运。

6.8　通过道路运输甲醇燃料的，应当按照运输车辆的核定载质量装载甲醇燃料，不得超载。

6.9　运输醇基清洁燃料途中因住宿或者发生影响正常运输的情况，需要较长时间停车的，驾驶人员、押运人员应当采取相应的安全防范措施。

6.10　未经公安机关批准，运输醇基清洁燃料的车辆不得进入危险化学品运输车辆限制通行的区域。

6.11　在运输中包装应牢固，包装应符合 GB 12463 的规定。

6.12　运输车、船应有消防安全设施，车辆应当安装 GPS 卫星定位系统。

6.13　应通过行业主管部门的资质认定，持有合法有效的《道路运输经营许可证》或《道路危险货物运输经营许可证》《营业执照》《税务登记证》和《法人代码证书》，取得从事道路危险货物运输的资格。

6.14　有符合安全规定并与经营范围、规模相适应停车场地。

6.15　罐式专用车辆的罐体应当经质量检验部门检验合格。

6.16　道路醇基清洁燃料运输车辆的驾驶人员取得相应的机动车驾驶证。

6.17　直接从事道路醇基清洁燃料运输的驾驶人员、装卸管理人员、押运人员，必须掌握道路危险货物运输的有关知识，并经企业所在地区的市级人民政府交通主管部门考试合格，取得相应的从业资格证。

6.18　运输车辆应当参加道路运输管理机构组织的年度审验。

6.19　禁止使用报废的、擅自改装的、检测不合格的、车辆技术状况达不到一级的和其他不符合国家规定的车辆从事道路醇基清洁燃料运输。除铰接列车、具有特殊装置的大型物件运输专用车辆外，严禁使用普通货车、普通列车从事醇基清洁燃料运输；禁止使用移动罐体(罐式集装除外)从事醇基清洁燃料运输。

7　操作及使用规范

凡使用醇基清洁燃料的单位应遵循以下操作及使用要求：

7.1　使用醇基清洁燃料的单位，其使用条件（包括工艺）应当符合法律、行政法规的规定和国家标准、行业标准的要求，并根据所使用的醇基清洁燃料的种类、危险特性以及使用量和使用方式，建立健全使用甲醇燃料的安全管理规章制度和安全操作规程，保证醇基清洁燃料的安全使用。

7.2　使用醇基清洁燃料从事生产并且使用量达到规定数量的化工企业（属于危险化学品生产企业的除外，下同），应当取得危险化学品安全使用许可证。

7.3　申请危险化学品安全使用许可证的企业，除应当符合 7.1 款规定外，还应当具备下列条件：

7.3.1　有与所使用的甲醇燃料相适应的专业技术人员。

7.3.2　有安全管理机构和专职安全管理人员。

7.3.3　有符合国家规定的危险化学品事故应急预案和必要的应急救援器材、设备。

7.3.4　依法进行了安全评价。

7.4　使用醇基清洁燃料及专用燃烧器的单位应符合下列安全条件：

7.4.1　专用容器、液路、燃料阀门应严密，不得有液体泄漏。

7.4.2　专用燃烧器发生异常情况，应立即关闭阀门并及时维修。

7.4.3　燃烧器安装应牢固可靠。

7.4.4　燃料系统的管路、接头等应确保在承压 0.3 兆帕及 150 摄氏度情况下，无液、气泄漏。

7.5　岗位操作人员每天应检查阀门、开关及流量控制装置的安全情况。使用单位每月组织管理、专业、操作人员集中开展一次检查，主要检查燃料箱、管路、呼吸阀、恒温垫、密封垫等安全情况，检查应做好记录。

7.6　使用单位应编制应急预案，制定相应的安全防范措施，定期开展应急演练。发生泄漏应及时断电、关闭阀门，现场应配备必要的消防器材及水源。

7.7　醇基清洁燃料安全操作使用规则：

7.7.1　点火前，打开燃料箱开关并检查开关及管路有无漏液现象。

7.7.2　点燃引火棒再打开燃烧器开关。

7.7.3　燃料流入燃烧器内开始点火，燃料流入不宜过多。

7.7.4　燃料引燃后逐步加大风门风量并调节油阀，风和燃料要匹配，调节到最佳状态使用。

7.7.5　根据需要随时调控火势，以便节省燃料。

7.7.6　停火后，关闭燃烧器开关、燃料箱开关，防止燃料外溢。

7.8　醇基清洁燃料安全使用注意事项：

7.8.1　燃料箱要远离火源，要有防火措施。

7.8.2　本产品只做燃料使用，严禁食品及其他用途。

7.8.3　在使用过程中不慎溅到眼睛时立即用清水冲洗。

7.8.4　定期检查燃料箱及管路防止泄漏引发火灾。

7.8.5　操作空间应安装通风装置保持空气流通。

7.8.6　如果不慎引发火灾可用水或干粉灭火自救并拨打 119 火警电话。

7.9　装卸人员应具有操作醇基清洁燃料的专业知识，操作时轻拿轻放，不得碰撞、倒置，防止包装破损，燃料外溢。作业人员应佩戴手套和相应的口罩或面具，穿防护服；作业中不得饮食，不得用手擦嘴、脸、眼睛；每次作业完毕，应及时用肥皂（或专用洗涤剂）洗净面部、手部，用清水漱口；防护用具应及时清洗，集中存放。

7.10　各项操作不得使用能产生火花的工具，作业现场应远离热源和火源。装卸易燃液体须穿防静电工作服，禁止穿带钉鞋，大桶不得在水泥地面滚动。

7.11　分装、改装、开箱（桶）检查等应在库房外进行。

7.12　在操作产品时，企业应在经营店面和仓库，针对产品的性质，准备相应的急救药品和制定急救预案。

7.13　装卸及作业场所配备相应的安全防护用品（具）及消防设施与器材，规范现场人员作业行为。

7.14　装卸人员应严格执行操作规程，不违章作业，不违反劳动纪律。

7.15　装卸人员在进行规定的作业活动时，应持相应的作业许可证作业。

7.16　加注燃料时应检查醇基清洁燃料运输专用证及防爆泵安全情况。

7.17　操作间通风换气保持良好，空气不畅或密闭的空间应安装排风，可燃气体报警装置；

7.18　监护人员应具备基本救护技能和作业现场的应急处理能力，持相应作业许可证进行监护作业，作业过程中不得离开监护岗位。

7.19　应保持作业环境整洁。

8　终端使用专用容器安装及使用规范

醇基清洁燃料使用单位应遵守以下要求：

8.1　使用醇基清洁燃料的单位和个人，要求统一安装使用国家及相关机构认可的醇基清洁燃料专用容器，并具有容器的发明专利和容器的检测报告。

8.2　制造、安装、维修醇基清洁燃料专用容器的单位和个人，应向地方安全生产监督管理部门和协会登记备案。

8.3　购置醇基清洁燃料专用容器的单位和个人，应由具有资质的工作人员进行安装。安装人员应依法接受安监部门和协会规定的从业人员安全生产培训，参加本岗位有关工艺、设备、电气、仪表等岗位操作知识和操作技能的培训，通过考试，取得合格证书。

8.4　生产、经营专用容器的单位应当向使用单位提供产品生产许可证、产品合格证及产品说明书，配备专业技术人员，并负责相应的技术服务和指导。

8.5　专用容器需经相关机构检验合格后方可投入使用。

8.6　专用容器上应有下列标签、标志：

——商标；

——产品名称；

——总质量；

——生产厂名称、地址；

——"严禁烟火""切勿倒置"等字样或标志。

8.7　使用醇基清洁燃料专用容器时应注意以下事项：

8.7.1　燃料箱、液路、燃料阀系统应严密，不得有液、气泄漏。

8.7.2　加注燃料时需持证上岗，应检查防爆泵安全情况。

8.7.3　发生异常情况，应立即关闭阀门并及时维修。

8.7.4　操作间通风换气保持良好，空气不畅或密闭的空间应安装排风、可燃气体报警装置。

8.7.5　燃料箱应在单独空间装设或室外装设，室外装设应采取防雨水、放曝晒措施；燃料箱的容积不得超过 0.98 立方米。

8.7.6　容器安装应牢固可靠，噪声应小于 65 分贝。

8.7.7　燃料专用容器要远离火源，要有防火措施。

8.7.8　对重复使用的醇基清洁燃料容器，使用单位在重复使用前应当进行检查；发现存在安全隐患的，应当维修或者更换。使用单位应当对检查情况作出记录，记录的保存期限不得少于 2 年。

8.8　使用单位应建立岗位安全责任制和安全操作规程，并悬挂于操作间醒目处。

8.9　使用单位岗位操作人员每天应检查阀门、开关及流量控制装置的安全情况。使用单位每月组织管理、专业、操作人员集中开展一次检查，主要检查燃料箱、管路、呼吸阀、恒温垫、密封垫等安全情况，检查应做好记录。

8.10　使用单位应编制应急预案，制定相应的安全防范措施，定期开展应急演练；发生泄漏应及时断电，关闭阀门，现场应配备必要的消防器材。

9　废弃物处理规范

9.1　禁止在储存区域内堆积可燃性废弃物。

9.2　泄漏或渗漏醇基清洁燃料的包装容器应迅速转移至安全区域。

9.3　按燃料的特性，用化学的或物理的方法处理废弃物品，不得任意抛弃，防止污染水源或环境。

9.4　储存、处置燃料废弃物的建设项目，其环境保护设施必须与主体工程同时设计、同时施工、同时投产使用，并经当地县级以上环保部门和其他有关部门验收合格后，方可投入使用。

9.5　安全技术部门负责把企业产生的燃料废弃物的产生量、储存、流向、处置等有关资料上报当地县级以上环保部门。

9.6　各部门、车间的燃料废弃物，必须指定专人负责，送往企业废弃物处理部门统一处置，不得随意抛弃。

9.7　运输燃料废弃物，必须采取防止污染环境的措施。

9.8　对燃料废弃物容器、包装物，储存、运输、处置燃料废弃物的场所、设施，必须设置危险废弃物识别标志。

二、T34/AHJC 0005—2017　醇基清洁燃料

本标准按照 GB/T 1.1—2009《标准化工作导则 第一部分：标准的结构和编写》的规则起草。

本标准参考 GB 16663—1996《醇基液体燃料》制订。

本标准与 GB 16663—1996 相比，主要增补变化如下：

——标准名称改为《醇基清洁燃料》，以便体现拥有内含氧、限制有害物质和要求排放比较清洁的特性。

—— "引用文件"中，GB 338—92《工业甲醇》改为 GB 338—2011《工业用甲醇》；增加了氧含量及其测定法 SH/T 0663。

——"要求"中，将醇含量"≥70%"，修改为氧含量"≥15%"、"≥25%"、"≥35%"，允许以其他含氧有机物醚类、酯类等，替代部分醇类贡献其氧含量，氧含量达标即可；将密度"≤0.85（20℃）g/cm³"，修改为"实测"；将凝点"≤-30℃"修改为"≤-10℃"；将"低热值"由一级≥21000kJ/kg、二级≥167500kJ/kg，增加特一级≥35530kJ/kg（8500 kcal/kg）、特二级≥31350kJ/kg（7500 kcal/kg）、特三级≥27170kJ/kg（6500 kcal/kg），以便满足需要高热值锅炉、窑炉的要求；将硫含量同普通柴油 GⅢ、GⅣ要求取得一致，定为≤0.035%、≤0.005%；增加"铜片腐蚀（50℃,3h）≤1级"；"机械杂质"改为"无"；馏程要求及其测试方法改为执行"普通柴油"有关指标；删去了"引燃温度"；增加了锅炉应用废气排放标准。

本标准由安徽省甲醇燃料行业协会提出。

本标准起草单位：安徽省甲醇燃料行业协会、合肥嘉科工贸有限公司、北京超燃索阳清洁能源研发中心。

本标准主要起草人：冯向法、韩培学、钱奕舟、张二红、刘朝阳、熊平、王晓旭。

本标准于 2017 年 11 月 29 日发布。

1　范围

本标准规定了醇基清洁燃料的技术要求、试验方法、抽样、标志、标签、包装、安全等事项。

本标准是以醇类为基础配制成的拥有 15%以上内含氧的醇基清洁燃料，适于用作民用炊事燃料、锅炉燃料和工业窑炉燃料。

2　引用标准

下列标准所包含的条文，通过在本标准中引用而构成为本标准的条文。本标准出版时，所示版本均为有效。所有标准都会被修订，使用本标准的各方应使用下列标准的最新版本。

GB 190　危险货物包装标志

GB 338　工业用甲醇

GB/T 380　石油产品硫含量测定法（燃灯法）

GB/T 384　石油产品热值测定法

GB/T 4756　石油液体手工取样法

GB/T 510　石油产品凝点测定法

GB/T 511　石油产品和添加剂机械杂质测定法（重量法）

GB/T 611　化学试剂——密度测定通用方法

GB/T 5096　石油产品铜片腐蚀试验法

GB/T 5332　可燃液体和气体引燃温度试验方法

GB/T 6536　石油产品蒸馏测定法

SH 0164　石油产品、包装、储运及交货验收规则

SH/T 0663　某些醇类和醚类测定法（气相色谱法）

GB 13271—2014 锅炉大气污染物排放标准

3　要求

3.1　醇基清洁燃料为均匀透明的液体、无恶臭。

3.2　醇基清洁燃料的性能应符合表 1 要求，锅炉应用废气排放标准应符合表 2 要求。

表 1

序号	项　目	指　标					检验方法
1	级别	特一级	特二级	特三级	一级	二级	
2	凝点/℃　　　　　≤	−10	−10	−10	−10	−10	GB/T 510
3	低热值/(kJ/kg)　≥	35530	31350	27170	21000	16750	GB/T 384　注 1
4	氧含量（质量分数)/%　≥	15	25	35	35	35	SH/T 0663　注 2
5	硫含量（质量分数)/%　≤	0.035			0.005		GB/T 380
6	铜片腐蚀（50℃，3h）级≤	1					GB/T 5096
7	馏程：50%回收温度/℃≤	300					GB/T 6536
8	pH 值	6～8					通用 pH 计或试纸，注 3
9	密度　（20℃)/(g/mL)	实测报告					GB/T 611
10	机械杂质	无					GB/T 511
11	稳定性（−20℃)	不分层					目测
12	甲醛试验	品红不呈蓝色					目测

表 2　　　　　　　　　　　　　　　　　　　　　单位：mg/m³

序号	污染物项目	指　标			污染物排放监控位置
		一级	二级	三级	
1	颗粒物	5	10	20	烟囱或烟道
2	二氧化硫	10	30	50	
3	氮氧化物	100	150	200	
4	汞及其化合物	—	—	—	
5	烟气黑度（格林曼黑度，级）	≤1	≤1	≤1	烟囱排放口

注 1：35530 kJ/kg 即 8500kcal/kg，31350 kJ/kg 即 7500kcal/kg，27170 kJ/kg 即 6500kcal/kg。

注 2：氧含量除了甲醇、乙醇等醇类的内含氧外，还包括醚类、酯类的内含氧，它们的助燃功能相似。

注 3：表明允许含有少量水分，只有水溶液才有 pH 值，6～8 的 pH 值即近似中性。

4 试验方法

4.1 外观

在室内常温环境下，取试样 50 mL 置于 100 mL 比色管中，在非直射光下目测。

4.2 其他项目

其他项目检验按表 1 所列方法进行。

5 检验规则

5.1 组批与采样

5.1.1 以同一原料、配方及工艺条件配制的产品为一批。

5.1.2 采样按 GB/T 4756 执行，取 4L 作为检验和留样用。

5.1.3 采样容器为玻璃容器或无焊缝的金属容器，避免使用塑料容器。

5.2 出厂检验

5.2.1 产品应由生产厂质检部门按本标准的规定进行出厂检验，检验合格并签发质量检验合格报告后，方可出厂销售。

5.2.2 检验项目为外观、凝点、氧含量、低热值、密度。

5.3 型式检验

型式检验项目为本标准规定的全部项目，每年进行一次型式检验。

有下述情况之一时，亦应进行型式检验：

a）新产品定型鉴定时；

b）原料、配方或工艺变动时；

c）产品停产又恢复生产时；

d）质量监督机构提出要求时。

5.4 判定规则

产品检验结果符合本标准指标要求时，判定该批产品为合格。检验结果若有一项技术指标不符合要求时，判定该批产品不合格。允许加倍抽样复检，复检仍然不合格时，则判定为该批产品不合格。

6 标志、包装、运输、储存及交货验收

6.1 标志

本标准产品标志按 GB 190 规定执行。

本标准产品销售时应有下列标识："醇基清洁燃料"，并应标志在操作人员可以看见的地方。

6.2 包装、运输、储存及交货验收

本标准产品包装、运输、储存及交货验收按 SH 0164 规定执行。

7 安全

7.1 本标准产品是易燃液体。溢出时应立刻用水冲洗，着火时用沙子、二氧化碳灭火器或干粉灭火器、石棉布等进行扑救。

7.2 本标准产品严禁入口，并避免与皮肤接触，如果溅到皮肤上或眼睛里，应迅速用大量清水冲洗。如果发生意外，应立即就医。

7.3 本标准产品在使用过程中，应严格做好防火、防爆、防中毒工作，严禁用嘴吸料，严禁用液料洗手或者作其他使用。装卸与加注液料时，应有相应的防护措施，尽量减少液料蒸气的挥发，避免有可能接触本产品的人员过量吸入液料的有害蒸气。

三、T/FJCX 0001—2018 商用餐饮行业醇基液体燃料安全使用技术规范

本标准系依据《中华人民共和国标准化法》（2017 年 11 月 4 日第十二届全国人民代表大会常务委员会第三十次会议修订）第十八条、第十九条和第二十条规定，由本行业协会各成员约定联合制定的团体标准，待相关制度完善后，向标准化行政主管部门及有关行政主管部门申请为行业标准。

《福建省甲醇清洁燃料燃具行业协会章程》规定：加入协会单位会员，其生产、经营的产品及过程应符合本标准要求。因此本标准所有条款对协会单位会员是强制性的。

本标准的编写按 GB/T 1.1—2009 规定。

本标准由福建省甲醇清洁燃料燃具行业协会提出。

本标准由福建省甲醇清洁燃料燃具行业协会起草。

本标准主要起草人：高全永、陈玮。

1 范围

本标准规定了醇基液体燃料在商用餐饮行业中安全使用的技术规范，包括：醇基液体燃料调配、供应、运输、储存、使用等环节的管理；燃烧器具和供油容器的质量、日常使用、保养、维修、判废；以及使用过程中出现事故的处理等。

本标准适用于以醇类为主体与改善性能的添加剂调配而成的醇基液体燃料。

本标准仅适用于商用餐饮行业烹饪用燃具使用醇基液体燃料的过程。

2 规范性引用文件

下列文件对于本文件的应用是必不可少的。凡是注日期的引用文件，仅所注日期的版本适用于本文件。凡是不注日期的引用文件，其最新版本（包括所有的修改单）适用于本文件。

GB/T 325（所有部分）包装容器 钢桶

GB/T 384   产品热值测定法

GB/T 510   石油产品凝点测定法

GB/T 511   石油产品和添加剂杂质测定法（重量法）

GB/T 611   化学试剂 密度测定通用方法

GB 1589   道路车辆外廓尺寸、轴荷及质量限值

GB/T 3280   不锈钢冷轧钢板和钢带

GB/T 5332   可燃液体和气体引燃温度试验方法

GB/T 6536   石油产品常压蒸馏特性测定法

GB/T 6986   石油浊点测定法

GB/T 7306（所有部分） 55°密封管螺纹

GB/T 7307   55°非密封管螺纹

GB 9684   食品安全国家标准 不锈钢制品

GB/T 9724   化学试剂 pH 值测定通则

GB/T 11170   不锈钢 多元素含量的测定 火花放电原子发射光谱法（常规法）

GB 12463   危险货物运输包装通用技术条件

GB 16663   醇基液体燃料

GB 18145   陶瓷片密封水嘴

GB 18565   道路运输车辆综合性能要求和检验方法

GB 50074   石油库设计规范

GB 50140—2005   建筑灭火器配置规范

JT/T 198   营运车辆技术等级划分和评定要求

NY 312—1997   醇基民用燃料灶具

SH/T 0689   轻质烃及发动机燃料和其他油品的总硫含量测定法（紫外荧光法）

《危险化学品安全管理条例》

《危险化学品产品生产许可证实施细则（六）（危险化学品有机产品部分）》

3　术语及其定义

下列术语和定义适用于本文件。

3.1　醇基液体燃料（alcohol base liquid fuel）

以醇类为主体加入适量的添加剂，用于商用餐饮行业烹饪燃具燃烧使用的液体燃料，属于生物质液体燃料的衍生品。

3.2　燃具（burning equipment）

在商用餐饮行业中由专门人员（厨师）操作、使用的以醇基液体燃料为燃料的烹饪器具。按照燃料燃烧方式分为雾化式燃具和气化式燃具。

3.3　雾化式燃具（burning equipment of atomizing）

采用油泵增压或风机鼓风方式使醇基液体燃料雾化成微小液滴后燃烧的燃具。

3.4　气化式燃具（burning equipment of vaporizing）

采用电加热方式使醇基液体燃料形成气体后燃烧的燃具。

3.5　燃料容器（fuel cartridge）

储存醇基液体燃料并通过管道供给燃具使用的专用容器。

3.6　燃料生产者（producer of fuel）

调配醇基液体燃料的单位。

3.7　燃料经营者（operator of fuel）

供应、销售醇基液体燃料的单位。

3.8　燃具和燃料容器生产者（producer of burning equipment and fuel cartridge）

生产醇基液体燃料燃具、燃料容器等设备的单位，也包括现场安装、调试的单位。

3.9　终端用户（end user）

取得餐饮行业法定营业执照，具有固定经营场所，在专用厨房使用醇基液体燃料燃具的单位（含企事业单位专业食堂）。

3.10　燃料运输者（transporter of fuel）

将醇基液体燃料从燃料生产者或储存仓库运输到终端用户处，并灌注至燃料容器的单位或人员。

3.11　监督检查者（inspector）

由福建省甲醇清洁燃料燃具行业协会委派，经专业培训，对终端用户使用的燃具、燃料容器等系统进行检查的人员。

4　通用技术要求

4.1　醇基液体燃料的生产者、经营者、运输者以及燃具和燃料容器的生产者、终端用户应符合国家法律法规及规章规定；法定需要取得行政许可的事项，应依法取得相关许可后方可进行。

4.2　燃具（含燃料容器）在正常使用醇基液体燃料的条件下，不得对终端用户的生命和健康构成危害，不得对终端用户的财产造成损失，不得对环境造成污染。

5　醇基液体燃料技术要求

5.1　生产要求

5.1.1　原料

醇基液体燃料应使用醇类为主体原料，应为符合国家相关标准的产品，每批产品应随付合格证明书和检验报告；进口产品应随货提供进口海关证明及检验检疫证书。

5.1.2　调配

调配醇基液体燃料的单位应取得相关化学品的经营范围，具有固定场所、设施和设备、检测能力（含委托分包）以及必要的管理人员、生产人员和检验人员，具体要求参照《危险化学品产品生产许可证实施细则（六）（危险化学品有机产品部分）》中工业用甲醇的企业实地核查办法要求（调合工艺），可参见附录 A 的要求进行检查。

5.2　产品质量要求

5.2.1　一般要求

调配出的醇基液体燃料成品应符合 GB 16663 标准规定。

5.2.2　特殊要求

5.2.2.1　雾化式燃具使用的醇基液体燃料还应符合表 1 的规定，每批成品应经检验合格付合格证及检验报告单方可出厂，产品名称应标识为：醇基液体燃料（雾化式燃具适用）。

表 1　雾化式燃具使用的醇基液体燃料特殊要求

序号	项　目	单　位	技术指标	试验方法
1	感官	—	均匀透明液体，无分层	肉眼目测
2	气味	—	无恶臭	嗅觉
3	醇含量	%	80～90	GB/T 31776（出厂检验按 GB 16663—1996 中简易法）
4	密度（20℃）	g/cm³	0.80～0.82	GB/T 611
5	机械杂质	%	≤0.005	GB/T 511
6	凝点	℃	<-30	GB/T 510
7	pH 值	—	6～8	GB/T 9724
8	引燃温度	℃	>250	GB/T 5332
9	50%馏出温度	℃	<80	GB/T 6536
10	总硫含量	%	<0.001	SH/T 0689
11	稳定性（-20℃）	—	不分层	GB/T 6986
12	低热值	kJ/kg	>16750	GB/T 384
13	甲醛试验	—	品红不呈蓝色	肉眼目测

5.2.2.2　气化式燃具使用的醇基液体燃料还应符合表 2 的规定，每批成品应经检验合格付合格证及检验报告单方可出厂，产品名称应标识为：醇基液体燃料（气化式燃具适用）。

表 2　气化式燃具使用的醇基液体燃料特殊要求

序号	项　目	单　位	技术指标	试验方法
1	感官	—	均匀透明液体，无分层	肉眼目测
2	气味	—	无恶臭	嗅觉
3	醇含量	%	>90	GB/T 31776（出厂检验按 GB 16663—1996 中简易法）

续表

序号	项　　目	单　位	技 术 指 标	试 验 方 法
4	密度（20℃）	g/cm³	0.78～0.80	GB/T 611
5	机械杂质	%	≤0.005	GB/T 511
6	凝点	℃	<-30	GB/T 510
7	pH 值	—	6～8	GB/T 9724
8	引燃温度	℃	>220	GB/T 5332
9	50%馏出温度	℃	<80	GB/T 6536
10	总硫含量	%	<0.001	SH/T 0689
11	稳定性（-20℃）	—	不分层	GB/T 6986
12	低热值	kJ/kg	>21000	GB/T 384
13	甲醛试验	—	品红不呈蓝色	肉眼目测

5.3 检验要求

5.3.1 型式检验

5.3.1.1 醇基燃料生产应按下述要求进行型式检验：

——初次生产时；

——原料、配方或工艺作变动时；

——正常生产每二年至少进行一次；

——国家质量监督或安全监督管理机关执法需要时。

5.3.1.2 型式检验项目按 GB 16663 及表 1、表 2 规定的项目进行全检。

5.3.1.3 型式检验应委托有资质的第三方检验机构进行检验。

5.3.1.4 型式检验不合格不得生产，应整改后重新送检合格，方可生产。

5.3.2 出厂检验

5.3.2.1 生产的每批醇基液体燃料均应进行出厂检验，出厂检验项目包括：感官、醇含量（酒精计法）、密度、引燃温度和甲醛试验。

5.3.2.2 出厂检验应在实验室进行，实验室应具备出厂检验项目所规定的检验能力，仪器设备均应在校准/检定周期内。

5.3.2.3 出厂检验合格后，方可出厂。

5.4 储存要求

5.4.1 原料的储存

醇类原料及添加剂应储存在专用化学品仓库，应符合《危险化学品安全管理条例》规定。

5.4.2 成品的储存

5.4.2.1 生产场所储存

5.4.2.1.1 醇基液体燃料调配成品储存仓库的规划、设计、建设、施工应按照 GB 50074 的规定。

5.4.2.1.2   每个储罐容量不得大于 500m³，应采用钢制储罐。

5.4.2.1.3   储罐应密闭，应设置带有阻火器和呼吸阀的通气管。

5.4.2.1.4   储罐应进行防静电接地，需进入危险环境操作的地方（如取样器附近、罐入口、泵房入口等）应设置消除人体静电的设施。

5.4.2.1.5   储罐内壁应光滑，罐内不得有存在易引起放电的突出物和未接地的浮动物。

5.4.2.1.6   储罐区应禁止烟火及使用手机等电器设备。

5.4.2.2   经营场所储存

5.4.2.2.1   经营者不得在居民区储存醇基液体燃料，储存区应与公共及商业区或居住人员稠密区保持 500m 以上距离。

5.4.2.2.2   储存区应设置在独立的室内，室内面积不得小于 60m²，每 60m² 存放容量不得超过 1m³，储存区不得进行任何明火活动。

5.4.2.2.3   储存容器应采用 GB/T 325 规定的钢桶。

5.4.2.2.4   储存区应设置完善的消防设施。

5.4.2.3   终端用户储存

5.4.2.3.1   终端用户应设置专门燃料容器进行储存，燃料容器应专门设置在厨房以外的独立专用库房内（可采用物理隔离方式），并采用硬质金属管输送至燃具，输送距离不得大于 200m。

5.4.2.3.2   专用库房面积不得小于 2m²，墙体应采用防火隔断，并设有常闭防火门。

5.4.2.3.3   储存区应设置完善的消防设施。

5.5   运输要求

5.5.1   醇类原料运输

5.5.1.1   醇类原料从生产厂到醇基液体燃料调配企业的运输可采用轮船、火车、汽车等运输工具。

5.5.1.2   运输过程应依据《危险化学品安全管理条例》，由取得相应资质的运输单位承担。

5.5.2   配送运输

5.5.2.1   醇基液体燃料从调配单位储罐到经营单位储存区或从经营单位储存区到使用者燃料箱应采用汽车运输方式。

5.5.2.2   从事醇基液体燃料道路运输的燃料运输者应通过行业主管部门的资质认定，取得有效期限内的《道路运输经营许可证》和《道路危险货物运输经营许可证》方可承担运输工作。

5.5.2.3   燃料道路运输企业的驾驶人员、装卸管理人员、押运人员、申报人员应当经交通运输主管部门考核合格，取得从业资格。

5.5.2.4　应使用专用车辆运输，专车专用，并有明显标志。专用车辆技术性能应符合 GB l8565 的规定，车辆外廓尺寸、轴荷和载质量应符合 GB 1589 的规定，车辆技术等级达到 JT/T 198 规定的一级技术等级。

5.5.2.5　醇基液体燃料的装卸作业应当遵守安全作业标准、规程和制度，并在装卸管理人员的现场指挥或者监控下进行。

5.5.2.6　用于运输醇基液体燃料的槽罐以及其他容器应当封口严密，能够防止醇基液体燃料在运输过程中因温度、湿度或者压力的变化发生渗漏、洒漏；槽罐以及其他容器的溢流和泄压装置应当设置准确、启闭灵活。

5.5.2.7　运输醇基液体燃料的驾驶人员、船员、装卸管理人员、押运人员、申报人员，应当了解醇基液体燃料特性及其包装物、容器的使用要求和出现危险情况时的应急处置方法。

5.5.2.8　通过道路运输醇基液体燃料的，托运人应当委托依法取得危险货物道路运输许可的企业承运。

5.5.2.9　通过道路运输醇基液体燃料的，应当按照运输车辆的核定载质量装载醇基液体燃料，不得超载。

5.5.2.10　运输醇基液体燃料途中因住宿或者发生影响正常运输的情况，需要较长时间停车的，驾驶人员、押运人员应当采取相应的安全防范措施。

5.5.2.11　未经公安机关批准，运输醇基液体燃料的车辆不得进入危险化学品运输车辆限制通行的区域。

5.5.2.12　在运输中，包装应牢固。包装应符合 GB 12463 的规定。

5.5.2.13　运输车辆应有消防安全设施，车辆应当安装 GPS 卫星定位系统。

5.5.2.14　罐式专用车辆的罐体应当经质量检验部门检验合格。

5.5.2.15　直接从事道路醇基液体燃料运输的驾驶人员、装卸管理人员、押运人员，必须掌握道路危险货物运输的有关知识，并经企业所在地区的市级人民政府交通主管部门考试合格，取得相应的从业资格证。

5.5.2.16　禁止使用报废的、擅自改装的、检测不合格的、车辆技术状况达不到一级的和其他不符合国家规定的车辆从事道路醇基液体燃料运输。除铰接列车、具有特殊装置的大型物件运输专用车辆外，严禁使用普通货车从事醇基液体燃料运输；禁止使用移动罐体（罐式集装除外）从事醇基液体燃料运输。

5.5.2.17　少量运输、配送可按国家相关行政机构规定的豁免量执行。

5.6　灌注要求

5.6.1　醇基液体燃料灌注至终端用户燃料容器严禁采用人工或机械搬运重力自流式加注方式。

5.6.2　灌注作业时应关闭燃料容器出口阀门，严禁终端用户使用燃具。

5.6.3　灌注方式为密闭式加注，灌注前应检查加注设备及辅助设施的性能是否处于正常状态。

5.6.4 灌注过程应由具有从业资格的人员进行加注，在燃料的灌注作业区应设置警告标志，必要时应设置路障，无关人员不得进入灌注作业区，一般安全距离为 20m。

5.6.5 进入灌注作业区应遵守下列安全规定：

——禁止随身携带火种和手机；

——严禁吸烟；

——穿着防静电的工作服和不带铁钉的工作鞋；

——现场应备好消防器材。

5.6.6 灌注输送泵的电机及辅助电气应为防爆型电气。

5.6.7 灌注作业时运输的机动车辆应熄火，雷雨天气加注时，应确认避雷电、防潮湿措施有效，同时停止作业。

5.6.8 灌注过程中，加注管管口至燃料容器底部距离不得大于200mm，以防喷溅产生静电。在卸料管管口未浸入液面前，其流速应限制在 1m/s 以内。

5.6.9 在灌注作业过程中，加注人员不得擅自离开工作岗位，同时应注视容器的液位，当容量达 90%，立即停止加注醇基液体燃料。

5.6.10 灌注场所，燃料容器应配置溢流管，在加注时，燃料容器与车载燃料罐（箱）相连，溢满时流回车载燃料罐（箱），以防止其溢流。

5.6.11 灌注完毕后，作业现场如有残留醇基液体燃料必须及时用清水冲洗干净。

6 燃具技术要求

6.1 生产要求

燃具生产者应取得相关营业执照，具有固定场所、设施和设备、检测能力（含委托分包）以及必要的管理人员、生产人员和检验人员，具备对生产的产品承担质量责任。生产的产品为只提供给商用餐饮行业烹饪使用的醇基燃料中餐商用炒菜灶（简称炒菜灶）。

6.2 产品质量要求

6.2.1 通用要求

6.2.1.1 结构要求

6.2.1.1.1 炒菜灶与外部设施的分界为：与燃料容器连接的输送管路连接的第一个螺纹端面、与外部供水管连接的第一个螺纹端面、一级烟道端面（无一级烟道的炒菜灶除外）。

6.2.1.1.2 炒菜灶灶体外形结构尺寸宜为：

a）灶体高度（地面至锅支架上平面距离）750～850mm；

b）灶体前沿至主火燃烧器中心的距离小于等于450mm；

c）灶面宽度小于等于 1200mm。

6.2.1.1.3　炒菜灶结构应安全、坚固、耐用，并保证炒菜灶在正常运输、安装、操作时不应有损坏或变形。

6.2.1.1.4　炒菜灶在正常使用和维护时应稳定，不应移动、倾斜、翻倒。

6.2.1.1.5　炒菜灶可运动零部件动作应准确、灵活，所有部件应易于清扫和维修，不应有滞留食物的凹陷或死角，可触及的部位表面应光滑。

6.2.1.1.6　需要拆卸维护、保养的部件应能使用普通工具装卸。需拆下维护的部件应进行专门设计，以保证正确、容易、安全地装回。

6.2.1.1.7　炒菜灶部件间采用螺钉、螺母、铆钉等方式的连接应牢固，使用中不应松动。

6.2.1.1.8　炒菜灶电气部件外壳防护等级应为 IP24。

6.2.1.2　燃料系统

6.2.1.2.1　醇基液体燃料输送管应设在不易受腐蚀和过热的位置，并固定在灶体上，灶体左右两侧均应能与外部供燃料管连接，其中不使用的一端应进行密封，且只能用专用工具打开。燃料管路中不应使用熔点低于 450℃的焊接连接方式。

6.2.1.2.2　炒菜灶进料管与外部燃料输送管应采用硬管连接，且应采用管螺纹连接方式，管螺纹应符合 GB/T 7306 和 GB/T 7307 的规定，且进料管连接处距地面净高宜大于 200mm。

6.2.1.2.3　点火应采用电点火器点火，燃料输送管内径不应小于 4 mm，其结构应能防止被异物堵塞。

6.2.1.2.4　在通往燃烧器的任一燃料管路上，应设置不少于两道可关闭的 C 级阀门，两道阀门的功能应互为独立。装有燃料自动阀的炒菜灶，应在自动阀之前安装手动式快速切断阀。燃料开关阀门宜采用旋塞阀或球阀，且应带限位结构，开、关标识应明显、清晰。有多个阀门时，应有便于识别的标识。

6.2.1.2.5　炒菜灶内部燃料管路上不应设置用于调节额定热负荷的阀门。

6.2.1.2.6　电点火装置的两个点火电极之间的间距、电极与点火燃烧器之间、点火燃烧器与燃烧器火孔之间的相对位置应准确固定，在正常使用状态下不应移动。

6.2.1.2.7　燃料喷嘴与燃烧器的引射器的位置应相对固定，并易于装卸。

6.2.1.2.8　燃烧器的结构应坚固，易于装卸、清扫和维修，燃烧器的火孔布置应均匀，不应发生影响使用的变形；燃烧器、电点火装置等部件的相对位置应准确固定，在正常使用中不应松动和脱落。

6.2.1.3　空气供应系统

6.2.1.3.1　空气供应系统应保证在运行和维护时，不应发生堵塞和非正常调节。

6.2.1.3.2　使用风机供应空气时，风机应安装稳固，工作时不应发生滑动，并且应位于不易受腐蚀、过热，易保养、清洁之处，风机转动部件应装有防护网或保护罩。

6.2.1.3.3　燃烧器调风装置的旋钮或手柄应设置在便于操作的部位，并应清晰地标有开、关位置及调节方向，且应坚固耐用，操作简便，易于调节，在正常使用的情况下不应自行滑动。

6.2.1.4　排烟系统

6.2.1.4.1　炒菜灶的一级烟道应凸出灶体。

6.2.1.4.2　炒菜灶排烟系统应具备防止堵塞的保护装置。

6.2.1.5　水系统

6.2.1.5.1　进水接头应设在不易受腐蚀且便于安装的位置，并应采用管螺纹连接，管螺纹应符合 GB/T 7306 和 GB/T 7307 的规定。

6.2.1.5.2　炒菜灶宜设置水龙头和排水槽，且应与灶体固定连接，水龙头应符合 GB 18145 的规定，排水出口应设过滤装置。

6.2.1.6　电气系统

6.2.1.6.1　炒菜灶在正常使用状态时，水不应浸到带电部位，也不应由外部软线连接处浸入到器件内。

6.2.1.6.2　装在炒菜灶外壳上的电源开关应采取防水措施，安装部位防护等级应为 IPX4。

6.2.1.6.3　点火器高压带电部件与非带电金属部件之间的距离应大于点火电极之间的距离，点火操作时不应发生漏电，手可能接触的高压带电部位应进行良好的绝缘。

6.2.1.6.4　点火电极导线应尽量缩短并加以固定，必要处应采取绝缘、隔热等措施。

6.2.1.7　材料

6.2.1.7.1　一般要求

6.2.1.7.1.1　炒菜灶的各零部件材料应能承受正常使用条件下的温度和荷载。

6.2.1.7.1.2　炒菜灶的隔热、密封应使用不含石棉成分的材料。材料性能应为不燃或在 1 min 内自然熄灭。

6.2.1.7.1.3　与食品直接接触的部件及有可能接触的部件，应使用耐腐蚀、不污染食物、对人体无害的材料。

6.2.1.7.1.4　炒菜灶各零部件材料应附有生产单位的质量证明书，炒菜灶制造单位应按质量证明书对材料进行验收，必要时应进行复验。

6.2.1.7.2　金属材料

6.2.1.7.2.1　炒菜灶各金属部件（耐腐蚀性的材料除外）应进行电镀、喷漆或其他合适的防腐表面处理。

6.2.1.7.2.2　炒菜灶的台面、挡水板和尾锅材料应选用不锈钢，且尾锅材质应符合 GB 9684 的规定。化学成分应符合 GB/T 3280 的规定，化学成分的测试方法应符合 GB/T 11170 的规定。

6.2.1.7.2.3　炒菜灶的各金属部件厚度应符合表 3 的规定。

表3　炒菜灶各金属部件的厚度　　　　单位：毫米

项　目	实际厚度
台面	≥1.08
左右、前后侧挡水板	≥1.08
后背板、前操作面板	≥0.90
左右侧板	≥0.72

6.2.1.8　外观要求

炒菜灶外壳应平整、光洁、易清洗，表面应无明显缺陷，标识明显、清晰。

6.2.1.9　密封性

6.2.1.9.1　燃料系统在关闭燃烧器前阀门的情况下，从与燃料容器连接的输送管路连接处通入 0.5MPa 的水压，保压 5min，不得出现任何渗漏。

6.2.1.9.2　水系统在水嘴关闭的情况下，从进水口通入 0.5MPa 的水压，保压 5min，不得出现任何渗漏。

6.2.1.10　表面温度

炒菜灶在与使用人员易接触部件的表面，最高温度不得大于 65℃。

6.2.1.11　电气安全

6.2.1.11.1　电气强度

——电源插头 L 端（或 N 端）与外壳之间在 1250 V 电压下，基本绝缘应无击穿；

——电源插头 L 端（或 N 端）与变压器外露硅钢片之间在 1750 V 电压下，附加绝缘应无击穿；

——电源插头 L 端（或 N 端）与插头外表面之间在 3000 V 电压下，加强绝缘应无击穿。

6.2.1.11.2　内部布线：

——黄绿线只能作为接地线使用；

——不应与尖锐边缘接触；

——施加 50N 的拉力，不应松动脱落。

6.2.1.11.3　电源连接防护

——电源线实际截面积应大于 $0.75mm^2$；

——电源线应采用 Y 型或 Z 型连接方式；

——不应与尖锐边缘接触；

——应有一根黄/绿芯线连接在接地端子和擂头的接地触点之间；

——带有附加绝缘的电源线应采用橡胶或 PVC 电缆。

6.2.1.11.4　接地措施应符合下述规定：

——风机及带电部件的外壳应有接地装置；

——接线端子对外壳接地电阻应小于 0.1Ω。

6.2.1.11.5　带电部位与可能接触的金属部位之间，爬电距离应大于 4mm。

6.2.2　特殊要求

6.2.2.1　雾化式灶具

6.2.2.1.1　雾化式灶具为安装雾化装置采用对醇基液体燃料进行雾化后燃烧的炒菜灶，采用符合表 1 规定的醇基液体燃料进行试验时，灶具性能应符合表 4 规定。

6.2.2.1.2　每台雾化式灶具应经检验合格付合格证方可出厂，产品名称应标识为：雾化式醇基燃料中餐商用炒菜灶。其铭牌应标识火眼数量（火眼数量为 1 个的，可不标识）及主火额定热负荷和总额定热负荷（单位 kW，取整数）。

表 4　雾化式灶具特殊要求

序号	检测项目	技术要求	试验方法
1	热负荷准确度	1．燃烧器的实测热负荷与标识的热负荷的偏差不大于±10%； 2．当燃烧器全部工作时，实测的总热负荷与各燃烧器在同一状态单独工作时的热负荷之和的百分比值，应为 90%以上 a	NY 312—1997 中 5.6、5.7
2	燃烧稳定性	1．燃烧器的火焰应均匀，点火后，火焰应在 8s 内传遍所有火孔； 2．在稳定供应醇基液体燃料的状态下，火焰燃烧应稳定，不得产生黄焰、回火、脱火及离焰； 3．在稳定供应醇基液体燃料的状态下，燃烧器的火焰与灶面平行的风速为 1m/s～1.5m/s 的风力影响下，不得产生回火或熄火； 4．小火燃烧稳定性：3min 内无断焰回火； 5．在标识热负荷下使用时，热效率不应小于 25%； 6．在灶具正面水平距离 0.7m 处，燃烧器噪声应小于 85dB(A)	NY312—1997 中 5.8、5.9、5.10、5.11、5.12、5.14
3	电点火	1、灶具的电点火装置应安全可靠，在启动 10 次中，其点燃次数不得少于 8 次，且不得连续 2 次点不着火； 2．电点火器输入电压应不大于 220V； 3．点火电极点火处，应不接触火焰； 4．点火装置带电部分的绝缘体与不带电的金属部分，绝缘电阻不得小于 1MΩ	NY 312—1997 中 5.17
4	熄火	1．关闭醇基液体燃料供应阀门后，燃烧器应在 10s 内熄火； 2．未开启醇基液体燃料供应阀门时，启动电点火装置，燃烧器不得燃烧	目测检查

续表

序号	检测项目	技术要求	试验方法
5	燃烧废气	1. 当燃烧器全部工作时（工作时间不少于 30min），厨房内空气中有害气体的最高浓度应符合下列规定： 甲醇≤5mg/m³； 甲醛≤0.13mg/m³； 氮氧化合物≤0.5mg/m³； 一氧化碳≤25mg/m³； 二氧化硫≤1mg/m³	NY 312—1997 中 5.13

ᵃ 条不适用雾化式醇基燃料炊用大锅灶。

6.2.2.2　气化式灶具

6.2.2.2.1　气化式灶具为安装电加热气化装置采用对醇基液体燃料进行气化后燃烧的炒菜灶，采用符合表 2 规定的醇基液体燃料进行试验时，灶具性能应符合表 5 规定。

6.2.2.2.2　每台气化式灶具应经检验合格付合格证方可出厂，产品名称应标识为：气化式醇基燃料中餐商用炒菜灶。其铭牌应标识火眼数量（火眼数量为 1 个的，可不标识）及主火额定热负荷和总额定热负荷（单位 kW，取整数）。

表 5　气化式灶具特殊要求

序号	检测项目	技术要求	试验方法
1	热负荷准确度	1. 燃烧器的实测热负荷与标识的热负荷的偏差不大于±10%； 2. 当燃烧器全部工作时，实测的总热负荷与各个燃烧器在同一状态下单独工作时实测的热负荷之和的百分比值，应为 90%以上 ᵃ	NY 312—1997 中 5.6、5.7
2	燃烧稳定性	1. 燃烧器的火焰应均匀，点火后，火焰应在 6s 内传遍所有火孔； 2. 在稳定供应醇基液体燃料的状态下，火焰燃烧应稳定，不得产生黄焰、回火、脱火及离焰； 3. 在稳定供应醇基液体燃料的状态下，燃烧器的火焰与灶面平行的风速为 1m/s～1.5m/s 的风力影响下，不得产生回火或熄火； 4. 小火燃烧稳定性：3min 内无断焰回火； 5. 在标识热负荷下使用时，热效率不应小于 30%； 6. 在灶具正面水平距离 0.7m 处，燃烧器噪声应小于 85dB(A)	NY 312—1997 中 5.8、5.9、5.10、5.11、5.12、5.14
3	电点火	1. 灶具的电点火装置应安全可靠，在启动 10 次中，其点燃次数不得少于 8 次，且不得连续 2 次点不着火； 2. 电点火器输入电压应不大于 220V； 3. 点火电极点火处，应不接触火焰； 4. 点火装置带电部分的绝缘体与不带电的金属部分，绝缘电阻不得小于 1MΩ	NY 312—1997 中 5.17
4	气化装置	气化装置加热温度范围应在 130～170℃之间	采用点温计进行测量
5	熄火	1. 关闭醇基液体燃料供应阀门后，燃烧器应在 6s 内熄火； 2. 未开启醇基液体燃料供应阀门时，启动电点火装置，燃烧器不得燃烧	目测检查

续表

序号	检测项目	技术要求	试验方法
6	燃烧废气	1. 当燃烧器全部工作时（工作时间不少于 30min），厨房内空气中有害气体的最高浓度应符合下列规定： 甲醇≤5mg/m³； 甲醛≤0.13mg/m³； 氮氧化合物≤0.5mg/m³； 一氧化碳≤25mg/m³； 二氧化硫≤1mg/m³	NY 312—1997 中 5.13

ª 条不适用雾化式醇基燃料炊用大锅灶。

6.3 检验要求

6.3.1 型式检验

6.3.1.1 灶具生产应按下述要求进行型式检验：

a）初次生产时；

b）结构或工艺作变动时；

c）正常生产每二年至少进行一次；

d）国家质量监督机关执法需要时。

6.3.1.2 型式检验项目依灶具结构按本标准规定的型式检验项目进行检验。

6.3.1.3 型式检验应委托有资质的第三方检验机构进行检验。

6.3.1.4 型式检验不合格不得生产，应整改后重新送检合格，方可生产。

6.3.2 出厂检验

6.3.2.1 生产的每台灶具均应进行出厂检验，出厂检验项目包括表 4 或表 5 规定的项目（燃烧废气可在安装现场或年度检查时进行检测）。

6.3.2.2 出厂检验可由生产单位质量检验部门进行，出厂检验合格后，核发合格证明方可出厂。

6.4 安装要求

6.4.1 燃具应有生产企业或协会认定的专业安装人员进行安装，安装后应按出厂检验要求进行检验，并保留检验记录。

6.4.2 燃具安装后应对使用者进行培训，培训合格后由协会核发操作作业证。

6.4.3 燃具安装后宜委托具备相关检测能力的机构对厨房内燃烧废气进行检测，并按每年一次周期进行检测。

6.5 使用规则

6.5.1 用户使用时应遵循以下安全规则：

——点火前，打开燃料箱开关并检查开关及管路有无漏液现象；

——点燃引火棒再打开燃烧器开关；

——燃料流入燃烧器内开始点火，燃料流入不宜过多；

——燃料引燃后逐步加大风门风量并调节油阀，风和燃料要匹配，调节到最佳状态使用；

——根据需要随时调控火势，以便节省燃料；

——停火后，关闭燃烧器阀门、燃料容器阀门，防止燃料外溢。

6.5.2 严禁将醇基液体燃料用于消费者单独使用的火锅、煎盘等燃具。

7 燃料容器生产和使用要求

7.1 燃料容器质量要求

7.1.1 燃料容器的容积应小于 0.98m³，其储量不得超过容积的 90%。

7.1.2 燃料容器应为立式圆柱形或方形的密闭式储罐。

7.1.3 燃料容器罐体采用不锈钢应选用奥氏体型不锈钢（0Cr17Ni11M02、00Cr17Ni14M02、0Cr18Ni9、00Cr18Ni10、1Cr18Ni9Ti、0Cr19Ni9 和 1Cr18Ni9 或其他同类国外牌号）焊接而成，最小壁厚不得小于 1.5mm。

7.1.4 燃料容器应配备防静电接地装置、可视液位计、呼吸阀、溢满回收装置、机械式出口总开关阀门等装置。

7.1.5 泄漏试验：燃料箱注满水（水加至容量的 100%），静置 24h 后，不得出现渗漏现象。

7.1.6 燃料容器上应设置永久、醒目标签，标签内容包括（不限于）：

——储存介质为：醇基液体燃料；

——容量及安全储量；

——安全使用方式；

——介质燃烧扑灭方式；

——生产企业名称、地址、联系电话；

——生产时间、安装时间及检查时间和周期；

——安全标志。

7.2 型式检验

7.2.1 燃料容器生产应按下述要求进行型式检验：

a）初次生产时；

b）结构或工艺作变动时；

c）正常生产每二年至少进行一次；

d）国家质量监督机关执法需要时。

7.2.2 型式检验项目按本标准规定的项目进行全检。

7.2.3 型式检验应委托有资质的第三方检验机构进行检验。

7.2.4 型式检验不合格不得生产，应整改后重新送检合格，方可生产。

7.3 出厂检验

7.3.1 生产的每个燃料容器均应进行出厂检验，出厂检验项目为除不锈钢材质外的本标准规定的项目。

7.3.2 出厂检验可由生产单位质量检验部门进行，出厂检验合格后，核发合格证明方可出厂。

7.4 安装要求

7.4.1 燃料容器应安装在 5.4.2.3 规定的地点，应采用固定式安装，安装应牢固，不得有倾覆现象，安装后燃料箱箱体最高位置不得高于安装地面 2.2m（不含突出部件高度）。

7.4.2 室内装设应有良好通风，通风不好的，应安装可燃气体报警器和防爆风机，室外装设应采取防雨水、放曝晒、防盗等措施。

7.4.3 燃料容器、管路、阀门系统应严密，不得有液、气泄漏，阀门、管道连接处应选用不泄漏型的密封材料。

7.4.4 储存间所有电气设备、辅助设施应为防爆型，应按 GB 50140—2005 的要求，配备相应灭火器材。

7.4.5 燃料容器应有生产企业或协会认定的专业安装人员进行安装，安装后应按出厂检验要求进行检验，并保留检验记录。

7.4.6 燃具安装后应对终端用户进行安全、技能培训，培训合格后由协会核发操作作业证。

7.5 使用规则

7.5.1 燃具使用后应立即将燃料容器出口总阀门关闭，采用"即用即开、用完即关"的安全原则。

7.5.2 使用单位岗位操作人员每天应检查阀门、开关等控制装置的安全情况，使用单位每月组织管理、专业、操作人员集中开展一次检查，主要检查燃料容器、管路、呼吸阀、密封垫等安全情况，检查应做好记录并存档。

8 经营管理

8.1 协会应对醇基液体燃料调配和醇基液体燃料燃具及燃料容器的生产单位进行资质审核认定，审核合格后，生产单位方可进入协会会员单位开展经营活动。

8.2 协会应对醇基液体燃料燃具及燃料容器的安装、检验/检查人员进行培训、考核，核发资质证书。安装、检验/检查人员应取得资质证书后方可上岗。

9 监督检查

9.1 协会应每年对会员单位的醇基液体燃料调配、燃具生产、燃料容器生产单位进行年度考核，对考核不合格的给予整改通知，限期整改，并将检查结果报送相关行政主管部门。

9.2 协会应每年对终端用户的燃具、燃料容器配合相关行政职能部门进行监督检查，经检查使用期限在保修期限以内的器具，出现质量问题，由原生产厂家无偿进行修复；保修期限以外的由原生产厂家进行修理或由协会推荐厂家进行维修，维修费用由终端用户承担。经修复后，仍不合格的器具由协会发函，要求使用者拆除停用。如使用者仍旧使用的，协会按程序上报相关行政主管部门，且明确告知出现事故责任由使用者全部承担。

10　事故处理

10.1　燃具事故处理应按国家相关规定进行，重大事故处理应按有关规定进行；由有关部门组成调查组进行调查处理。

10.2　第一见证人应保护好现场，并立即通知有关部门勘察现场、封存燃具、燃料容器及输送管道。

10.3　处理燃具器具，燃料容器、输送管道等事故时，应按与燃具器具有关的规章、标准，对事故做出四个技术鉴定证书：

——安装使用现场的安全检查；

——燃具器具的安装、使用、维修和年度检查；

——醇基液体燃料的质量；

——燃具器具的质量。

10.4　由于违反规定造成的伤害和财产损失，其责任和赔偿按国家有关规定执行。

附　录　A

（资料性附录）

醇基液体燃料调合现场检查细则

A.1　实地核查结论的判定原则

A.1.1　本办法进行判定核查结论的内容：一、质量管理职责，二、生产资源提供，三、人力资源要求，四、技术文件管理，五、过程质量管理，六、产品质量检验，七、安全防护共 7 章 26 条 40 款。

A.1.2　项目结论的判定：

a）否决项目结论分为"符合"和"不符合"（否决项目在本办法中标注*）。否决项目为 2.1 生产设施、2.2 设备工装的 2.2.1 款、2.3 测量设备的 2.3.1 款、6.3 出厂检验共 4 款；

b）非否决项目结论分为"符合""轻微缺陷""不符合""此项不适用"（非否决项目在本办法中不标注*）。非否决项目共 36 款。

A.1.3　核查结论的确定原则：否决项目全部符合，非否决项目中轻微缺陷不超过 8 款，且无不符合项，核查结论为合格。否则核查结论为不合格。

A.1.4　审查组依据本办法对企业实地核查后，填写《醇基液体燃料调合企业实地核查报告》和《企业实地核查不符合项汇总表》。

A.2　质量管理职责

A.2.1　组织机构

企业应有负责质量工作的领导，应设置相应的质量管理机构或负责质量管理工作的人员。

a）是否指定领导层中一人负责质量工作；

b）是否设置了质量管理机构或质量管理人员。

——符合；

——轻微缺陷；

——不符合。

A.2.2　管理

A.2.2.1　职责应规定各有关部门、人员的质量职责、权限和相互关系。是否规定与产品质量有关的部门、人员的质量职责。

A.2.2.2　有关的部门、人员的权限和相互关系是否明确。

——符合；

——轻微缺陷；

——不符合。

A.2.3　有效实施

在企业制定的质量管理制度中应有相应的考核办法并严格实施，并记录有关结果。

a）是否有相应的考核办法；

b）是否严格实施考核并记录。

——符合；

——轻微缺陷；

——不符合。

A.3　生产资源提供

A.3.1　*生产设施

企业必须具备满足生产和检验所需要的工作场所和设施，且维护完好。

a）是否具备满足申请取证产品的生产和检验设施及场所；

b）生产和检验设施是否能正常运转。

——符合；

——不符合。

A.3.2　设备工装

A.3.2.1　*企业必须具有调合工艺（或企业工艺设计文件）中规定的必备生产设备和工艺装备，其性能和精度应能满足生产合格产品的要求。

a）是否具有调合规定的必备生产设备和工艺装备，必要时应核查其购销合同、发票等凭证及设备编号；

b）非典型生产工艺的生产设备和工艺装备是否符合工艺设计文件规定；

c）设备工装性能和精度是否满足加工要求；

d）生产设备和工艺装备是否与生产规模相适应；

——符合；

——不符合。

A.3.2.2　企业的生产设备和工艺装备应维护保养完好。

a）检查设备维护和保养计划及实施的记录；

b）生产控制用仪器、仪表的性能和准确度是否满足检定规程的要求并在检定有效期内。

——符合；

——轻微缺陷；

——不符合。

A.3.3　测量设备

A.3.3.1　*企业必须具有本标准出厂检验规定的必备检验、试验和计量设备，其性能和精度应能满足生产合格产品的要求（委托外包检验可不配备）。

a）是否有本实施细则中规定的必备检验、试验和计量设备，其性能、准确度能满足生产需要；

b）是否与生产规模相适应。

——符合；

——不符合。

A.3.3.2　企业的检验、试验和计量设备应在检定或校准的有效期内使用。在用检验、试验和计量设备是否在检定有效期内并有标识。

——符合；

——轻微缺陷；

——不符合。

A.3.3.3　企业质检机构的检验设施、场地及能源、照明、采暖、通风等有利于检验工作的正常进行，配备必须的消防器材和安全防护设施；实验室布局合理，并按检验工作需要进行有效隔离。

a）检验设施、场地是否满足要求；

b）实验室是否配备必须的消防器材和安全防护设施；

c）实验室是否布局合理。

——符合；

——轻微缺陷；

——不符合。

A.4　人力资源要求

A.4.1　企业领导

A.4.1.1　企业领导应具有一定的质量管理知识，并具有一定的专业技术知识。

A.4.1.2　是否有基本的质量管理常识。

a）了解产品质量法、标准化法、计量法和《工业产品生产许可证管理条例》对企业的要求（如企业的质量责任和义务等）；

b）了解企业领导在质量管理中的职责与作用。

A.4.1.3　是否有相关的专业技术知识。

a）了解产品标准、主要性能指标等；

b）了解产品生产工艺流程、检验要求。

——符合；

——轻微缺陷；

——不符合。

A.4.2　技术

人员企业技术人员应掌握专业技术知识，并具有一定的质量管理知识。

a）是否熟悉自己的岗位职责；

b）是否掌握相关的专业技术知识；

c）是否有一定的质量管理知识。

——符合；

——轻微缺陷；

——不符合。

A.4.3　检验人员

根据《招用技术工种从业人员规定》（中华人民共和国劳动和社会保障部第6号令）规定，化学分析工应取得职业技能鉴定机构核发的国家职业资格证书或大专以上分析专业毕业证书。检验人员应熟悉产品检验规定，具有与工作相适应的质量管理知识和检验技能。

a）负责成品出厂检验的化学分析工（至少1名）是否取得职业技能鉴定机构核发的国家职业资格证书或大专以上分析专业毕业证书；

b）检验人员是否熟悉自己的岗位职责；

c）是否掌握产品标准和检验要求；

d）是否有一定的质量管理知识；

e）是否能熟练准确地按规定进行检验。

——符合；

——轻微缺陷；

——不符合。

A.4.4　生产人员

生产人员应能看懂相关技术文件（配方和工艺文件等），并能熟练地操作设备。

a）是否熟悉自己的岗位职责；

b）是否能看懂相关配方和工艺文件；

c）是否能熟练地进行生产操作。

——符合；

——轻微缺陷；

——不符合。

A.4.5　质量培训

企业应对与产品质量相关的人员进行必要的培训和考核。

a）与产品质量相关的人员是否进行了培训和考核,并保持有关记录；

b）法律法规有规定的必须持证上岗。

——符合；

——轻微缺陷；

——不符合。

A.5　技术文件管理

A.5.1　技术标准

A.5.1.1　企业应具备和贯彻《实施细则》5.1 中规定的产品标准和产品标准中引用的相关标准。

a）是否有《实施细则》中所列的与申请产品有关的标准；

b）是否为现行有效标准并贯彻执行。

——符合；

——轻微缺陷；

——不符合。

A.5.1.2　如有需要，企业制定的产品标准应不低于相应的国家标准或行业标准的要求，并经公示发布。

——符合；

——轻微缺陷；

——不符合；

——此项不适用。

A.5.2　技术文件

A.5.2.1　技术文件应准确、有效，且签署、更改手续正规完备。

a）技术文件（如设计文件和工艺文件等）是否有效，其技术要求和数据等是否符合有关标准和规定要求；

b）技术文件签署、更改手续是否正规完备。

——符合；

——轻微缺陷；

——不符合。

A.5.2.2　技术文件应具有完整性，文件必须齐全配套。技术文件是否完整、齐全（包括工艺文件的作业指导书、检验规程等以及原材料、半成品和成品各检验、验证标准或规程等）。

——符合；

——轻微缺陷；

——不符合。

A.5.2.3　技术文件应和实际生产相一致，各车间、部门使用的文件必须完全一致。

a）技术文件是否与实际生产和产品统一一致；

b）各车间、部门使用的文件是否一致。

——符合；

——轻微缺陷；

——不符合。

A.5.3　文件管理

A.5.3.1　企业应制定技术文件管理制度，文件的发布应经过正式批准，使用部门可随时获得文件的有效版本，文件的修改应符合规定要求。

a）是否制定了技术文件管理制度；

b）发布的文件是否经正式批准；

c）使用部门是否能随时获得文件的有效版本；

d）文件的修改是否符合规定。

——符合；

——轻微缺陷；

——不符合。

A.5.3.2　企业应有部门或专（兼）职人员负责技术文件管理。是否有部门或专（兼）职人员负责技术文件管理。

——符合；

——轻微缺陷；

——不符合。

A.6　过程质量管理

A.6.1　采购控制

A.6.1.1　企业应制定采购原、辅材料及外协加工项目的质量控制制度。

a）是否制定了控制文件；

b）内容是否完整合理。

——符合；

——轻微缺陷；

——不符合。

A.6.1.2　企业应制定影响产品质量的主要原、辅材料的供方评价规定，并依据规定进行评价，保存供方及外协单位名单和供货、协作记录。

a）是否制定了评价规定；

b）是否按规定进行了评价；

c）是否全部在合格供方采购；

d）是否保存供方及外协单位名单和供货、协作记录。

——符合；

——轻微缺陷；

——不符合。

A.6.1.3　企业应根据正式批准的采购文件或委托加工合同进行采购或外协加工。属发证产品的危险化学品原、辅材料（包括包装物）应从有生产许可证单位采购。

a）是否有采购或委托加工文件（如计划、清单、合同等）；

b）采购文件是否明确了验收规定；

c）采购文件是否经正式批准；

d）是否按采购文件进行采购；

e）危险化学品原、辅材料如属发证产品（包括包装物）应从有生产许可证单位采购。

——符合；

——轻微缺陷；

——不符合。

A.6.1.4　企业应按规定对采购的原、辅材料以及外协件进行质量检验或者根据有关规定进行质量验证，检验或验证的记录应该齐全。

a）是否对采购的质量检验或验证作出规定；

b）是否按规定进行检验或验证；

c）是否保留检验或验证的记录。

——符合；

——轻微缺陷；

——不符合。

A.6.2 工艺管理

A.6.2.1 企业应制定工艺管理制度及考核办法，并严格进行管理和考核。

a）是否制定了工艺管理制度及考核办法。其内容是否完善可行；

b）是否按制度进行管理和考核。

——符合；

——轻微缺陷；

——不符合。

A.6.2.2 原辅材料、半成品、成品、工装器具等应按规定放置，并应防止出现损伤或变质。

a）有无适宜的搬运工具、必要的工位器具、储存场所和防护措施；

b）原辅材料、半成品、成品是否出现损伤或变质。

——符合；

——轻微缺陷；

——不符合。

A.6.2.3 企业职工应严格执行工艺管理制度，按操作规程、作业指导书等工艺文件进行生产操作。

A.6.2.4 是否按制度、规程等工艺文件进行生产操作。

——符合；

——轻微缺陷；

——不符合。

A.6.3 质量控制

A.6.3.1 企业应明确设置关键质量控制点，对生产中的重要工序或产品关键特性进行质量控制。

a）是否对重要工序或产品关键特性设置了质量控制点；

b）是否在有关工艺文件中标明质量控制点。

——符合；

——轻微缺陷；

——不符合。

A.6.3.2　企业应制订关键质量控制点的操作控制程序，并依据程序实施质量控制。

a）是否制订关键质量控制点的操作控制程序，其内容是否完整；

b）是否按程序实施质量控制。

——符合；

——轻微缺陷；

——不符合。

A.6.4　产品标识

企业应规定产品标识方法并进行标识。

a）是否规定产品标识方法，能否有效防止产品混淆、区分质量责任和追溯性；

b）检查关键过程和最终产品的标识。

——符合；

——轻微缺陷；

——不符合。

A.6.5　不合格品

企业应制订不合格品的控制程序，有效防止不合格品出厂。

a）是否制订不合格品的控制程序；

b）生产过程中发现的不合格品是否得到有效控制；

c）不合格品经返工后是否重新进行检验。

——符合；

——轻微缺陷；

——不符合。

A.6.6　产品销售

企业应制定产品销售管理制度，建立销售台账，销售应符合《危险化学品安全管理条例》的有关规定。

a）是否制定了产品销售管理制度；

b）是否建立了明晰的销售台账并与企业申报的《危险化学品销售渠道和产品流向明细表》一致；

c）销售是否符合《危险化学品安全管理条例》的有关规定。

——符合；

——轻微缺陷；

——不符合。

A.7　产品质量检验

A.7.1　检验管理

A.7.1.1　企业应设立能独立行使权力的质量检验机构；并制定质量检验管理制度以及检验、试验、计量设备管理制度。

a）是否设立了检验机构；

b）能否独立行使权力；

c）是否制定了检验管理制度和检测计量设备管理制度。

——符合；

——轻微缺陷；

——不符合。

A.7.1.2　企业有完整、准确、真实的检验原始记录和检验报告。

a）检查主要原材料、半成品、成品是否有检验的原始记录和检验报告；

b）检验的原始记录和检验报告是否完整、准确。

——符合；

——轻微缺陷；

——不符合。

A.7.2　过程检验

企业在生产过程中要按规定开展产品质量检验，做好检验记录，并对产品的检验状态进行标识。

a）是否对产品质量检验作出规定；

b）是否按规定进行检验；

c）是否作检验记录；

d）是否对检验状况进行标识。

——符合；

——轻微缺陷；

——不符合。

A.7.3　*出厂检验

企业应按相关标准的要求，对产品进行出厂检验和试验，出具产品检验合格证，并按规定进行包装和标识。

a）是否有出厂检验规定、包装和标识规定；

b）出厂检验和试验是否符合标准要求；

c）产品包装和标识是否符合规定。

——符合；

——不符合。

A.7.4　委托检验

如产品标准要求型式试验或定期检验而需要进行委托检验时，应委托有合法地位的检验机构进行检验，并签有正式的委托检验合同。

a）核查委托检验机构的资质证明；

b）核查是否签有正式的委托检验合同，检验报告是否与委托检验机构对应。

——符合；

——轻微缺陷；

——不符合；

——此项不适用。

A.8　安全防护

A.8.1　安全生产

危险化学品储存设施应定期进行检验、检查。

a）是否制定了对危险化学品储存设施定期进行检验、检查的安全生产制度；

b）是否对危险化学品储存设备定期进行了检验、检查并保证符合要求。

——符合；

——轻微缺陷；

——不符合。

A.8.2　劳动防护

企业应对员工进行安全生产和劳动防护培训，并为员工提供必要的劳动防护。

a）是否进行了必要的安全生产及劳动防护培训；

b）是否提供了必要的劳动防护；

c）员工的生产操作是否符合安全规范。

——符合；

——轻微缺陷；

——不符合。

四、T/FJCX0002—2018　行业自律公约

本标准依据《中华人民共和国标准化法》（2017年11月4日第十二届全国人民代表大会常务委员会第三十次会议修订）第十八条和第十九条规定，由本行业协会各成员约定联合制定的团体标准，并向福建省民政厅备案。

《福建省甲醇清洁燃料燃具行业协会章程》规定：加入协会单位会员，其生

产、经营的产品及过程应符合本标准要求。因此本标准所有条款对协会单位会员是强制性的。

本标准由福建省甲醇清洁燃料燃具行业协会提出。

本标准由福建省甲醇清洁燃料燃具行业协会起草。

本标准主要起草人：高全永

第一章　总　则

第一条　为建立自律性管理约束机制，规范从业者行为，推动甲醇清洁燃料燃具行业诚信建设，促进甲醇清洁燃料燃具行业可持续发展，根据国家有关法律、法规和行业实际，制定本公约。

第二条　公约所称公约成员单位是指在福建省甲醇清洁燃料燃具行业从事生产、经营以及其他与甲醇清洁燃料燃具相关的科研、推广等活动的企事业单位。

第三条　甲醇清洁燃料燃具行业从业者应自觉维护国家的整体利益，遵守本协会章程和各项团体标准的规定，努力创造良好的行业发展环境。

第四条　福建省甲醇清洁燃料燃具行业协会是本公约的监管机构，负责对公约的实施执行情况进行监督管理。

第二章　自律条款

第五条　公约成员单位之间应按照诚信守法的原则，开展经营合作，促进行业信用体系建设，反对使用不正当手段进行竞争。

第六条　公约成员单位应自觉遵守国家法律、法规及职业道德，履行行业自律义务：

（一）依法承担安全生产、经营、环境保护、劳动保障等方面的社会责任，维护社会公共利益。

（二）增强安全、环保意识，大力发展循环经济，提高资源可用率。

（三）维护行业人员合法权益，按照国家和当地政府规定，敦促公约成员单位给在职人员办理养老、医疗、失业、工伤保险及住房公积金等社会统筹保险，发放劳动保护用品，开展岗位培训，保障行业人员收入不低于当地最低工资标准。

（四）遵守有关产品质量的法律、法规和标准，建立健全内部产品质量管理制度，提高产品质量，不掺杂使假、制假造假，不损害消费者的合法权益。

（五）严格合同管理，依法订立、变更、解除合同，认真履行合同义务，不无故违约。

（六）遵守财政税收法律、法规和相关的规章制度，依法按时足额纳税，不拖欠、逃避金融债务。

（七）公约成员单位在自行主持招标、参与投标时，要规范招标投标活动，不违法规避招标，不违法限制或者排斥其他经营主体参加投标，不串通招标投标，不非法干涉招标投标活动。

（八）不假冒他人的注册商标，不擅自使用他人的企业名称或者姓名，不伪造或者冒用认证标志、名优标志等质量标志，不对商品质量作引人误解的虚假表示。

（九）不以排挤竞争对手为目的，以低于成本的价格销售商品；不通过缔结垄断协议、滥用市场支配地位等方式，排除、限制其他经营者的公平竞争；不捏造、散布虚伪事实，以损害竞争对手的商业信誉、商品声誉。

（十）不以盗窃、利诱、胁迫或者其他不正当手段获取权利人的商业秘密；不违反约定或者违反权利人有关保守商业秘密的要求，披露、使用或者允许他人使用其所掌握的商业秘密。

第七条　公约成员单位应共同维护本行业内技术和管理人才的正常流动秩序，在聘用业内其他单位人员为本单位服务时，不得侵犯其原单位的知识产权和商业秘密。

第八条　公约成员单位应自觉接受社会各界对本行业的监督和批评，共同抵制和纠正行业不正之风。

第三章　公约的执行

第九条　福建省甲醇清洁燃燃具行业协会负责组织实施本公约，及时向公约成员单位传递有关甲醇清洁燃燃具行业的法律、法规、政策及行业自律信息，向政府有关部门反映公约成员单位的意愿和要求，在本公约范围内对行业的重大事项进行调查研究，并提出表彰或协调处理的意见。

第十条　公约成员单位应充分理解并自觉履行本公约的各项自律规则及自律声明。

第十一条　公约成员单位之间发生争议时，争议各方应本着互谅互让的原则，争取以协商的方式解决；协商不成时，双方可以请求公约监管机构进行调解，也可单方直接请求公约监管机构进行调解。

第十二条　公约成员单位违反本公约的，任何单位和个人均有权及时向公约监管机构进行检举，要求公约监管机构进行调查，公约监管机构也可以直接开展调查。

第十三条　公约成员单位有权对公约监管机构执行本公约的公正性进行监督，有权向相关部门检举公约监管机构或其工作人员违反本公约的行为。

第十四条　为保证本公约的有效实施，公约监管机构定期进行公约执行情况的检查、评价与总结。对模范遵守国家政策法规和本公约的成员单位，可授予诚信经营等方面的荣誉称号，并通过媒体公开宣传；对违反本公约，造成不良影响，经查证属实的成员单位，可根据有关规定采取批评警示、限期改正、内部通报、公开通报等自律处分措施，并适时进行行业谴责，记入企业不良信用信息库。

第四章　附　　则

第十五条　本公约经福建省甲醇清洁燃燃具行业协会理事单位审议通过后生效，报福建省民政厅备案，由福建省甲醇清洁燃燃具行业协会向社会公布。

第十六条　本公约生效期间，根据实际需要，公约监管机构可以对公约提出修改意见，经广泛征求意见后，对本公约进行修改。

第十七条　公约成员单位可以在本公约之下发起制订各分支行业的自律协议，经分支行业成员单位同意，作为本公约的附件公布实施。

第十八条　本公约由福建省甲醇清洁燃燃具行业协会负责解释，自公布之日起施行。